研究生教材

数理统计

汪荣鑫 编著

西安交通大学出版社

内 容 提 要

本书比较系统地介绍数理统计的基本概念,原理和方法,全书分五章,包括抽样和抽样分布,参数估计,假设检验,方差分析和正交试验设计,回归分析;书后并附有概率论基本知识。

本书基本概念叙述清晰,循序渐进,内容较为全面,应用性强,各章配有大量的例题和习题,便于教学和自学。

本书可作高等院校工科各专业研究生或高年级学生教材,也可供科学技术工作者阅读参考。

(陕)新登字 007 号

数理统计

汪荣鑫　编著

*

西安交通大学出版社出版发行

(西安市兴庆南路1号　邮政编码:710048　电话:(029)82668315)

陕西宝石兰印务有限责任公司

各地新华书店经销

*

开本:850 mm×1 168 mm　1/32　印张:9.5　字数:235千字

1986 年 10月第 1 版　2023 年 2 月第 37 次印刷

印数:150701 ~ 154700

ISBN 978 - 7 - 5605 - 0101 - 7　　定价:18.80元

发行科电话:(029)82668357,82667874

“研究生教材”总序

研究生教育是我国高等教育的最高层次，是为国家培养高层次的人才。他们必须在本门学科中掌握坚实的基础理论和系统的专门知识，以及从事科学研究工作或担负专门技术工作的能力。这些要求具体体现在研究生的学位课程和学位论文中。

认真建设好研究生学位课程是研究生培养中的重要环节。为此，我们组织出版这套“研究生教材”，以满足当前研究生教学，主要是公共课和一批新型的学位课程的教学需要。教材作者都是多年从事研究生教学工作，有着丰富教学和科学研究经验的教师。

这套教材首先着眼于研究生未来工作和高技术发展的需要，充分反映国内外的最新学术动态，使研究生学习之后，能迅速接近当代科技发展的前沿，以适应“四化”建设的要求；其次，也注意到研究生公共课程和学位课程应有它最稳定、最基本的内容，是研究生掌握坚实的基础理论和系统的专门知识所必要的，因此在研究生教材中仍应强调突出重点，突出基本原理和基本内容，以保持学位课程的相对稳定性和系统性，内容有足够的深度，而且对本门课程有较大的覆盖面。

这套“研究生教材”虽然从选题、大纲、组织编写到编辑出版，都经过了认真的调查论证和细致的定稿工作，但毕竟是第一次编辑这样的高层次教材系列，水平和经验都感不足，缺点与错误在所难免。希望通过反复的教学实践，广泛听取校内外专家学者和使用者的意见，使其不断改进和完善。

西安交通大学研究生院

西安交通大学出版社

1986年12月

前 言

概率论与数理统计是从数量上研究随机现象规律性(即统计规律)的数学学科。数理统计更着重于从试验数据出发来认识随机现象的规律。随着科学技术的发展,对随机现象需要认识,数理统计方法越来越广泛地被人们所采用。今天,在我国“四化”建设中,数理统计已应用于物理、化学、生物、工业、农业、医学、管理等各个领域。

目前,在高等院校中大部分工科专业的研究生都要学习数理统计,甚至对某些专业的高年级本科生也开设此课。

编者曾多次对工科各专业研究生讲授过数理统计。在讲稿的基础上,1985 年编写了数理统计讲义,并在西安交大研究生中试用,后经修订和补充写成本书。

工科学生学习数理统计,要求正确理解基本概念和原理,能熟练运用统计方法。编者力图把概念讲得清晰,循序渐进。为了帮助学生理解概念,常用实例说明。在讲解统计原理时,尽量多作直观解释,删去较长的数学证明。

本书包括的数理统计内容较为全面。统计推断是数理统计的核心。本书讲解统计推断时,采用先讲参数点估计和区间估计,再讲假设检验的方式。这种方式的优点是两部分内容比较均衡。在内容的选择上,尽量选取工科各专业用得较多的项目,例如正交试验设计,一元非线性回归,多元线性回归等。另外,为了节省篇幅,把有些容易掌握的方法放在习题中,例如简化计算公式的推导和应用。为使读者便于阅读,书后附录中扼要介绍了概率论的基本知识。

本书应用性较强。为了培养学习运用统计方法解决实际问题的能力，书中配有大量带应用性的例题与习题，并在讲解例题时指出所需注意事项。但是，也配备了一定数量对掌握统计原理有帮助的理论题。书后附有习题答案。

编者希望把本书写成一本便于教学也便于自学的教材。要求读者具备工科高等数学和概率论基本知识。

本书中图与表采用的编号是以章作区分的，如图 1-2 表示第一章第 2 图，表 2-3 表示第二章第 3 表。公式编号是以节作区分，如式(1.3)表示§1 中第 3 式，而不指出所在的章。

全书讲授约需 40 学时。对高年级本科生，可以删去打星号的章节，约需 32 学时。

本教材由吴云江同志帮助选配习题，并作出全部习题的答案。

本书由西北工业大学朱言堂同志审阅，并提出了很多宝贵意见。在编写过程中我校张文修同志提出了不少有益的建议和意见，周家良同志看了部分章节并提出意见。本书的出版得到西安交大研究生院和西安交大出版社的热情支持和帮助。谨此一并致谢。

本书的姐妹篇——随机过程，不久即能问世与读者见面。

由于编者水平所限，错误之处在所难免，恳请读者批判指正。

编　者

1986 年 7 月

引　　言

在日常生活中,"统计"一词通常是指收集资料、登记数据、画成图表,进行一些简单的计算。例如,某汽车厂的统计员为了统计汽车日产量,可以把某月的日产量画成图表,进而计算累计数、百分率、平均数,从而得到月产量、各天日产量所占百分率、平均日产量。这是带有全局性的统计。如果研究的对象比较庞大,全局统计比较困难,可作局部性统计,即可先简缩数据,然后像上面一样,对于需要的指标作一些计算。

下面考察一种局部性统计。例如,为了对一大批产品进行质量检查,将每个产品分为一等、二等、次品。如果采用全部逐个检查的方法,费时费工不合算。为了节省时间和费用,可以采用抽样检查的方法,即从中随意地抽取一部分进行检验,然后根据这一部分产品的质量情况,分析、推断整批产品的质量。特别是对于试验具有破坏性的质量检查,如灯泡寿命试验、炮弹射程试验等,必须采用抽样检查的方法。抽样检查法要求用较少的数据比较合理正确地推测整体情况。从整体中随意地考察一个局部,而由此局部分析、推断整体情况,是数理统计讨论的主题。

数理统计包括两个方面内容:一个是怎样合理地搜集数据——抽样方法,试验设计;另一个是由收集到的局部数据怎样比较正确地分析、推断整体情况——统计推断。当然,对不同的抽样方法、试验设计,采用的统计推断方法是不同的。本书主要讲述统计推断。

鉴于数理统计中局部数据是从整体中随意地抽得的,带有随机性,所以数理统计以概率论作为理论基础。然而,概率论中一些基本量(如随机变量的概率分布、数学期望、方差等)怎样用试验值来确定，虽然在概率论教材中已有所涉及，但对试验次数应取多大、精确性如何等更深入一步的问题没有进行讨论，这些问题在数理统计中将会得到解决。

数理统计是一门应用性很强的数学学科。它已被广泛而深入地应用到自然科学和工程技术的各个领域，如物理学、力学、化学、生物、机械加工、无线电通讯、计算机、冶金、地质、气象、农业、医学等方面，在我国四化建设中它将起积极的作用。

目　录

第一章 抽样和抽样分布

本章主要介绍数理统计中一些基本术语和基本概念(如母体、子样、抽样、统计量等),以及一些重要的统计量分布——抽样分布。

§1 母体和子样

1.1 母体及其分布

所研究对象的全体元素组成的集合,称为**母体**或**总体**。母体中每一个元素称为**个体**。

例 1 有一批产品共 1 000 个,每个产品可区分为一等、二等、次品。我们要研究这批产品的质量,1 000 个产品的等级构成一个母体,每个产品的等级是个体。

例 2 为考察在某种工艺条件下织出的一批布匹的疵点数,共取 5 000 匹布。那末这 5 000 匹布中每匹布疵点数的全体构成一个母体,每匹布的各自疵点数是个体。

例 3 在检查某军工厂生产的一大批炮弹的质量时,若只考察炮弹的射程,那末,这批炮弹中每一颗的射程的全体构成一个母体,每颗炮弹的各自射程是个体。

从例 2、例 3 可见,母体中的元素常常不是指元素本身,而是指元素的某种数量指标。在例 2 中,母体中元素指每匹布的疵点数,在例 3 中,母体中元素指每颗炮弹的射程。在例 1 中,如果一等品用“1”表示,二等品用“2”表示,次品用“0”表示,母体中元素是指每个产品的等级指标,同样,母体可看成数“1”、“2”、“0”的集合。

从三个例子可以看出，数量指标取同一值的元素可以有几个，也就是每一个值可以重复。母体是一个可重复的（即允许相同）数的集合。在例 1 的 1 000 个产品中，值为“1”的有 721 个，值为“2”的有 213 个，值为“0”的有 66 个，因此“1”占$\frac{721}{1\,000}$，“2”占$\frac{213}{1\,000}$，“0”占$\frac{66}{1\,000}$。从数学角度说，**母体**是指所研究的数量指标可能取的各种不同数值的全体，而各种不同数值含有一定的比率。**母体分布**是指数量指标取不同数值比率的分布。

母体的数量指标用$\mathscr{X}$表示。从母体中随意地取得的一个个体是随机变量，记为 X。显然，随机变量 X 所有可能取得的数值就是$\mathscr{X}$可能取的不同值的全体。X 的概率分布与母体分布有什么关系呢？以例 1 为例，随机变量 X 的概率分布列为

X	1	2	0
p	$\frac{721}{1\,000}$	$\frac{213}{1\,000}$	$\frac{66}{1\,000}$

与$\mathscr{X}$取各种不同值的比率相同，即 X 的概率分布与$\mathscr{X}$的母体分布相同。这个结论具有普遍性。以后母体数量指标与相应的随机变量都用 X 表示，并不严加区分。**母体分布**指相应随机变量 X 的概率分布，可用分布列、分布密度、分布函数具体表示出来。**母体分布的数字特征**指的是相应随机变量的数字特征。

为方便起见，母体数量指标 X 有时简称为母体X。母体 X 的分布和数字特征采用概率论中随机变量的相应量的记号。母体 X 的分布函数、分布列和分布密度分别用 $F(x)$、$P(x)$和 $f(x)$表示。需要指出的是，分布列 $P(x)$中的 x 只能取 X 所有可能取的数值$x^{(1)}, x^{(2)}, \cdots$（有限个或可列无限多个）。母体 X 的平均数（亦称平均、均值、数学期望）、方差和标准差分别用 EX、DX 和 $\sqrt{DX}$（或 $\sigma[X]$）表示。对母体同样地可以定义矩。

上面是从母体得到随机变量。反之，从随机变量亦可得到母体。例如，扔一颗骰子出现的点数是随机变量，它可能取得的不同值的全体“1”、“2”、“3”、“4”、“5”、“6”构成一个母体，它的分布是随机变量的概率分布。

1.2 子样

从母体中取得一部分个体，母体中的这一部分个体称为**子样**或**样本**。取得子样的过程称为**抽样**。一个子样中每一个个体称为**样品**。子样中个体的个数称为**子样容量**。表示子样时通常用小括号括起来。如在本节例 1 的母体中抽取一个子样(0,1,1,2,0,2,0,0,1,0)，容量为 10。

在数理统计中，采用的抽样方法是**随机抽样法**，即子样中每一个个体(样品)是从母体中被随意地取出来的。随机抽样分重复抽样与非重复抽样二种。以例 1 为例，从 1000 个产品中抽取一个容量为 10 的子样，如果随机地取一个产品检查后放回，再随机地取一个检查后又放回，直至取得 10 个个体为止，这种方法称为**重复**(或**返回**)**抽样**。如果每取一个检查后不再放回，直至取得 10 个个体为止，或者一次抽取 10 个，这种方法称为**非重复**(或**无返回**)**抽样**。需要指出，随机抽样得到的子样，所含样品是有一定次序的，通常按它被抽到的先后顺序排列。

从母体 X 随机抽样得到的子样可以用 n 维随机变量 $(X_1,X_2,\cdots,X_n)$表示。现在考察它的概率分布。在重复抽样情形，由于每取出一个个体检查后要放回，母体成分不变(母体分布不变)，所以 $X_1,X_2,\cdots,X_n$ 是独立同分布的，并且每一个随机变量的分布与母体分布相同。对于非重复抽样，则分二种情形：在有限母体(即母体中个体总数有限)情形，因每取出一个个体后改变了母体的成分，所以随机变量 $X_1,X_2,\cdots,X_n$ 不相互独立；在无限母体(即母体中个体总数是无限的)情形，每取出一个个体后并不改变母体的成分，所以随机变量仍然是独立同分布的，并且每一随机变量的概率分布都是母体分布。

在实际情况中，我们有时遇到的是有限母体，而采用的是无返回抽样。此时，如果子样容量 n 相对于母体容量 N(母体中个体总数)很小，实用上要求$\frac{n}{N}\leqslant 0.1$，可以把 $X_1,X_2,\cdots,X_n$ 近似地看成独立同分布，而每个随机变量的分布都是母体分布。

如果子样$(X_1,X_2,\cdots,X_n)$中各个体独立同分布，且每一随机变量的概率分布是母体分布，则称它为简单**随机子样**。这种子样数学上比较容易处理。在本书中，除特别指出外，子样都是指简单随机子样。

子样$(X_1,X_2,\cdots,X_n)$是 n 维随机变量，这是对具体进行一次抽样前而言。在抽样后获得它的一组观察值$(x_1,x_2,\cdots,x_n)$，称为**子样值**。为方便起见，有的时候子样与子样值亦可统称为子样。

设母体 X 的分布函数是$F(x)$，则子样$(X_1,X_2,\cdots,X_n)$的概率分布函数

$$F_n(x_1,x_2,\cdots,x_n)=F(x_1)F(x_2)\cdots F(x_n)$$

在母体离散分布情形，设母体分布列为 $P(x^{(i)})=P\{X=x^{(i)}\}$，$i=1,2,\cdots$(有限个或可列多个)，则子样的概率分布列

$$\begin{aligned}P_n(x_1,x_2,\cdots,x_n)&=P\{X_1=x_1,X_2=x_2,\cdots,X_n=x_n\}\\&=P(x_1)P(x_2)\cdots P(x_n)\end{aligned}$$

其中 $x_1,x_2,\cdots,x_n$ 每一个值都是在X所有可能取的值$x^{(1)},x^{(2)}$，$\cdots$之中。

在母体连续分布情形，设母体分布密度为 $f(x)$，则子样的概率密度

$$f(x_1,x_2,\cdots,x_n)=f(x_1)f(x_2)\cdots f(x_n)$$

对应于随机变量 X 有一个母体，如何讲抽样与子样呢？如果对随机变量独立重复地进行 n 次试验，所得观察值为一个简单随机子样，那么，进行 n 次试验观察相当于进行一次抽样，而且这是重复抽样。例如，对靶射击一次得到的环数是一个随机变量，今独立重复地对靶射击 7 次，可以看作进行一次重复抽样，所得 7 个环

数构成一个子样。

1.3　子样分布

子样分布刻画子样中数据的分布情况。它的定义方式类似于母体分布。通常有三种形式:频数分布和频率分布;经验分布函数;直方图。

一、子样频数分布和频率分布。先举二个例子:

例 1　从织布车间抽取 7 匹布,检查每匹的疵点数,得到子样(0,3,2,1,1,0,1)。把 7 个数从小到大依次排列,相同的数合并,获得下列频数表:

表 1-1

X	0	1	2	3
频数	2	3	1	1

称它为子样频数分布。频数是子样中各个不相同数值出现的次数,而频率是频数除以**子样容量**。因此,子样的频率分布可以用下表给出:

表 1-2

X	0	1	2	3
频数	$\frac{2}{7}$	$\frac{3}{7}$	$\frac{1}{7}$	$\frac{1}{7}$

例 2　某工厂生产一批铆钉。从中抽取 200 个,测得其直径(单位:毫米)。所得数据从小到大依次排列,相同的合并,可以得到子样频数分布和子样频率分布如下:

表 1-3

X	13.13	13.14	13.18	13.20	13.23	13.24	13.25	13.26
频数	1	1	1	3	2	3	1	4
频率	0.005	0.005	0.005	0.015	0.010	0.015	0.005	0.020
X	13.27	13.28	13.29	13.30	13.31	13.32	13.33	13.34
频数	1	5	6	2	5	7	6	7
频率	0.005	0.025	0.030	0.010	0.025	0.035	0.030	0.035
X	13.35	13.36	13.37	13.38	13.39	13.40	13.41	13.42
频数	4	3	6	10	7	12	4	6
频率	0.020	0.015	0.030	0.050	0.035	0.060	0.020	0.030
X	13.43	13.44	13.45	13.46	13.47	13.48	13.49	13.50
频数	9	6	7	7	3	9	1	6
频率	0.045	0.030	0.035	0.035	0.015	0.045	0.005	0.030
X	13.51	13.52	13.53	13.54	13.55	13.56	13.57	13.58
频数	6	5	4	4	3	3	4	5
频率	0.030	0.025	0.020	0.020	0.015	0.015	0.020	0.025
X	13.59	13.60	13.61	13.62	13.63	13.64	13.66	13.69
频数	2	1	1	3	1	1	1	1
频率	0.010	0.005	0.005	0.015	0.005	0.005	0.005	0.005

注：子样频数分布取 X 与频数二栏，子样频率分布取 X 与频率二栏。

一般地说，子样值$(x_1,x_2,\cdots,x_n)$中数据可以按由小到大依次排列，把相同的数合并，并指出其频数。设子样中不同的数值为$x_1^*,x_2^*,\cdots,x_n^*$，相应的频数为$m_1,m_2,\cdots,m_l$，其中$x_1^*<x_2^*<\cdots<x_l^*$，且$\sum_{i=1}^{l}m_i=n$。**子样的频数分布**可用下表表示：

表 1－4

X	x_1^*	x_2^*	$\cdots$	x_l^*
频数 m_i	m_1	m_2	$\cdots$	m_l

频率是频数 m_i 除以n，**子样的频率分布**为

表 1－5

X	x_1^*	x_2^*	$\cdots$	x_l^*
频率$\frac{m_i}{n}$	$\frac{m_1}{n}$	$\frac{m_2}{n}$	$\cdots$	$\frac{m_l}{n}$

二、经验分布函数　子样的经验分布函数的定义形式上类似于随机变量分布函数的定义。设子样值为$(x_1,x_2,\cdots,x_n)$。对任意实数 x，子样值中小于或等于 x 的个数记为$m(x)$，作

$$F_n^*(x)=\frac{m(x)}{n}$$

则称 $F_n^*(x)$为**子样的经验分布函数**。经验分布函数给出子样中小于等于任意 x 的数值的频率，它亦描绘子样中各种数据的分布情况。

经验分布函数与分布函数具有相同的性质：非降性，右连续性，$F_n^*(-\infty)=0,F_n^*(\infty)=1$。它的证明方法也与分布函数性质证法相同。

从子样的频数分布容易写出它的经验分布函数表达式：

$$F_n^*(x)=\begin{cases}0, 当 x \leqslant x_1^* \\ \dfrac{m_1}{n}, 当 x_1^* < x \leqslant x_2^* \\ \dfrac{m_1+m_2}{n}, 当 x_2^* \leqslant x < x_3^* \\ \quad\vdots \\ \dfrac{m_1+m_2+\cdots+m_k}{n}, 当 x_k^* \leqslant x < x_{k+1}^*, (k \leqslant l-1) \\ \quad\vdots \\ 1, 当 x \geqslant x_l^* \end{cases}$$

它的图形类似于离散随机变量的分布函数(见图 1-1),是非降的阶梯形函数,在 x_k^* 处具有跳跃度$\dfrac{m_k}{n}$,$1\leqslant k\leqslant l$。

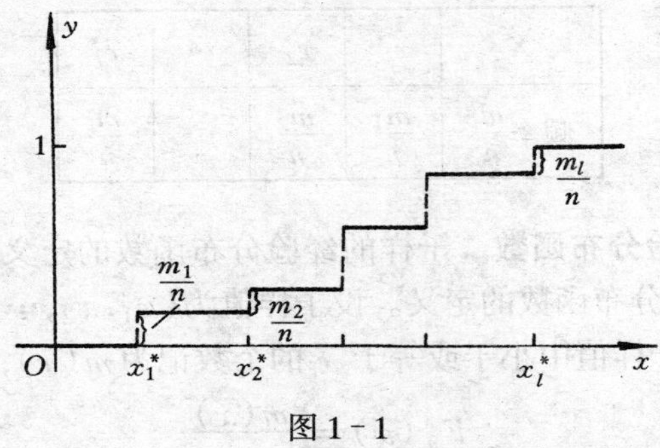

图 1-1

例 3 在例 1 中,子样经验分布函数表达式是

$$F_7^*(x)=\begin{cases}0, & 当 x<0 \\ \dfrac{2}{7}, & 当 0\leqslant x<1 \\ \dfrac{5}{7}, & 当 1\leqslant x<2 \\ \dfrac{6}{7}, & 当 2\leqslant x<3 \\ 1, & 当 x\geqslant 3\end{cases}$$

其图形如图 1-2 所示。

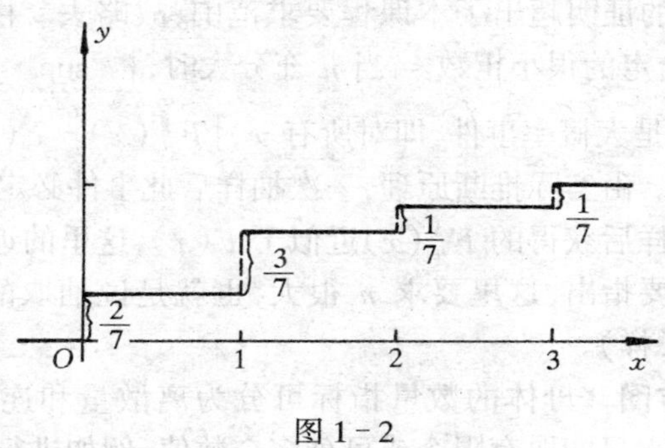

图 1-2

如果子样为 n 维随机变量,那末对于每一组子样值就可作一个经验分布函数。如此,经验分布函数 $F_n^*(x)$是随机量。考察当 $n\to\infty$时,$F_n^*(x)$的极限。对固定的 x,$F(x)$表示事件$\{X\leqslant x\}$的概率,而 $F_n^*(x)$表示 n 次试验事件$\{X\leqslant x\}$发生的频率。由切比雪夫大数定律,对任意 $\varepsilon>0$,

$$\lim_{n\to\infty}P\{|F_n^*(x)-F(x)|<\varepsilon\}=1$$

即 $F_n^*(x)$依概率收敛到$F(x)$。给定很小的正数 ε,对每一固定 x,当 n 充分大时,$\{|F_n^*(x)-F(x)|<\varepsilon\}$是大概率事件。利用实际推断原理,一次抽样此事件必定发生,即可用一次抽样后获得确定的 $F_n^*(x)$值近似于 $F(x)$。必须指出,这里 n 的大小依赖于 x。这是因为由切比雪夫大数定律得到 $F_n^*(x)$依概率收敛到 $F(x)$,是对每一固定 x 而言,带有局部性。格利汶科在 1953 年证明了一个更深入的具有全局性的定理。

格利汶科(W. Glivenko)定理 当 $n\to\infty$时,经验分布函数 $F_n^*(x)$关于 x 均匀地依概率收敛到$F(x)$,即对任意 $\varepsilon>0$,

$$\lim_{n\to\infty}P\{\sup_{-\infty<x<\infty}|F_n^*(x)-F(x)|<\varepsilon\}=1$$

其中记号“sup”表示上确界。①

此定理的证明超出了本课程要求范围,故略去。由定理的结论,对任意给定的很小正数 ε,当 n 充分大时,$\{\sup\limits_{-\infty<x<\infty}|F_n^*(x)-F(x)|<\varepsilon\}$是大概率事件,即对所有 x,$|F_n^*(x)-F(x)|<\varepsilon$ 是大概率事件。由实际推断原理,一次抽样后此事件必定发生,因而可用一次抽样后获得的 $F_n^*(x)$近似于 $F(x)$,这里的近似对 x 是一致的。需要指出,这里要求 n 很大,也就是说抽取的是大子样(容量大的子样)。

三、直方图 母体的数量指标可分为离散量和连续量二种。离散量是指它只能取有限个或可列多个数值,例如进行 N 次贝努里试验,事件 A 发生次数只能取大于等于零且小于等于 N 的所有整数,又如每匹布的疵点数只能取非负整数。连续量是指它能取某个区间中任意实数值,如长度、面积、温度等。

对于数量指标为连续量的母体,它的分布通常可用分布密度表示,相应的子样“密度”需用直方图表示。在母体分布密度图中,一个区间上的曲边梯形面积表示此区间上数据的比率,同样我们要求子样的直方图在一个区间上面积等于此区间上频率。下面通过一个例子具体介绍直方图的作法。

例 4 在例 2 中铆钉直径是一个连续量。200 个铆钉直径数值,最小的是 13.13,最大的是 13.69。现在把它们分成 12 组,每个组的区间长度取 0.05。每个组的区间长度称为**组距**,区间的中点称为**组中值**。分组后频率分布和频率见表 1－6。需要指出,在取各组端点的值时比原来数值小数点后多取一位,即实际测量读数小数点后取二位,而端点值小数点后取三位,且取最后一位数字为 5。每一组的纵坐标取为

---

① 定义在 $-\infty<x<\infty$ 的有界函数 $f(x)$,函数值的所有上界中必定有最小的一个,这个最小的上界称为 $f(x)$在 $-\infty<x<\infty$ 中的上确界,记 $\sup\limits_{-\infty<x<\infty}f(x)$。显然,若 $\sup\limits_{-\infty<x<\infty}f(x)<\varepsilon$,则对所有实数 x 有 $f(x)<\varepsilon$。

表 1-6

各组范围	组中值	频数	频率	直方图纵坐标
13.095～13.145	13.12	2	0.010	0.2
13.145～13.195	13.17	1	0.005	0.1
13.195～13.245	13.22	8	0.040	0.8
13.245～13.295	13.27	17	0.085	1.7
13.295～13.345	13.32	27	0.135	2.7
13.345～13.395	13.37	30	0.150	3.0
13.395～13.445	13.42	37	0.185	3.7
13.445～13.495	13.47	27	0.135	2.7
13.495～13.545	13.52	25	0.125	2.5
13.545～13.595	13.57	17	0.085	1.7
13.595～13.645	13.62	7	0.035	0.7
13.645～13.695	13.67	2	0.010	0.2

$$\text{纵坐标}=\frac{\text{组的频率}}{\text{组距}}$$

画出图形(见图 1-3),这种图形称为**直方图**。直方图由一些矩形构成,每一矩形的底边是一个组,而高取相应组的纵坐标,因此每块矩形的面积等于相应组的频率。直观上看,这个直方图的形状接近于正态分布密度图形。

一般地说,为了作出子样直方图,先要把子样值进行分组。如果把子样值$(x_1,x_2,\cdots,x_n)$分成 l 组,可作分点 $a_0,a_1,\cdots,a_l$(各组组距可以不相等)。为确定起见,把各组取为左开右闭区间,因

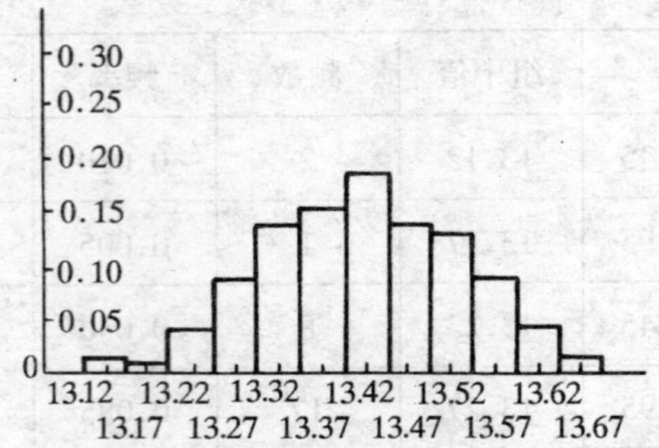

图 1-3

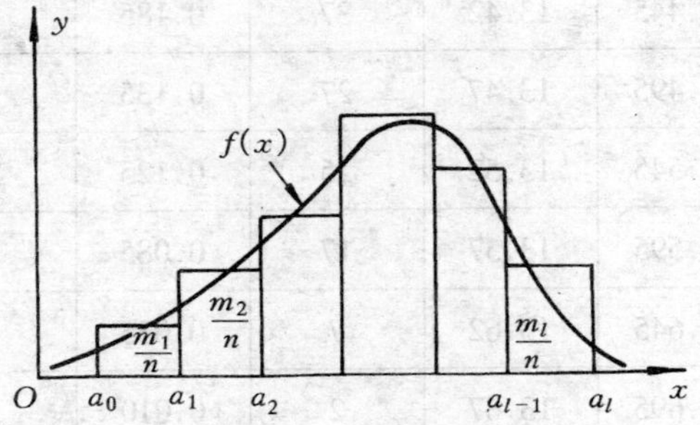

图 1-4

而各组为$(a_0,a_1],(a_1,a_2],\cdots,(a_{l-1},a_l]$,子样值落在各组中的频数为$m_1,m_2,\cdots,m_l$,于是频率为$\frac{m_1}{n},\frac{m_2}{n},\cdots,\frac{m_l}{n}$。直方图由一些矩形构成,各矩形以组为底边,高取为相应组的频率除以组距。直方图中每一矩形面积等于相应组的频率,见图 1-4。设母体的分布密度是$f(x)$,问子样直方图与分布密度关系如何?下面作一些数学上不太严格的解释。母体数量指标落在第k组$(a_{k-1},a_k]$的概率为

$$\int_{a_{k-1}}^{a_k} f(x)\mathrm{d}x$$

当 n 很大时子样落在此区间中的频率应接近于此概率，其根据是贝努里大数定律；也就是说在 $(a_{k-1}, a_k]$ 上矩形面积接近于 $f(x)$ 在此区间上曲边梯形面积。如果 n 愈大，分组时各组组距愈小（当然组数增多），直方图愈接近分布密度 $f(x)$ 的图形。

1.4　子样数字特征

子样的数字特征是刻画子样中数据的某种特性的指标，常见的有子样平均数和子样方差，还有子样中位数与极差。

一、子样平均数和子样方差　由子样值 $(x_1, x_2, \cdots, x_n)$ 可定义

子样平均(数)　$\bar{x} = \frac{1}{n}\sum_{i=1}^{n} x_i$

子样方差　$s^2 = \frac{1}{n}\sum_{i=1}^{n}(x_i - \bar{x})^2 = \frac{1}{n}\sum_{i=1}^{n} x_i^2 - \bar{x}^2$

子样 k 阶原点矩　$a_k = \frac{1}{n}\sum_{i=1}^{n} x_i^k$

子样 k 阶中心矩　$b_k = \frac{1}{n}\sum_{i=1}^{n}(x_i - \bar{x})^k$

容易证明子样方差的二种表示式相等。事实上，

$$s^2 = \frac{1}{n}\sum_{i=1}^{n}(x_i - \bar{x})^2 = \frac{1}{n}\sum_{i=1}^{n}(x_i^2 - 2x_i\bar{x} + \bar{x}^2)$$

$$= \frac{1}{n}\sum_{i=1}^{n} x_i^2 - 2\bar{x}^2 + \bar{x}^2 = \frac{1}{n}\sum_{i=1}^{n} x_i^2 - \bar{x}^2$$

子样方差的算术根 s，称为**子样标准差**。它的量纲与母体数量指标的量纲相同。子样平均数刻画子样的位置特征，而子样方差或标准差刻画分散特征。

当子样用频数分布给出时，有

子样平均(数)　$\bar{x} = \frac{1}{n}\sum_{i=1}^{l} m_i x_i^*$

子样方差　$s^2 = \frac{1}{n}\sum_{i=1}^{l} m_i(x_i^* - \bar{x})^2 = \frac{1}{n}\sum_{i=1}^{l} m_i x_i^{*2} - \bar{x}^2$

子样 k 阶原点矩　$a_k = \frac{1}{n}\sum_{i=1}^{l} m_i x_i^{*k}$

子样 k 阶中心矩　$b_k = \frac{1}{n}\sum_{i=1}^{l} m_i(x_i^* - \bar{x})^k$

例 5　从母体中抽得容量为 50 的子样，其频数分布为

表 1-7

X	2	5	7	10
m_i	16	12	8	14

子样平均数 $\bar{x} = \frac{1}{50}(16\times2+12\times5+8\times7+14\times10) = 5.76$

子样方差　$s^2 = \frac{1}{50}(16\times2^2+12\times5^2+8\times7^2+14\times10^2)-(5.76)^2$

$= 9.94$

如果子样为随机矢量$(X_1, X_2, \cdots, X_n)$，那末相应的数字特征(随机变量)可用大写字母表示为

子样平均数　$\bar{X} = \frac{1}{n}\sum_{i=1}^{n} X_i$

子样方差　$S^2 = \frac{1}{n}\sum_{i=1}^{n}(X_i - \bar{X})^2 = \frac{1}{n}\sum_{i=1}^{n} X_i^2 - \bar{X}^2$

子样 k 阶原点矩　$A_k = \frac{1}{n}\sum_{i=1}^{n} X_i^k$

子样 k 阶中心矩　$B_k = \frac{1}{n}\sum_{i=1}^{n}(X_i - \bar{X})^k$

设母体 X 的平均数为 μ，方差为 σ^2。由切比雪夫大数定律，当 $n\to\infty$ 时 $\bar{X}$ 依概率收敛于 μ，即对任意 $\varepsilon>0$，

$$\lim_{n\to\infty} P\{|\bar{X} - \mu| < \varepsilon\} = 1$$

此结果表明 n 很大时可用一次抽样后所得的子样平均数 $\bar{x}$ 近似于母体平均数 μ。

对 $X_1^2, X_2^2, \cdots$，利用切比雪夫大数定律可得 $\frac{1}{n}\sum_{i=1}^{n} X_i^2$ 依概率收敛于 EX^2，再利用依概率收敛的性质可得 $S^2 = \frac{1}{n}\sum_{i=1}^{n} X_i^2 - \bar{X}^2$ 依概率收敛于 $EX^2 - \mu^2 = \sigma^2$ ①，即对任意 $\varepsilon > 0$

$$\lim_{n\to\infty} P\{|S^2 - \sigma^2| < \varepsilon\} = 1$$

此结论表明 n 很大时可用一次抽样后所得的子样方差近似于母体方差 σ^2。

二、子样中位数和子样极差 在介绍子样中位数和子样极差之前，先介绍顺序统计量。

从母体中抽取一个子样，其数值为 $x_1, x_2, \cdots, x_n$，把 n 个数由小到大进行排列，依次记为 $x_{(1)}, x_{(2)}, \cdots, x_{(n)}$。如果子样 $(X_1, X_2, \cdots, X_n)$ 是 n 维随机变量，怎样把它们由小到大进行排列呢？下面通过一个例子说明。

例 6 从母体中取得一个容量为 5 的子样 $(X_1, X_2, X_3, X_4, X_5)$，可以具体地抽一次样获得一组子样值，把它们由小到大依次排列为一非降列；再抽一次样又获得一组子样值，亦由小到大依次排列，等等。把由小到大依次排列的数值，看成新的随机矢量的试验值。例如，

	X_1,	X_2,	X_3,	X_4,	X_5
子样值	2.1,	2.4,	1.8,	1.7,	2.3
	2.5,	2.1,	1.9,	2.0,	1.8
	1.6,	1.9,	1.7,	2.0,	2.1

---

① Y_n 依概率收敛于 C，记作 $p\lim_{n\to\infty} Y_n = C$。这里用到依概率收敛的性质：(1) 若 $p\lim_{n\to\infty} Y_n = C$，则 $p\lim_{n\to\infty} Y_n^2 = C^2$；(2) 若 $p\lim_{n\to\infty} Y_n = C$，$p\lim_{n\to\infty} Z_n = d$，则 $p\lim_{n\to\infty}(Y_n - Z_n) = c - d$，可参看参考书〔2〕第 309 页，26 题。

依次重排后 $X_{(1)}$　$X_{(2)}$　$X_{(3)}$　$X_{(4)}$　$X_{(5)}$

1.7，1.8，2.1，2.3，2.4

1.8，1.9，2.0，2.1，2.5

1.6，1.7，1.9，2.0，2.1

右边的三组数值作为 $X_{(1)},X_{(2)},X_{(3)},X_{(4)},X_{(5)}$ 的三组试验值，这样得到的 $X_{(1)},X_{(2)},X_{(3)},X_{(4)},X_{(5)}$ 称为子样 X_1,X_2,X_3,X_4,X_5 的顺序统计量。显然，顺序统计量的任一组试验值按由小到大次序排列，因而它的各分量不是相互独立的。

一般地说，将子样 $X_1,X_2,\cdots,X_n$ 的数值 $x_1,x_2,\cdots,x_n$，按由小到大次序排列得到 n 个值 $x_{(1)},x_{(2)},\cdots,x_{(n)}$，这里 $x_{(1)}\leqslant x_{(2)}\leqslant\cdots\leqslant x_{(n)}$。如果把 $x_{(1)},x_{(2)},\cdots,x_{(n)}$ 作为随机矢量 $X_{(1)},X_{(2)},\cdots,X_{(n)}$ 的试验值，则称 $X_{(1)},X_{(2)},\cdots,X_{(n)}$ 是子样 $X_1,X_2,\cdots,X_n$ 的顺序统计量①。$x_{(1)},x_{(2)},\cdots,x_{(n)}$ 称为顺序统计量的值。

现在介绍子样中位数和子样极差的定义。把子样值 $x_1,x_2,\cdots,x_n$ 按由小到大排列为 $x_{(1)},x_{(2)},\cdots,x_{(n)}$。**子样中位数**定义为

$$me=\begin{cases}x_{(\frac{n+1}{2})}, & \text{当 } n \text{ 是奇数}\\ x_{(\frac{n}{2}+1)}, & \text{当 } n \text{ 是偶数}\end{cases}$$

即当 n 是奇数时，子样中位数取 $x_{(1)},x_{(2)},\cdots,x_{(n)}$ 的正中间那个数值；当 n 是偶数时，子样中位数取正中间两个数值中靠右边的一个。

子样极差定义为

$$R = x_{(n)} - x_{(1)} = \max_{1\leqslant i\leqslant n} x_i - \min_{1\leqslant i\leqslant n} x_i$$

即极差是子样中最大的数值与最小的数值之差。它表示子样值的变化幅度。

---

① 子样的经验分布函数可表示为

$$F_n^*(x)=\begin{cases}0, & \text{当 } x< x_{(1)}\\ \dfrac{k}{n}, & \text{当 } x_{(k)}\leqslant x< x_{(k+1)};\quad 1\leqslant k< n\\ 1, & \text{当 } x\geqslant x(n)\end{cases}$$

当子样是随机矢量时，表达式中 $x_{(k)}$ 应改为顺序统计量 $X_{(k)}$。

例 7 将子样值 3,2,0,2,1,3,0 按由小到大重排得 0,0,1,2,2,3,3。子样中位数 $me=2$,子样极差 $R=3-0=3$。

子样值 3,1,4,8,1,4 按由小到大次序重排得 1,1,3,4,4,8。子样中位数 $me=4$,子样极差 $R=8-1=7$。

子样中位数和子样极差计算比较简便。子样中位数刻画子样的位置特征,子样极差刻画子样的分散特征,但是比较粗糙。

当子样为随机矢量 $X_1,X_2,\cdots,X_n$,用 $X_{(1)},X_{(2)},\cdots,X_{(n)}$ 表示它的顺序统计量,子样中位数和极差可分别表示为

$$me=\begin{cases}X_{(\frac{n+1}{2})}, & \text{当 } n \text{ 是奇数}\\ X_{(\frac{n}{2}+1)}, & \text{当 } n \text{ 是偶数}\end{cases}$$

$$R=X_{(n)}-X_{(1)}=\max_{1\leqslant i\leqslant n}X_i-\min_{1\leqslant i\leqslant n}X_i$$

子样平均数、子样方差、子样矩、子样中位数、子样极差都是子样 $X_1,X_2,\cdots,X_n$ 的函数。一般地说,如果子样 $X_1,X_2,\cdots,X_n$ 的连续函数 $g(X_1,X_2,\cdots,X_n)$ 中不出现未知参数,则 $g(X_1,X_2,\cdots,X_n)$ 为**统计量**。例如上述子样数字特征都是统计量,又如对于参数未知的正态母体(分布是正态分布 $N(\mu,\sigma^2)$),$\frac{1}{n}\sum_{i=1}^{n}(x_i-\mu)^2$,$\frac{S^2}{\sigma^2}$ 都不是统计量。统计量是随机变量,它的概率分布称为**抽样分布**。在一次抽样后获得子样值 $x_1,x_2,\cdots,x_n$,那么 $g(x_1,x_2,\cdots,x_n)$ 称为**统计量的值**,简称**统计值**。一个统计量包含了子样的某种信息,可用以对母体的某项性质作统计推断。例如子样平均数可用以估计母体平均数,子样方差可用以估计母体方差。

计算抽样分布可用概率论中求随机矢量函数的概率分布的方法。

§2 一些常用的抽样分布

本节主要介绍三种重要的抽样分布——χ^2 分布、t 分布、F 分布,它们在作统计推断时经常被用到。在此之前,先介绍正态母

体的子样平均数 $\bar{X}$ 的分布。

2.1 正态母体中 $\bar{X}$ 的分布

定理 1 设 $X_1,X_2,\cdots,X_n$ 是独立同分布随机变量，且每个随机变量服从正态分布 $N(\mu,\sigma^2)$，则平均数 $\bar{X}=\frac{1}{n}\sum_{i=1}^{n}X_i$ 服从正态分布 $N\left(\mu,\frac{\sigma^2}{n}\right)$。

事实上，由于独立正态变量之和 $\sum_{i=1}^{n}X_i$ 仍为正态变量，乘上因子 $\frac{1}{n}$ 所得到的 $\bar{X}$ 也是正态变量。又

$$E\bar{X}=E\left(\frac{1}{n}\sum_{i=1}^{n}X_i\right)=\frac{1}{n}\sum_{i=1}^{n}EX_i=\frac{n\mu}{n}=\mu$$

$$D\bar{X}=D\left(\frac{1}{n}\sum_{i=1}^{n}X_i\right)=\frac{1}{n^2}\sum_{i=1}^{n}DX_i=\frac{n\sigma^2}{n^2}=\frac{\sigma^2}{n}$$

所以 $\bar{X}$ 服从正态分布 $N\left(\mu,\frac{\sigma^2}{n}\right)$。

2.2 χ^2 分布

定理 2 设 $X_1,X_2,\cdots,X_n$ 是独立同分布随机变量，而每一个随机变量服从标准正态分布 $N(0,1)$，则随机变量 $\chi^2=X_1^2+X_2^2+\cdots+X_n^2$ 的分布密度是

$$f(x)=\begin{cases}\dfrac{1}{2^{\frac{n}{2}}\Gamma\left(\frac{n}{2}\right)}x^{\frac{n}{2}-1}\mathrm{e}^{-\frac{x}{2}}, & x>0\\[2ex] 0, & x\leqslant 0\end{cases}\tag{2.1}$$

其中 $\Gamma\left(\frac{n}{2}\right)$ 是伽玛函数在 $\frac{n}{2}$ 处的值。这种分布称为**自由度为 n 的 χ^2 分布**，记为 $\chi^2(n)$。随机变量 χ^2 简称 **χ^2 变量**。

证明 如果采用按定义计算 χ^2 变量的分布函数的方法，将涉及 n 维空间球域上的积分。为方便起见，这里采用数学归纳法进行证明。

当 $n=1$，$\chi^2=X_1^2$。X_1 的分布密度是

$$\varphi(x)=\frac{1}{\sqrt{2\pi}}\mathrm{e}^{-\frac{x^2}{2}}$$

由于 χ^2 的数值是非负的，当 $y\leqslant 0$ 时，它的分布密度 $f(y)=0$。又因为函数 $y=x^2$ 在 $x\leqslant 0$ 和 $x>0$ 中分别是单调降与单调增的，所以当 $y>0$ 时，χ^2 的分布密度

$$\begin{aligned}f(y)&=\frac{1}{\sqrt{2\pi}}\mathrm{e}^{-\frac{y}{2}}\cdot(\sqrt{y})'+\frac{1}{\sqrt{2\pi}}\mathrm{e}^{-\frac{y}{2}}\left|(-\sqrt{y})'\right|\\&=\frac{1}{2^{\frac{1}{2}}\Gamma\left(\frac{1}{2}\right)}y^{\frac{1}{2}-1}\mathrm{e}^{-\frac{y}{2}}\end{aligned}$$

所以(2.1)式成立。

设 $n=k$ 时(2.1)式成立，即 $\chi^2=X_1^2+X_2^2+\cdots+X_k^2$ 的分布密度是

$$f(x)=\begin{cases}\dfrac{1}{2^{\frac{k}{2}}\Gamma\left(\frac{k}{2}\right)}x^{\frac{k}{2}-1}\mathrm{e}^{-\frac{x}{2}}, & x>0\\0, & x\leqslant 0\end{cases}$$

$n=k+1$ 时，$\chi^2=(X_1^2+X_2^2+\cdots+X_k^2)+X_{k+1}^2$。由于 χ^2 的值是非负的，当 $x\leqslant 0$，它的分布密度 $f(x)=0$。

当 $x\geqslant 0$，分布密度

$$\begin{aligned}f(x)&=\int_0^x\frac{1}{2^{\frac{k}{2}}\Gamma\left(\frac{k}{2}\right)}t^{\frac{k}{2}-1}\mathrm{e}^{-\frac{t}{2}}\frac{1}{2^{\frac{1}{2}}\Gamma\left(\frac{1}{2}\right)}(x-t)^{\frac{1}{2}-1}\mathrm{e}^{-\frac{x-t}{2}}\mathrm{d}t\\&=\frac{\mathrm{e}^{-\frac{x}{2}}}{2^{\frac{k+1}{2}}\Gamma\left(\frac{k}{2}\right)\Gamma\left(\frac{1}{2}\right)}\int_0^x t^{\frac{k}{2}-1}(x-t)^{\frac{1}{2}-1}\mathrm{d}t\\&\xlongequal{\text{令}u=t/x}\frac{\mathrm{e}^{-\frac{x}{2}}x^{\frac{k+1}{2}-1}}{2^{\frac{k+1}{2}}\Gamma\left(\frac{k}{2}\right)\Gamma\left(\frac{1}{2}\right)}\int_0^1 u^{\frac{k}{2}-1}(1-u)^{\frac{1}{2}-1}\mathrm{d}u\end{aligned}$$

$$= \frac{e^{-\frac{x}{2}}}{2^{\frac{k+1}{2}}\Gamma\left(\frac{k}{2}\right)\Gamma\left(\frac{1}{2}\right)} x^{\frac{k+1}{2}-1} B\left(\frac{k}{2},\frac{1}{2}\right)$$

$$= \frac{1}{2^{\frac{k+1}{2}}\Gamma\left(\frac{k+1}{2}\right)} x^{\frac{k+1}{2}-1} e^{-\frac{x}{2}}$$

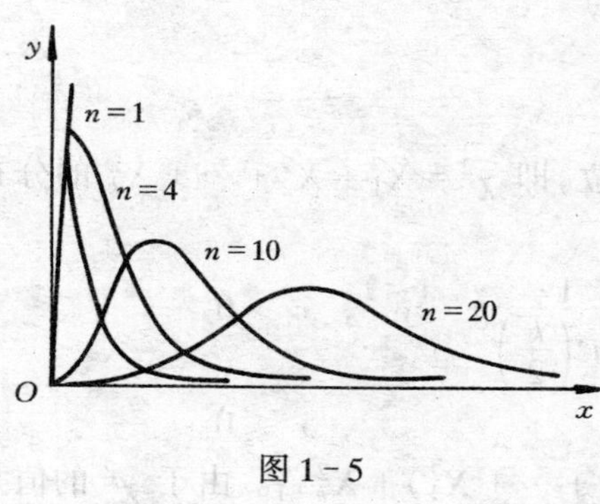

图1-5

其中 $B\left(\frac{k}{2},\frac{1}{2}\right)$ 是贝塔函数在 $\frac{k}{2}$ 和 $\frac{1}{2}$ 处的值。所以(2.1)式对 $n=k+1$ 成立。定理证毕。

χ^2 分布密度图形见图1-5。它随 n 取不同数值而不同。若对于给定的 $\alpha(0<\alpha<1)$,存在 $\chi_\alpha^2(n)$ 使

$$\int_{\chi_\alpha^2(n)}^{\infty} f(x)\mathrm{d}x = \alpha$$

则称 $\chi_\alpha^2(n)$ 为 **χ^2 分布的上侧分位数**。它的数值可查附表3。

χ^2 分布具有下列性质:

1. $E\chi^2=n$, $D\chi^2=2n$

这二个式子可由分布密度表示式(2.1),用数学期望和方差的定义分别计算得到。然而,这里采用 χ^2 变量的定义进行计算。事实上,

$$E\chi^2 = E\left[\sum_{i=1}^n X_i^2\right] = \sum_{i=1}^n EX_i^2 = \sum_{i=1}^n DX_i = n$$

$$D\chi^2 = D\left[\sum_{i=1}^n X_i^2\right] = \sum_{i=1}^n DX_i^2 = 2n$$

上面第二式最后一个等号用到

$$DX_i^2 = EX_i^4 - (EX_i^2)^2 = \frac{1}{\sqrt{2\pi}}\int_{-\infty}^{\infty} x^4 e^{-\frac{x^2}{2}} dx - 1$$

$$= 3 - 1 = 2$$

2．设二个 χ^2 变量 χ_1^2 和 χ_2^2 相互独立，且 χ_1^2、χ_2^2 分别有自由度 n_1 和 n_2，则 $\chi_1^2+\chi_2^2$ 是自由度为 n_1+n_2 的 χ^2 变量。这个性质称为 **χ^2 变量的可加性**。

证明 令 $Z=\chi_1^2+\chi_2^2$。由于 Z 的值是非负的，当 $z\leqslant 0$ 时，Z 的分布密度

$$f(z) = 0$$

利用求独立随机变量之和分布密度的卷积公式，当 $z>0$ 时，Z 的分布密度

$$f(z)=\int_0^z \frac{1}{2^{\frac{n_1}{2}}\Gamma\left(\frac{n_1}{2}\right)} x^{\frac{n_2}{2}-1} e^{-\frac{x}{2}} \frac{1}{2^{\frac{n_2}{2}}\Gamma\left(\frac{n_2}{2}\right)} (z-x)^{\frac{n_2}{2}-1} e^{-\frac{z-x}{2}} dx$$

$$= \frac{1}{2^{\frac{n_1+n}{2}}\Gamma\left(\frac{n_1}{2}\right)\Gamma\left(\frac{n_2}{2}\right)} e^{-\frac{z}{2}} \int_0^z x^{\frac{n_2}{2}-1} (z-x)^{\frac{n_2}{2}-1} dx$$

$$\xlongequal{令 u = x/z} \frac{1}{2^{\frac{n_2+n_1}{2}}\Gamma\left(\frac{n_1}{2}\right)\Gamma\left(\frac{n_2}{2}\right)} e^{-\frac{z}{2}} z^{\frac{n_2+n_1}{2}-1}$$

$$\int_0^1 u^{\frac{n_2}{2}-1} (1-u)^{\frac{n_2}{2}-1} du = \frac{1}{2^{\frac{n_2+n_1}{2}}\Gamma\left(\frac{n_1}{2}\right)\Gamma\left(\frac{n_2}{2}\right)} e^{-\frac{z}{2}} z^{\frac{n_2+n_1}{2}-1} B\left(\frac{n_1}{2},\frac{n_2}{2}\right)$$

$$= \frac{1}{2^{\frac{n_2+n_1}{2}}\Gamma\left(\frac{n_1+n_2}{2}\right)} z^{\frac{n_2+n_1}{2}-1} e^{-\frac{z}{2}}$$

证毕。

进一步可以得到 n 个相互独立的 χ^2 变量之和亦是 χ^2 变量，它的自由度等于各个 χ^2 变量相应自由度之和。

3. 设随机变量 X 服从自由度为 n 的 χ^2 分布，则对任意 x 有

$$\lim_{n\to\infty} P\left\{\frac{X-n}{\sqrt{2n}} \leqslant x\right\} = \frac{1}{\sqrt{2\pi}}\int_{-\infty}^{x} \mathrm{e}^{-\frac{t^2}{2}}\mathrm{d}t$$

此性质说明 n 很大时$\frac{X-n}{\sqrt{2n}}$近似服从标准正态分布，亦即自由度 n 很大的 χ^2 分布近似于正态分布 $N(n,2n)$。

事实上，由于自由度为 n 的 χ^2 变量 X 是 n 个相互独立标准正态变量 $X_1,X_2,\cdots,X_n$ 的平方和，即 $X=X_1^2+X_2^2+\cdots+X_n^2$。显然 $X_1^2,X_2^2,\cdots,X_n^2$ 是独立同分布的，利用中心极限定理，X 经标准化后得到的$\frac{X-n}{\sqrt{2n}}$（利用性质 1）的分布，当 $n\to\infty$ 时趋于标准正态分布 $N(0,1)$。这就是要证明的结论。

在附表 3 中，当 $n>45$ 时，由 α 查不到上侧分位数 $\chi_\alpha^2(n)$ 的数值。此时可以利用性质 3 进行计算。设 X 服从自由度为 n 的 χ^2 分布，由上侧分位数定义，

$$P\{X \geqslant \chi_\alpha^2(n)\} = \alpha$$

因而

$$P\left\{\frac{X-n}{\sqrt{2n}} \geqslant \frac{\chi_\alpha^2(n)-n}{\sqrt{2n}}\right\} = \alpha$$

令 $Y=\frac{X-n}{\sqrt{2n}}$，Y 近似服从标准正态分布 $N(0,1)$。

若 U 服从标准正态分布 $N(0,1)$。对于给定的 α，查附表 1 可得使

$$P\{U \geqslant u_\alpha\} = \alpha$$

的 u_α，则称此 u_α 为**标准正态分布的上侧分位数**。

由上可见，对 Y 有

$$P\{Y \geqslant u_\alpha\} \approx \alpha$$

比较得

$$\frac{\chi_\alpha^2(n)-n}{\sqrt{2n}} \approx u_\alpha$$

所以

$$\chi_\alpha^2(n) \approx n+\sqrt{2n}u_\alpha$$

例如,要求 $\chi_{0.05}^2(120)$的数值,由 $\alpha=0.05$,查附表 1 得 $u_{0.05}=1.645$;利用上式

$$\chi_{0.05}^2(120) \approx 120+\sqrt{2\times120}\times1.645=145.5$$

2.3 *t* 分布

定理 3 设随机变量 X 服从标准正态分布$N(0,1)$,随机变量 Y 服从自由度为n 的χ^2 分布,且 X 与 Y 相互独立,则

$$T=\frac{X}{\sqrt{\dfrac{Y}{n}}}$$

的分布密度为

$$f(t)=\frac{\Gamma\left(\dfrac{n+1}{2}\right)}{\sqrt{n\pi}\,\Gamma\left(\dfrac{n}{2}\right)}\left(1+\frac{t^2}{n}\right)^{-\frac{n+1}{2}},\ -\infty<t<\infty \quad (2.2)$$

这种分布称为**自由度为 n 的 t 分布**,简记为 $t(n)$。它亦称为**学生(Student)分布**。这种分布首先被科萨德(Gosset)所发现,他在1908 年发表关于此分布的论文时用学生作为笔名。随机变量 T 简称 **T 变量**。

证明 令 $Z=\sqrt{\dfrac{Y}{n}}$,先计算 Z 的分布密度$f_Z(z)$。事实上,当 $z>0$ 时,Z 的分布函数

$$F_Z(z)=P\{Z\leqslant z\}=P\left\{\sqrt{\frac{Y}{n}}\leqslant z\right\}=F_Y(nz^2)$$

因此,分布密度

$$f_Z(z)=f_Y(nz^2)\cdot 2nz=\frac{1}{2^{\frac{n}{2}}\Gamma\left(\frac{n}{2}\right)}(nz^2)^{\frac{n}{2}-1}\mathrm{e}^{-\frac{nz^2}{2}}2nz$$

$$=\frac{1}{2^{\frac{n}{2}-1}\Gamma\left(\frac{n}{2}\right)}n^{\frac{n}{2}}z^{n-1}\mathrm{e}^{-\frac{nz^2}{2}}$$

显然,由于 Z 的值是非负的,所以当 $z\leqslant 0$ 时,$f_Z(z)=0$。

由 T 的表达式,有 $T=\frac{X}{Z}$。利用独立随机变量之商的分布密度公布可得 T 的分布密度为

$$f(t)=\int_{-\infty}^{\infty}|z|f_X(zt)f_Z(z)\mathrm{d}z$$

$$=\int_0^{\infty}z\frac{1}{\sqrt{2\pi}}\mathrm{e}^{-\frac{z^2t^2}{2}}\frac{1}{2^{\frac{n}{2}-1}\Gamma\left(\frac{n}{2}\right)}n^{\frac{n}{2}}z^{n-1}\mathrm{e}^{-\frac{nz^2}{2}}\mathrm{d}z$$

$$=\frac{1}{\sqrt{\pi}\cdot 2^{\frac{n-1}{2}}\Gamma\left(\frac{n}{2}\right)}n^{\frac{n}{2}}\int_0^{\infty}z^n\mathrm{e}^{-\frac{n+t^2}{2}}z^2\mathrm{d}z$$

$$\xlongequal{\text{令 } u=\frac{n+t^2}{2}z^2}\frac{1}{\sqrt{\pi}\cdot 2^{\frac{n-1}{2}}\Gamma\left(\frac{n}{2}\right)}n^{\frac{n}{2}}\int_0^{\infty}\left(\frac{2u}{n+t^2}\right)^{\frac{n-1}{2}}\frac{1}{n+t^2}\mathrm{e}^{-x}\mathrm{d}u$$

$$=\frac{1}{\sqrt{\pi}\cdot 2^{\frac{n-1}{2}}\Gamma\left(\frac{n}{2}\right)}n^{\frac{n}{2}}\frac{2^{\frac{n-1}{2}}}{(n+t^2)^{\frac{n+1}{2}}}\Gamma\left(\frac{n+1}{2}\right)$$

$$=\frac{\Gamma\left(\frac{n+1}{2}\right)}{\sqrt{n\pi}\Gamma\left(\frac{n}{2}\right)}\left(1+\frac{t^2}{n}\right)^{-\frac{n+1}{2}}$$

t 分布密度图形见图 1-6,它随 n 取不同数值而不同。由于(2.2)式中的函数是偶函数,所以 t 分布密度对 y 轴是对称的。现

在计算 $n\to\infty$ 时 t 分布密度的极限:

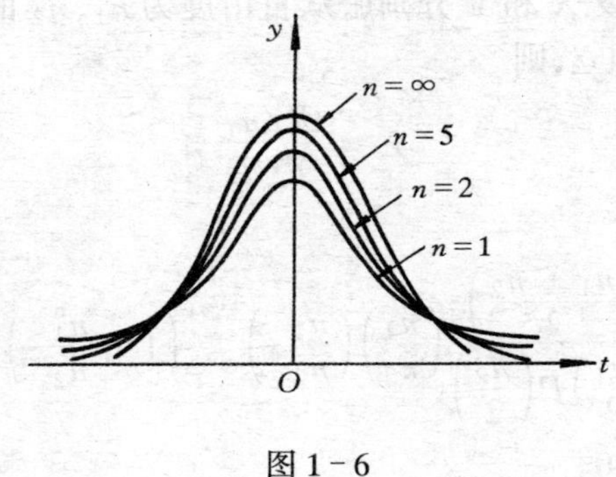

图 1-6

$$\lim_{n\to\infty}f(t)=\lim_{n\to\infty}\frac{\Gamma\left(\frac{n+1}{2}\right)}{\sqrt{n\pi}\,\Gamma\left(\frac{n}{2}\right)}\left(1+\frac{t^2}{n}\right)^{-\frac{n+1}{2}}$$

$$=\frac{1}{\sqrt{\pi}}e^{-\frac{t^2}{2}}\lim_{n\to\infty}\frac{\Gamma\left(\frac{n+1}{2}\right)}{\sqrt{n}\,\Gamma\left(\frac{n}{2}\right)}$$

$$=\frac{1}{\sqrt{2\pi}}e^{-\frac{t^2}{2}}$$

其中最后一个等号由 Γ 函数性质获得。计算结果表明,当 $n\to\infty$ 时 t 分布密度趋于标准正态分布密度。

若对于给定的 $\alpha\left(0<\alpha<\frac{1}{2}\right)$,存在正数 $t_\alpha(n)$ 使

$$\int_{t_\alpha(n)}^{\infty}f(t)\mathrm{d}t=\alpha$$

则称 $t_\alpha(n)$ 为 **t 分布的上侧分位数**,它的数值可查附表 2。当 $n>45$ 时,可用自由度 ∞ 这一栏的数值作为 $t_\alpha(n)$ 的近似值,实际上此栏数值是从标准正态分布获得的。

2.4 F 分布

定理 4 设 X 和 Y 分别服从自由度为 n_1、n_2 的 χ^2 分布，且 X 与 Y 相互独立，则

$$F = \frac{X/n_1}{Y/n_2}$$

的分布密度为

$$f(z) = \begin{cases} \dfrac{\Gamma\left(\dfrac{n_1+n_2}{2}\right)}{\Gamma\left(\dfrac{n_1}{2}\right)\Gamma\left(\dfrac{n_2}{2}\right)}\left(\dfrac{n_1}{n_2}\right)\left(\dfrac{n_1}{n_2}z\right)^{\frac{n_1}{2}-1}\left(1+\dfrac{n_1}{n_2}z\right)^{-\frac{n_1+n_2}{2}}, & z>0 \\ 0, & z\leqslant 0 \end{cases}$$

这种分布称为**第一自由度为 n_1，第二自由度为 n_2 的 F 分布，或自由度为 (n_1, n_2) 的 F 分布**，记为 $F(n_1, n_2)$。随机变量 F 简称 **F 变量**。

证明 令 $U=\dfrac{X}{n_1}, V=\dfrac{Y}{n_2}$。$U$、$V$ 的分布密度分别是

$$f_U(u) = \begin{cases} \dfrac{n_1^{\frac{n_1}{2}}}{2^{\frac{n_1}{2}}\Gamma\left(\dfrac{n_1}{2}\right)}u^{\frac{n_1}{2}-1}e^{-\frac{n_1 u}{2}}, & u\geqslant 0 \\ 0, & u<0 \end{cases}$$

和

$$f_V(v) = \begin{cases} \dfrac{n_2^{\frac{n_2}{2}}}{2^{\frac{n_2}{2}}\Gamma\left(\dfrac{n_2}{2}\right)}v^{\frac{n_2}{2}-1}e^{-\frac{n_2 v}{2}}, & v\geqslant 0 \\ 0, & v<0 \end{cases}$$

由于 $F=\dfrac{U}{V}$，用独立随机变量之商分布密度公式，当 $z>0$ 时，F 的分布密度

$$f(z)=\int_{-\infty}^{\infty}|v|f_U(zv)f_V(v)\mathrm{d}v$$

$$=\frac{n_1^{\frac{n_1}{2}}n_2^{\frac{n_2}{2}}}{2^{\frac{n_1}{2}}\Gamma\left(\frac{n_1}{2}\right)2^{\frac{n_2}{2}}\Gamma\left(\frac{n_2}{2}\right)}$$

$$\int_0^{\infty}v(zv)^{\frac{n_1}{2}-1}\mathrm{e}^{-\frac{n_1zv}{2}}v^{\frac{n_2}{2}-1}\mathrm{e}^{-\frac{n_2zv}{2}}\mathrm{d}v$$

$$=\frac{n_1^{\frac{n_1}{2}}n_2^{\frac{n_2}{2}}}{2^{\frac{n_1+n_2}{2}}\Gamma\left(\frac{n_1}{2}\right)\Gamma\left(\frac{n_2}{2}\right)}z^{\frac{n_1}{2}-1}\left(\frac{2}{n_1z+n_2}\right)^{\frac{n_1+n_2}{2}}\Gamma\left(\frac{n_1+n_2}{2}\right)$$

$$=\frac{\Gamma\left(\frac{n_1+n_2}{2}\right)}{\Gamma\left(\frac{n_1}{2}\right)\Gamma\left(\frac{n_2}{2}\right)}\left(\frac{n_1}{n_2}\right)\left(\frac{n_1}{n_2}z\right)^{\frac{n_1}{2}-1}\left(1+\frac{n_1}{n_2}z\right)^{-\frac{n_1+n_2}{2}}$$

显然，由于 F 的值非负，故当 $z\leqslant 0$ 时，$f(z)=0$。定理证毕。

F 分布密度的图形见图 1－7，图中曲线随 n_1、n_2 取不同数值而不同。若对于给定的 $\alpha(0<\alpha<1)$，存在正数 $F_\alpha(n_1,n_2)$ 使

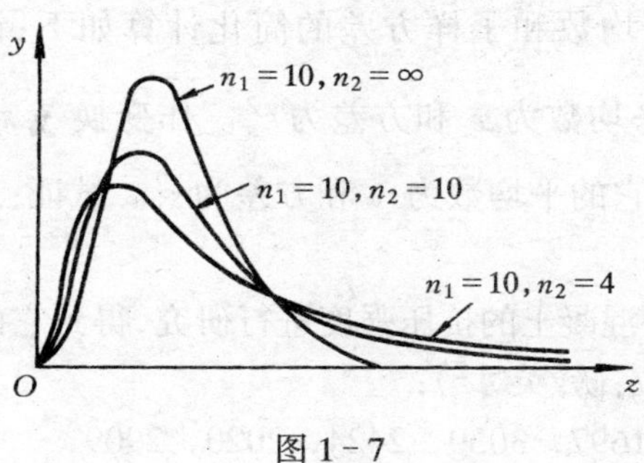

图 1－7

$$\int_{F_\alpha(n_1,n_2)}^{\infty} f(z)\mathrm{d}z = \alpha$$

则称 $F_\alpha(n_1,n_2)$为 **F 分布的上侧数**,它的数值可查附表 4。

F 分布有一个重要性质:如果 F 变量服从分布 $F(n_1,n_2)$,那末$\frac{1}{F}$服从分布 $F(n_2,n_1)$。事实上,从

$$\frac{1}{F} = \frac{Y/n_2}{X/n_1}$$

立即可以得到。

第一章 习 题

1. 在五块条件基本相同的田地上种植某种农作物,亩产量分别为 92,94,103,105,106(单位:斤),求子样平均数和子样方差。

2. 从母体中抽取容量为 60 的子样,它的频数分布

x_i^*	1	3	6	26
m_i	8	40	10	2

求子样平均数与子样方差,并求子样标准差。

3. 子样平均数和子样方差的简化计算如下:设子样值 x_1, $x_2,\cdots,x_n$ 的平均数为 $\bar{x}$ 和方差为 ε_x^2。作变换 $y_i = \frac{x_i - a}{c}$,得到 $y_1,y_2,\cdots,y_2$,它的平均数为 $\bar{y}$ 和方差为 s_y^2。试证:$\bar{x} = a + c\bar{y}$,$s_x^2 = c^2 s_y^2$。

4. 对某种混凝土的抗压强度进行研究,得到它的子样的下列观测数据(单位:磅/英寸^2):

1939, 1697, 3030, 2424, 2020, 2909,

1815, 2020, 2310

采用下面简化计算法计算子样平均数和方差。先作变换 $y_i =$

$x_i - 2\,000$,再计算 $\bar{y}$ 与 s_y^2,然后利用第 3 题中的公式获得 $\bar{x}$ 和 s_x^2 的数值。

5. 在冰的熔解热研究中,测量从 -0.72℃ 的冰变成 0℃ 的水所需热量,取 13 块冰分别作试验得到热量数据如下:

79.98, 80.04, 80.02, 80.04, 80.03, 80.03, 80.04,
79.97, 80.05, 80.03, 80.02, 80.00, 80.02

试用作变换 $y_i = 100(x_i - 80)$ 简化计算法计算子样平均数和子样方差。

6. 容量为 10 的子样频数分布为

x_i^*	23.5	26.1	28.2	30.4
m_i	2	3	4	1

试用变换 $y_i = 10(x_i - 27)$ 作简化计算,求 $\bar{x}$ 与 s_x^2 的数值。

7. 下面是 100 个学生身高的测量情况(以厘米计算)

身 高	154～158	158～162	162～166	166～170
学 生 数	10	14	26	28

身 高	170～174	174～178	178～182
学 生 数	12	8	2

注 各组取左开右闭区间。

试计算子样平均数和子样方差(各组以组中值作为子样中的数值)。

8. 若从某母体中抽取容量为 13 的子样: $-2.1, 3.2, 0, -0.1, 1.2, -4, 2.22, 2.01, 1.2, -0.1, 3.21, -2.1, 0$。试写出这个子样的顺序统计量、子样中位数和极差。如果再抽取一个样品为 2.7 构成一个容量为 14 的子样,求子样中位数。

9. 从同一母体抽得的两个子样,其容量为 n_1 和 n_2,已经分别算出这两个子样的平均数 $\overline{X}_1$ 和 $\overline{X}_2$,子样方差 s_1^2 和 s_2^2。现将两个子样合并在一起，问容量为 n_1+n_2 的联合子样的平均数与方差分别是什么？

10．某射手进行 20 次独立、重复的射击，击中靶子的环数如下表所示：

环数	10	9	8	7	6	5	4
频数	2	3	0	9	4	0	2

试写出子样的频率分布，再写出经验分布函数并作出其图形。

11．利用第 7 题中数据作出学生身高的子样直方图。

12．设 $X_1,X_2,\cdots,X_n$ 是参数为 λ 的泊松分布的母体的一个子样，$\bar{X}$ 是子样平均数，试求 $E\bar{X}$ 和 $D\bar{X}$。

13．设 $X_1,X_2,\cdots,X_n$，是区间 $(-1,1)$ 上均匀分布的母体的一个子样，试求子样平均数的均值和方差。

14．设 $X_1,X_2,\cdots,X_n$ 是分布为 $N(\mu,\sigma^2)$ 的正态母体的一个子样，求 $Y=\frac{1}{\sigma^2}\sum\limits_{i=1}^{n}(X_i-\mu)^2$ 的概率分布。

15．设母体 X 具有正态分布 $N(0,1)$，从此母体中取一容量为 6 的子样 $(X_1,X_2,X_3,X_4,X_5,X_6)$。又设 $Y=(X_1+X_2+X_3)^2+(X_4+X_5+X_6)^2$。试决定常数 C，使得随机变量 CY 服从 χ^2 分布。

16．设 $(X_1,X_2,\cdots,X_n)$，是分布为 $N(0,\sigma^2)$ 的正态母体中的一个子样，试求下列统计量的分布密度：

(1) $Y_1=\sum\limits_{i=1}^{n}X_i^2$；　　(2) $Y_2=\frac{1}{n}\sum\limits_{i=1}^{n}X_i^2$；

(3) $Y_3=(\sum\limits_{i=1}^{n}X_i)^2$；　　(4) $Y_4=\frac{1}{n}(\sum\limits_{i=1}^{n}X_i)^2$。

17．已知 $X\sim t(n)$，求证 $X^2\sim F(1,n)$。

18．设 $X_1,X_2,\cdots,X_n,X_{n+1},\cdots,X_{n+m}$ 是分布为 $N(0,\sigma^2)$ 的正态母体容量为 $n+m$ 的子样，试求下列统计量的概率分布：

$$(1)\ Y_1=\frac{\sqrt{m}\sum_{i=1}^{n}X_i}{\sqrt{n}\sqrt{\sum_{i=n+1}^{n+m}X_i^2}};\quad (2)\ Y_2=\frac{m\sum_{i=1}^{n}X_i^2}{n\sum_{i=n+1}^{n+m}X_i^2}。$$

19. 利用 χ^2 分布的性质 3 近似计算 $\chi^2_{0.01}(90)$。

20. 设 $X\sim\chi^2(n)$，试证：当 n 很大时，对 $c>0$ 有

$$P\{X\leqslant c\}\approx\Phi\left(\frac{c-n}{\sqrt{2n}}\right)$$

其中 $\Phi(x)$ 是正态分布 $N(0,1)$ 的分布函数。

第二章 参数估计

本章开始介绍统计推断，即依据母体中取得的一个简单随机子样对母体进行分析和推断。统计推断分成两大部分，一是参数估计，另一是假设检验。参数估计又分点估计与区间估计两种。本章主要介绍估计量的求法和评议估计量好坏的标准，对母体平均数和方差的区间估计。

§1 点估计和估计量的求法

1.1 什么叫参数估计？

参数是指母体分布中的未知参数。例如，如果正态母体的分布 $N(\mu,\sigma^2)$ 中 μ、σ^2 未知，μ 与 σ^2 是参数；如果正态母体的分布是 $N(0,\sigma^2)$，而 σ^2 未知，σ^2 是参数。再如，泊松分布 $P(\lambda)$ 的母体中 λ 未知，λ 是参数；二项分布 $B(N,p)$ 的母体中 N 已知，p 未知，参数为 p。所谓参数估计就是由子样值对母体的（未知）参数作出估计。先看一个实例。

例 1 用一个仪器测量某物体的长度，假定测量得到的长度服从正态分布 $N(\mu,\sigma^2)$。现在进行 5 次测量，测量值为

53.2, 52.9, 53.3, 52.8, 52.5 （单位：毫米）

μ、σ^2 分别是正态母体的平均数和方差。很自然用子样平均和子样方差的数值分别去估计。

$$\bar{x}=\frac{1}{5}(53.2+52.9+53.3+52.8+52.5)=52.94$$

$$s^2=\frac{1}{5}[(53.2-52.94)^2+(52.9-52.94)^2+(53.3-52.94)^2+$$

$$(52.8-52.94)^2+(52.5-52.94)^2]=0.0824$$

所以，μ 的估计值是 52.94，σ^2 的估计值是 0.0824。用 $\hat{\mu}$，$\hat{\sigma}^2$ 分别表示 μ，σ^2 的估计值，故

$$\hat{\mu}=52.94,\quad \hat{\sigma}^2=0.0824$$

这是对参数 μ 和 σ^2 分别作定值估计，亦称参数的点估计。

一般地说，设母体 X 的分布函数是 $F(x;\theta_1,\theta_2,\cdots,\theta_k)$，其中 $\theta_1,\theta_2,\cdots,\theta_k$ 是未知参数。如果从母体中取得的子样值为 $(x_1,x_2,\cdots,x_n)$，作出 k 个函数 $\hat{\theta}_i=\hat{\theta}_i(x_1,x_2,\cdots,x_n)$，$i=1,2,\cdots,k$，分别用 $\hat{\theta}_i$ 估计未知参数 θ_i，则称 $\hat{\theta}_i$ 是 θ_i 的**估计值**。如果子样为随机矢量 $(X_1,X_2,\cdots,X_n)$，作 $\hat{\theta}_i=\hat{\theta}_i(X_1,X_2,\cdots,X_n)$，则称 $\hat{\theta}_i$(随机变量)是 θ_i 的**估计量**，$i=1,2,\cdots,k$。估计量显然是统计量，它是用作估计未知参数的统计量。为方便起见，有的时候估计值和估计量统称为估计量，这种用 $\hat{\theta}_i$ 对参数 θ_i 作定值估计，称为**参数的点估计**。应该指出，这种估计值随抽得子样的数值不同而不同，带有随机性。

下面介绍估计量的一些求法。

1.2　矩法

有些母体分布中的未知参数与它的矩是一致的，例如泊松分布 $P(\lambda)$ 中的未知参数 λ 就是母体平均数，正态分布 $N(\mu,\sigma^2)$ 中未知参数 μ、σ^2 分别是母体平均数和方差。有些母体分布中未知参数与它的矩虽不一致，但二者之间有函数关系，例如负指数分布的均值为 $\frac{1}{\lambda}$。因而，对母体分布的未知参数作估计，首先要对母体的矩作估计。一种自然的作法是用子样矩分别估计母体相应的矩。在母体分布中参数和它的矩不一致情形，如果母体分布有 k 个未知参数，只要用前 k 阶子样矩估计相应的前 k 阶母体矩，再利用未知参数与母体矩的关系可得未知参数的估计量。这种求估计量的方法称为**矩法**。

例 2　正态母体的分布是 $N(\mu,\sigma^2)$。先求 μ，σ^2 的估计量，

由 $EX=\mu, DX=\sigma^2$,可得

$$\hat{\mu} = \overline{X}, \quad \hat{\sigma}^2 = S^2$$

再利用 $\sigma=\sqrt{DX}$,可得

$$\hat{\sigma} = S$$

例 3　在泊松分布 $P(\lambda)$的母体中,求 λ 的估计量。

由 $EX=\lambda$,可得

$$\hat{\lambda} = \overline{X}$$

例 4　在二项分布 $B(N,p)$的母体中,N 是已知的,求 p 的估计量。

由 $EX=Np$,有 $\overline{X}=N\hat{p}$,所以

$$\hat{p} = \frac{\overline{X}}{N}$$

例 5　设母体 X 具有 Γ 分布,其密度为

$$f(x) = \begin{cases} \dfrac{\beta^\alpha}{\Gamma(\alpha)} x^{\alpha-1} e^{-\beta x}, & x > 0 \\ 0, & x \leqslant 0 \end{cases}$$

其中 $\alpha>0, \beta>0$。试求 α 和 β 的估计量。

计算数学期望和方差可得

$$EX = \frac{\alpha}{\beta}, \quad DX = \frac{\alpha}{\beta^2}$$

因而

$$\overline{X} = \frac{\hat{\alpha}}{\hat{\beta}}, \quad S^2 = \frac{\hat{\alpha}}{\hat{\beta}^2}$$

解方程得

$$\hat{\alpha} = \frac{\overline{X}^2}{S^2}, \quad \hat{\beta} = \frac{\overline{X}}{S^2}$$

一般地讲,设母体 X 的分布函数为 $F(x;\theta_1,\theta_2,\cdots,\theta_k)$,子样的 i 阶原点矩为 A_i,i 阶中心矩为 B_i,$i=1,2,\cdots,k$,而 $EX^i = \alpha_i(\theta_1,\theta_2,\cdots,\theta_k)$[或 $E(X-EX)^i = \beta_i(\theta_1,\theta_2,\cdots,\theta_k)$]。矩和未知参数分别用估计量代入得

$$A_i = \alpha_i(\hat{\theta}_1, \hat{\theta}_2, \cdots, \hat{\theta}_k)\text{[或 }B_i = \beta_i(\hat{\theta}_1, \hat{\theta}_2, \cdots, \hat{\theta}_k)\text{]}$$

$$i = 1, 2, \cdots, k$$

解此方程组可得 $\hat{\theta}_1, \hat{\theta}_2, \cdots, \hat{\theta}_k$。这就是求估计量的矩法。

1.3 最大似然估计法

先通过一个实例介绍最大似然估计法。

例 6 设有一大批产品，其废品率为 $p(0<p<1)$。今从中随意地取出 100 个，其中有 10 个废品，试估计 p 的数值。

若正品用“0”表示，废品用“1”表示。此母体 X 的分布为

$$P\{X = 1\} = p, P\{X = 0\} = 1 - p$$

即

$$P\{X = x\} = p^x(1 - p)^{1-x}, x = 0, 1$$

取得的子样记为$(x_1, x_2, \cdots, x_{100})$，其中 10 个是“1”，90 个是“0”。出现此子样的概率为

$$\begin{aligned} P\{X_1 &= x_1, X_2 = x_2, \cdots, X_n = x_n\} \\ &= P\{X_1 = x_1\}P\{X_2 = x_2\}\cdots P\{X_n = x_n\} \\ &= p^{x_1}(1 - p)^{1-x_1} \cdot p^{x_2}(1 - p)^{1-x_2} \cdot \cdots \cdot p^{x_n}(1 - p)^{1-x_n} \\ &= p^{\sum_{i=1}^{n} x_i}(1 - p)^{n-\sum_{i=1}^{n} x_i} = p^{10}(1 - p)^{90} \end{aligned}$$

这个概率随 p 的数值不同而不同。自然选择使此概率达到最大的 p 的值作为真正废品率的估计值。记 $L(p) = p^{10}(1 - p)^{90}$。用高等数学中求极值的方法，由

$$\begin{aligned} L'(p) &= 10p^9(1 - p)^{90} - 90p^{10}(1 - p)^{89} \\ &= p^9(1 - p)^{89}[10(1 - p) - 90p] = 0 \end{aligned}$$

得

$$\hat{p} = \frac{10}{100}$$

此例求解的思想方法是：选择参数 p 的值使抽得的子样值出现的可能性最大，用这个值作为未知参数 p 的估计值。这种求估计量的方法称为最大似然估计法，也称为**最大或然估计法**或者极

大似然估计法。显然,如果在此例中取一个容量为 n 的子样,其中有 m 个废品,用最大似然估计法可得 $\hat{p}=\frac{m}{n}$。

下面分离散母体分布和连续母体分布两种情形介绍最大似然估计法。

一、离散母体分布情形 设母体 X 的分布列为

$$P\{X=x^{(i)}\},\ i=1,2,\cdots$$

或

$$P\{X=x\}=P(x;\theta_1,\theta_2,\cdots,\theta_k),x=x^{(1)},x^{(2)},\cdots$$

其中 $\theta_1,\theta_2,\cdots,\theta_k$ 是未知参数。如果取得子样值 $(x_1,x_2,\cdots,x_n)$,那么出现此子样的概率为

$$\begin{aligned}
&L(x_1,x_2,\cdots,x_n;\theta_1,\theta_2,\cdots,\theta_k)\\
&=P\{X_1=x_1,X_2=x_2,\cdots,X_n=x_n\}\\
&=P\{X_1=x_1\}P\{X_2=x_2\},\cdots,P\{X_n=x_n\}=\prod_{i=1}^{n}P(x_i)
\end{aligned}$$

选择 $\theta_1,\theta_2,\cdots,,\theta_k$ 使 $L(x_1,x_2,\cdots,x_n;\theta_1,\theta_2,\cdots,\theta_k)$ 达到最大,即

$$L(x_1,x_2,\cdots,x_n;\theta_1,\theta_2,\cdots\theta_k)=\max$$

这样获得的 $\theta_1,\theta_2,\cdots,\theta_k$ 的值作为相应未知参数的估计值。这种求估计值的方法称为**最大似然估计法**。求得的未知参数的估计量 $\hat{\theta}_1,\hat{\theta}_2,\cdots,\hat{\theta}_k$ 称为**最大似然估计(量)**。L 称为**似然(性)函数**。

如果 L 对 $\theta_1,\theta_2,\cdots,\theta_k$ 的偏导数存在,那末可以采用高等数学中求极值的方法计算估计值,只要从方程组

$$\frac{\partial L}{\partial\theta_i}=0,\quad i=1,2,\cdots,k$$

解出 $\theta_i=\theta_i(x_1,x_2,\cdots,x_n)$,并将 θ_i 换成 $\hat{\theta}_i$ 即可。

需要指出,有时利用对数函数是单调增函数,选择 $\theta_1,\theta_2,\cdots\theta_k$ 使 $\ln L=\max$ 较为方便。通常 $\ln L$ 亦称为**似然(性)函数**。

例 7 设母体 X 具有泊松分布 $P(\lambda)$,其分布列为

$$P\{X=k\}=\frac{\lambda^k}{k!}e^{-\lambda},\quad k=0,1,2,\cdots$$

其中 $\lambda>0$。试用最大似然估计法估计未知参数 λ。

解 作似然函数

$$L(x_1,x_2,\cdots,x_n;\lambda)=\frac{\lambda^{x_1}}{x_1!}e^{-\lambda}\cdot\frac{\lambda^{x_2}}{x_2!}e^{-\lambda}\cdot\cdots\cdot\frac{\lambda^{x_n}}{x_n!}e^{-\lambda}$$

$$=\frac{\lambda^{\sum\limits_{i=1}^{n}x_i}}{x_1!x_2!\cdots x_n!}e^{-n\lambda}$$

取对数得

$$\ln L=\sum_{i=1}^{n}x_i\ln\lambda-n\lambda-\ln(x_1!x_2!\cdots x_n!)$$

由

$$\frac{d\ln L}{d\lambda}=\frac{1}{\lambda}\sum_{i=1}^{n}x_i-n=0$$

解出

$$\lambda=\frac{1}{n}\sum_{i=1}^{n}x_i=\bar{x}$$

改写为

$$\hat{\lambda}=\bar{x}\ 或\ \hat{\lambda}=\bar{X}$$

这里求得的 λ 的估计量与用矩法求得的相同。

二、连续母体分布情形 设母体 X 的分布密度是 $f(x;\theta_1,\theta_2,\cdots,\theta_k)$，其中 $\theta_1,\theta_2,\cdots,\theta_k$ 是未知参数。若取得子样值 $(x_1,x_2,\cdots,x_n)$，考虑概率

$$P\{x_1-dx_1<X_1\leqslant x_1,x_2-dx_2<X_2\leqslant x_2,\cdots,x_n-dx_n<X_n\leqslant x_n\}=P\{x_1-dx_1<X_1\leqslant x_1\}P\{x_2-dx_2<X_2\leqslant x_2\}\cdots P\{x_n-dx_n<X_n\leqslant x_n\}$$

$$\approx\prod_{i=1}^{n}[f(x_i;\theta_1,\theta_2,\cdots,\theta_k)dx_i]$$

$$=[\prod_{i=1}^{n}f(x_i;\theta_1,\theta_2,\cdots,\theta_k)]dx_1dx_2\cdots dx_n$$

这里取的小区间长度 $dx_1, dx_2, \cdots, dx_n$ 都是固定的量。选择 θ_1, $\theta_2, \cdots, \theta_k$ 的值使此概率达到最大，亦即使 $\prod_{i=1}^{n} f(x_i; \theta_1, \theta_2, \cdots, \theta_k)$ 达到最大。

令 $L(x_1, x_2, \cdots, x_n; \theta_1, \theta_2, \cdots, \theta_k) = \prod_{i=1}^{n} f(x_i; \theta_1, \theta_2, \cdots, \theta_k)$。选择 $\theta_1, \theta_2, \cdots, \theta_k$ 的值使 L 达到最大，即

$$L = \max$$

这样得到的 $\theta_1, \theta_2, \cdots, \theta_k$ 的值作为相应未知参数的估计值。这种方法称为**最大似然估计法**。求得的估计量亦称为**最大似然估计(量)**。L 称为**似然函数**。

如果 L 对 $\theta_1, \theta_2, \cdots, \theta_k$ 的偏导数存在，那么只要解方程组

$$\frac{\partial L}{\partial \theta_i} = 0, \quad i = 1, 2, \cdots, k$$

可得最大似然估计量。

需要指出，有时选择 $\theta_1, \theta_2, \cdots, \theta_k$ 的值使 $\ln L = \max$ 较为方便。此时，$\ln L$ 亦称为**似然函数**。

例 8 设母体 X 服从负指数分布，其密度为

$$f(x) = \begin{cases} \lambda e^{-\lambda x}, & x \geqslant 0 \\ 0, & x < 0 \end{cases}$$

其中未知参数 $\lambda > 0$。试求 λ 的最大似然估计量。

解 由母体分布可见母体数量指标 X 非负，因而子样值 $(x_1, x_2, \cdots, x_n)$ 中每一样品 x_i 非负。似然函数

$$L = \prod_{i=1}^{n} (\lambda e^{-\lambda x_i}) = \lambda^n e^{-\lambda \sum_{i=1}^{n} x_i}$$

取对数

$$\ln L = n \ln \lambda - \lambda \sum_{i=1}^{n} x_i$$

由

$$\frac{\mathrm{d}\ln L}{\mathrm{d}\lambda} = \frac{n}{\lambda} - \sum_{i=1}^{n} x_i = 0$$

解出

$$\lambda = \frac{1}{\bar{x}}$$

改写为

$$\hat{\lambda} = \frac{1}{\bar{x}} \quad 或 \quad \hat{\lambda} = \frac{1}{\bar{X}}$$

例 9 设母体 X 具有均匀分布,其密度为

$$f(x;\theta) = \begin{cases} \frac{1}{\theta}, & 0 \leqslant x \leqslant \theta \\ 0, & 其它 \end{cases}$$

其中未知参数 $\theta > 0$,试求 θ 的极大似然估计量。

解 子样值为$(x_1, x_2, \cdots, x_n)$,而

$$f(x_i;\theta) = \begin{cases} \frac{1}{\theta}, & 0 \leqslant x_i \leqslant \theta \\ 0, & 其它 \end{cases}$$

似然函数

$$L = \begin{cases} \frac{1}{\theta^n}, & 0 \leqslant \min\limits_{1 \leqslant i \leqslant n} x_i \leqslant \max\limits_{1 \leqslant i \leqslant n} x_i \leqslant \theta \\ 0, & 其它 \end{cases}$$

选取 θ 的值使 L 达到最大,只要取

$$\theta = \max_{1 \leqslant i \leqslant n} x_i$$

改写成

$$\hat{\theta} = \max_{1 \leqslant i \leqslant n} x_i \quad 或 \quad \hat{\theta} = \max_{1 \leqslant i \leqslant n} X_i$$

例 10 设正态母体 X 具有分布 $N(\mu, \sigma^2)$,其中 μ、σ^2 是未知参数。试求 μ 和 σ^2 的最大似然估计量。

解 因为

$$f(x_i) = \frac{1}{\sqrt{2\pi}\sigma} \mathrm{e}^{-\frac{(x_i - \mu)^2}{2\sigma^2}}$$

似然函数为

$$L=\prod_{i=1}^{n}\left[\frac{1}{\sqrt{2\pi}\sigma}\mathrm{e}^{-\frac{(x_i-\mu)^2}{2\sigma^2}}\right]$$

$$=\left(\frac{1}{\sqrt{2\pi}\sigma}\right)^n\mathrm{e}^{-\frac{1}{2\sigma^2}\sum_{i=1}^{n}(x_i-\mu)^2}$$

取对数

$$\ln L=-\ln(\sqrt{2\pi})^n-\frac{n}{2}\ln\sigma^2-\frac{1}{2\sigma^2}\sum_{i=1}^{n}(x_i-\mu)^2$$

置

$$\frac{\partial\ln L}{\partial\mu}=\frac{1}{\sigma^2}\sum_{i=1}^{n}(x_i-\mu)=0$$

$$\frac{\partial\ln L}{\partial\sigma^2}=-\frac{n}{2}\frac{1}{\sigma^2}+\frac{1}{2(\sigma^2)^2}\sum_{i=1}^{n}(x_i-\mu)^2=0$$

解此方程组得

$$\mu=\frac{1}{n}\sum_{i=1}^{n}x_i=\bar{x}$$

$$\sigma^2=\frac{1}{n}\sum_{i=1}^{n}(x_i-\bar{x})^2=s^2$$

改写为

$$\hat{\mu}=\bar{x},\hat{\sigma}^2=s^2\quad\text{或}\quad\hat{\mu}=\bar{X},\hat{\sigma}^2=S^2$$

这个结果与用矩法获得的估计量相同。顺便指出,如果把 μ 与 σ 看成未知参数,用最大似然估计法可得 $\hat{\mu}=\bar{X},\hat{\sigma}=S$。

在例 7 和例 10 中,最大似然估计量与矩法求得的估计量相同。但一般说来,用二种方法求得的估计量未必相同,如例 9 中的均匀分布,用矩法求得的估计量 $\hat{\theta}=2\bar{X}$,与最大似然估计量并不相同。

下面介绍一些求估计量的特殊方法。

1.4 用子样中位数和极差估计正态母体的参数

子样中位数和子样极差简单易算,在正态母体情形用它们估计参数比较方便。

设正态母体的分布是 $N(\mu,\sigma^2)$。子样中位数 me 的渐近分布由下面定理给出。

定理① 设 $X_1, X_2, \cdots, X_n$ 是独立同分布随机变量，且每一随机变量服从正态分布 $N(\mu, \sigma^2)$。若 me 是 $X_1, X_2, \cdots, X_n$ 的中位数，则对任意的 x，有

$$\lim_{n\to\infty} P\left\{\sqrt{\frac{2n}{\pi}}(me-\mu) \leqslant x\right\} = \frac{1}{\sqrt{2\pi}}\int_{-\infty}^{x} \mathrm{e}^{-\frac{t^2}{2}}\mathrm{d}t$$

此定理表明：当 n 很大时，$\sqrt{\frac{2n}{\pi}}(me-\mu)$ 近似服从标准正态分布，因而 me 近似服从正态分布 $N(\mu, \frac{\pi}{2n})$。n 愈大时，me 在 μ 附近的概率愈大。所以，n 很大时可取

$$\hat{\mu} = me$$

对于正态母体，子样极差 R 的数学期望和方差分别是

$$ER = d_n\sigma, DR = v_n^2\sigma^2 \text{②}$$

当 n 取 2 到 10 之间数值时，d_n 与 v_n 的值可查表 2-1。

表 2-1

n	d_n	$1/d_n$	v_n	v_n/d_n
2	1.128 38	0.886 2	0.853	0.756
3	1.692 57	0.590 8	0.888	0.525
4	2.058 75	0.485 7	0.880	0.427
5	2.325 93	0.429 9	0.864	0.371
6	2.534 41	0.394 6	0.848	0.335
7	2.704 36	0.369 8	0.833	0.308
8	2.847 20	0.351 2	0.820	0.288
9	2.970 03	0.336 7	0.808	0.272
10	3.077 51	0.324 9	0.797	0.259

① 参见参考书[1]第 332 页。
② 参见参考书[4]第 15 页。

把上式改写为

$$E\left[\frac{1}{d_n}R\right] = \sigma,\ D\left[\frac{1}{d_n}R\right] = \frac{v_n^2}{d_n^2}\sigma^2$$

这表明$\frac{1}{d_n}R$ 的数学期望等于σ,故可用$\frac{1}{d_n}R$ 去估计σ,即

$$\hat{\sigma} = \frac{1}{d_n}R$$

而估计产生的平均平方误差等于$\frac{v_n^2}{d_n^2}\sigma^2$,标准差是$\frac{v_n}{d_n}\sigma$,它的系数$\frac{v_n}{d_n}$的值见表 2-1。在 $n>10$ 时,由经验和理论知道,用$\frac{1}{d_n}R$ 去估计σ 产生的误差较大,这样做不合适。此时,可把子样中数据等分成若干组,每组数据不超过 10 个,各组分别计算极差,把这些极差取平均得到平均极差 $\bar{R}$,然后用 $\bar{R}$ 估计σ。而查$\frac{1}{d_n}$的数值时,n 应取每一组中数据的个数。

例 11 从正态母体中取得子样值为 1.3,1.1,2.2,1.9,2.3,算得极差 $R=2.3-1.1=1.2$,查表 2-1 得$\frac{1}{d_5}=0.4299$,故

$$\hat{\sigma} = 0.4299 \times 1.2 = 0.516$$

例 12 某维尼纶厂 20 天内生产正常,随机地抽样得 20 个纤度数值,等分成 4 组,每组有 5 个数值,如表 2-2。

表 2-2

组 \ 数值	x_1	x_2	x_3	x_4	x_5	极差 R
1	1.36	1.49	1.43	1.41	1.37	0.13
2	1.40	1.32	1.42	1.47	1.39	0.15
3	1.41	1.36	1.40	1.34	1.42	0.08
4	1.42	1.45	1.35	1.42	1.39	0.10

平均极差为

$$\overline{R} = \frac{1}{4}(0.13 + 0.15 + 0.08 + 0.10) = 0.115$$

如果认为纤度母体 X 是正态分布的,那末

$$\hat{\sigma} = \frac{1}{d_5} \cdot \overline{R} = 0.4299 \times 0.115 = 0.049$$

另外,如果用这 20 个数值的子样标准差 s 作为 σ 的估计值,那么

$$\hat{\sigma} = s = 0.043$$

可见 σ 的二个估计值比较接近。

§2 估计量的好坏标准

由上节可见,对于母体的未知参数可以用几种不同的方法求得估计量,怎样来衡量与比较估计量的好坏呢?下面主要介绍三条标准——无偏性,相合性,优效估计。

设母体 X 的分布函数是 $F(x;\theta)$,其中 θ 是未知参数。θ 的估计量记作

$$\hat{\theta} = \hat{\theta}(X_1, X_2, \cdots, X_n)$$

需要指出,参数估计有时对含有几个未知参数的母体而言,那末分布函数记号 $F(x;\theta)$ 中的 θ 可理解为其中某一个参数,$\hat{\theta}$ 是对应此参数的估计量。

2.1 无偏性

定义 若参数 θ 的估计量 $\hat{\theta}$ 满足

$$E\hat{\theta} = \theta$$

则称 $\hat{\theta}$ 是 θ 的**无偏估计(量)**。

无偏性是对估计量的最基本的要求。从直观上说,如果对一个母体抽取好多个子样(子样容量相同),得到估计量好多个值,那么这些值的理论平均应等于被估计参数。这种要求在工程技术上是完全合理的。

如果 $E\hat{\theta}\neq\theta$,那么 $E\hat{\theta}-\theta$ 称为**估计量 $\hat{\theta}$ 的偏差**。

若

$$\lim_{n\to\infty}E\hat{\theta} = \theta$$

则称 $\hat{\theta}$ 是 θ 的**渐近无偏估计(量)**。

例 1 设母体 X 的一阶和二阶矩存在,分布是任意的。记 $EX=\mu, DX=\sigma^2$。用矩法可得子样平均 $\bar{X}$ 和子样方差 S^2 分别是 μ 和 σ^2 的估计量。那么,$\bar{X}$ 和 S^2 是否分别是 μ 和 σ^2 的无偏估计呢? 因为

$$E\bar{X} = E\left[\frac{1}{n}\sum_{i=1}^{n}X_i\right] = \frac{1}{n}\sum_{i=1}^{n}EX_i = \frac{1}{n}\cdot n\mu = \mu$$

故 $\bar{X}$ 是 μ 的无偏估计量。又

$$\begin{aligned}ES^2 &= E\left[\frac{1}{n}\sum_{i=1}^{n}(X_i-\bar{X})^2\right]\\
&= \frac{1}{n}E\left\{\sum_{i=1}^{n}[(X_i-\mu)-(\bar{X}-\mu)]^2\right\}\\
&= \frac{1}{n}E\left\{\sum_{i=1}^{n}(X_i-\mu)^2-2\sum_{i=1}^{n}(X_i-\mu)(\bar{X}-\mu)\right.\\
&\qquad \left. + n(\bar{X}-\mu)^2\right\}\\
&= \frac{1}{n}E\left\{\sum_{i=1}^{n}(X_i-\mu)^2-n(\bar{X}-\mu)^2\right\}\\
&= \frac{1}{n}\left\{\sum_{i=1}^{n}DX_i-nD\bar{X}\right\}\\
&= \frac{1}{n}\{n\sigma^2-\sigma^2\} = \frac{n-1}{n}\sigma^2\end{aligned}$$

所以 S^2 不是 σ^2 的无偏估计量,而是 σ^2 的渐近无偏估计量。由上式

$$E\left[\frac{n}{n-1}S^2\right] = \sigma^2$$

记
$$S^{*2} = \frac{n}{n-1}S^2 = \frac{1}{n-1}\sum_{i=1}^{n}(X_i-\bar{X})^2$$

则有
$$ES^{*2}=\sigma^2$$
故 S^{*2}是 σ^2 的无偏估计量。通常,S^{*2}也称为**子样方差**,它的算术根 S^* 称为**子样标准差**。它们的值分别为
$$S^{*2}=\frac{1}{n-1}\sum_{i=1}^{n}(x_i-\bar{x})^2,\quad S^*=\sqrt{\frac{1}{n-1}\sum_{i=1}^{n}(x_i-\bar{x})^2}$$
当 n 很大时,
$$S^{*2}\approx S^2$$
需要指出,对于子样方差今后必须区别 S^2 和 S^{*2},对子样标准差亦应如此。

例 2 在第一章§1 例 5 中,$n=50,S^2=9.94$,
$$S^{*2}=\frac{50}{50-1}S^2=\frac{50}{49}\times 9.94=10.14$$

2.2 相合估计量

由于估计量 $\hat{\theta}$ 依赖于子样容量 n,因而需要考察 $n\to\infty$ 时 $\hat{\theta}$ 的极限性态,它是否依概率收敛到未知参数 θ。

定义 若当 $n\to\infty$ 时 $\hat{\theta}$ 依概率收敛到 θ,即对任意 $\varepsilon>0$,有
$$\lim_{n\to\infty}P\{|\hat{\theta}-\theta|<\varepsilon\}=1$$
则称 $\hat{\theta}$ 是 θ 的**相合估计(量)或一致估计(量)**。

由第一章 1.4 可见,对于任意分布的母体,$\bar{X}$ 是 EX 的相合估计量,S^2 是 σ^2 的相合估计量。进一步还可以获得 S^{*2}是 σ^2 的相合估计量,S 和 S^* 都是 σ 的相合估计量①。

估计量的相合性说明:对于大子样,由一次抽样得到估计量 $\hat{\theta}$ 的值可以作为未知参数 θ 的近似值。

*2.3 优效估计

设 $\hat{\theta}$ 为未知参数 θ 的无偏估计量,它对 θ 的平均平方偏差(即

---

① 这里用到依概率收敛的性质:(1) 若 $p\lim_{n\to\infty}X_n=C$,常数列$\{a_n,n=1,2,\cdots\}$满足 $\lim_{n\to\infty}a_n=1$,则 $p\lim_{n\to\infty}(a_nX_n)=C$。(2) 若 $p\lim_{n\to\infty}X_n=C$,其中$\{X_n,n=1,2,\cdots\}$和 C 非负,则 $p\lim_{n\to\infty}\sqrt{X_n}=\sqrt{C}$。

方差)为

$$D\hat{\theta} = E(\hat{\theta} - \theta)^2$$

显然,对任意固定的子样容量 n,方差 $D\hat{\theta}$ 愈小表明估计量$\hat{\theta}$ 愈好。

对于未知参数 θ 的两个不相同的无偏估计量$\hat{\theta}_1$ 与 $\hat{\theta}_2$,怎样比较估计的好坏呢?显然,对于相同子样容量 n,方差较小的估计量较好。

定义 设 $\hat{\theta}_1$ 和 $\hat{\theta}_2$ 都是 θ 的无偏估计量。若对任意子样容量 n 有

$$D\hat{\theta}_1 < D\hat{\theta}_2$$

则称 **$\hat{\boldsymbol{\theta}}_1$ 比 $\hat{\boldsymbol{\theta}}_2$ 有效**。

考察 θ 的所有无偏估计量(要求二阶矩存在,亦即有限),如果其中存在一个估计量 $\hat{\theta}_0$,它的方差达到最小,这样的估计量应当最好。

定义 若 θ 的所有二阶矩存在的无偏估计量中存在一个估计量$\hat{\theta}_0$,使对任意无偏估计量 $\hat{\theta}$ 有

$$D\hat{\theta}_0 \leqslant D\hat{\theta}$$

则称 $\hat{\theta}_0$ 是 θ 的**最小方差无偏估计(量)**。

用定义检查一个估计量是否最小方差无偏估计是较困难的,而最小方差无偏估计量的求法要用到充分统计和完备统计。这些是属于数理统计理论较深入的内容,我们不作介绍。下面讨论无偏估计量的方差的下界。

无偏估计量方差的下界可以由罗-克拉美(C. R. Rao-H. Crainer)不等式给出,有时能找到无偏估计量使它的方差达到这个下界,有时达不到。对连续母体分布情形,我们有

定理 设 Θ 是实数轴上的一个开区间,$\{f(x;\theta),\theta\in\Theta\}$是母体 X 的分布密度族,$(X_1,X_2,\cdots,X_n)$是从母体中抽取的一个简单随机子样,$\hat{\theta}=\hat{\theta}(X_1,X_2,\cdots,X_n)$是 θ 的无偏估计。若满足条件:

(1)集合 $S_\theta=\{x:f(x;\theta)\neq 0\}$与 θ 无关;

(2) $\frac{\partial f(x;\theta)}{\partial\theta}$存在，且对 Θ 中一切 θ 有

$$\frac{\partial}{\partial\theta}\int_{-\infty}^{\infty} f(x;\theta)\mathrm{d}x = \int_{-\infty}^{\infty}\frac{\partial f(x;\theta)}{\partial\theta}\mathrm{d}x$$

和

$$\frac{\partial}{\partial\theta}\int_{-\infty}^{\infty}\cdots\int_{-\infty}^{\infty}\hat{\theta}(x_1\, x_2\cdots x_n)L(x_1,x_2,\cdots,x_n;\theta)\mathrm{d}x_1\,\mathrm{d}x_2\cdots\mathrm{d}x_n$$

$$=\int_{-\infty}^{\infty}\cdots\int_{-\infty}^{\infty}\hat{\theta}(x_1,x_2,\cdots,x_n)\frac{\partial}{\partial\theta}L(x_1,x_2,\cdots,x_n;\theta)\mathrm{d}x_1\,\mathrm{d}x_2\cdots\mathrm{d}x_n$$

其中 $L(x_1,x_2,\cdots,x_n;\theta)=\prod_{i=1}^{n}f(x_i;\theta)$；

(3) $E\left(\frac{\partial\ln f(X;\theta)}{\partial\theta}\right)^2=\int_{-\infty}^{\infty}\left(\frac{\partial\ln f(x;\theta)}{\partial\theta}\right)^2 f(x;\theta)\mathrm{d}x>0$

则

$$D\hat{\theta}\geqslant\frac{1}{n\int_{-\infty}^{\infty}\left(\frac{\partial\ln f(x;\theta)}{\partial\theta}\right)^2 f(x;\theta)\mathrm{d}x}$$

此不等式称为**罗-克拉美不等式**。不等式的右边称为**罗-克拉美下界**。定理中所加条件称**正规条件**。这个定理本书不作证明①。

在离散母体分布情形，设母体 X 的分布列是 $P(x,\theta)$，其中 x 所有可能取的值为 $x^{(1)},x^{(2)},\cdots\cdots$。若满足类似于上面定理的正规条件，则**罗-克拉美不等式**

$$D\hat{\theta}\geqslant\frac{1}{n\sum_{x}\left(\frac{\partial\ln P(x;\theta)}{\partial\theta}\right)^2 P(x;\theta)}$$

成立。不等式的右边仍称为**罗-克拉美下界**。

定义 如果 θ 的无偏估计量 $\hat{\theta}_0$ 的方差等于罗-克拉美下界，则称 $\hat{\theta}_0$ 是 θ 的**优效估计(量)**②。

容易看出，在满足正规条件的估计量族范围内优效估计是最

---

① 证明见参考书[3]第 154 页。

② 一般书上称此为有效估计，这容易与前面 $\hat{\theta}_1$ 比 $\hat{\theta}_2$ 有效混淆。

小方差无偏估计。

记罗-克拉美下界为 I_R。若 θ 的无偏估计量为 $\hat{\theta}$，则 $\frac{I_R}{D\hat{\theta}}$ 称为**估计量 $\hat{\theta}$ 的(有)效率**，记为 $e(\hat{\theta})$。显然，优效估计量的(有)效率 $e(\hat{\theta})=1$。若估计量 $\hat{\theta}$ 满足

$$\lim_{n\to\infty} e(\hat{\theta}) = 1$$

则称 $\hat{\theta}$ 是 θ 的**渐近优效估计(量)**。

例 3 设母体 X 具有二点分布 $B(1,p)$，而 $0<p<1$，即分布列为 $P(x)=p^x(1-p)^{1-x}, x=0,1$。试问 $\bar{X}$ 是不是 p 的优效估计。

解 先算罗-克拉美下界。因为

$$\sum_{x=0}^{1}\left(\frac{\partial \ln P(x)}{\partial p}\right)^2 P(x) = \left(\frac{\partial \ln(1-p)}{\partial p}\right)^2(1-p) + \left(\frac{\partial \ln p}{\partial p}\right)^2 p$$

$$= \frac{1}{(1-p)^2}(1-p) + \frac{1}{p^2}p = \frac{1}{p(1-p)}$$

故得罗-克拉美下界

$$I_R = \frac{p(1-p)}{n}$$

显然，$\bar{X}=\frac{1}{n}\sum_{i=1}^{n}X_i$ 是 p 的无偏估计，又 $D\bar{X}=\frac{1}{n}p(1-p)$，所以 $\bar{X}$ 是 p 的优效估计。

例 4 设母体 X 具有负指数分布，它的分布密度

$$f(x) = \begin{cases} \frac{1}{\mu}e^{-\frac{1}{\mu}x}, & x \geqslant 0 \\ 0, & x < 0 \end{cases}$$

其中未知参数 $\mu>0$。试问 $\bar{X}$ 是不是 μ 的优效估计。

解 先算罗-克拉美下界。因为

$$\int_0^{\infty}\left(\frac{\partial \ln f(x)}{\partial x}\right)^2 f(x)\mathrm{d}x$$

$$= \int_0^{\infty} \left(\frac{\partial \left(-\ln\mu - \frac{1}{\mu}x \right)}{\partial u} \right)^2 \frac{1}{\mu} e^{-\frac{1}{\mu}x} dx$$

$$= \int_0^{\infty} \left(-\frac{1}{\mu} + \frac{1}{\mu^2}x \right)^2 \frac{1}{\mu} e^{-\frac{1}{\mu}x} dx$$

$$= \frac{1}{\mu^4} \int_0^{\infty} (x-\mu)^2 \frac{1}{\mu} e^{-\frac{1}{\mu}x} dx$$

$$= \frac{1}{\mu^4}\mu^2 = \frac{1}{\mu^2}$$

故得罗-克拉美下界

$$I_R = \frac{\mu^2}{n}.$$

显然，由于 $E\bar{X} = EX = \mu$，故 $\bar{X}$ 是 μ 的无偏估计；又 $D\bar{X} = \frac{1}{n}DX = \frac{\mu^2}{n}$，所以 $\bar{X}$ 是 μ 的优效估计。

例 5 设正态母体的分布是 $N(\mu, \sigma^2)$，其中 $-\infty < \mu < \infty$，$\sigma^2 > 0$，试问 $\bar{X}$ 和 S^{*2} 分别是 μ 和 σ^2 的优效估计吗？

解 需分别计算 μ 和 σ^2 的罗-克拉美下界。

对于 μ，因为

$$\int_{-\infty}^{\infty} \left(\frac{\partial \ln f(x)}{\partial \mu} \right)^2 f(x) dx = \int_{-\infty}^{\infty} \left(\frac{x-\mu}{\sigma^2} \right)^2 \frac{1}{\sqrt{2\pi}\sigma} e^{-\frac{(x-\mu)^2}{2\sigma^2}} dx = \frac{1}{\sigma^2}$$

故得 μ 的罗-拉克美下界

$$I_R = \frac{1}{n}\sigma^2$$

显然，$E\bar{X} = \mu$，故 $\bar{X}$ 是 μ 的无偏估计；又 $D\bar{X} = \sigma^2$，所以 $\bar{X}$ 是 μ 的优效估计。

对于 σ^2，因为

$$\int_{-\infty}^{\infty} \left(\frac{\partial \ln f(x)}{\partial \sigma^2} \right)^2 f(x) dx$$

$$= \int_{-\infty}^{\infty} \left[\frac{(x-\mu)^2}{2\sigma^4} - \frac{1}{2\sigma^2} \right]^2 \frac{1}{\sqrt{2\pi}\sigma} \mathrm{e}^{-\frac{(x-\mu)^2}{2\sigma^2}} \mathrm{d}x = \frac{1}{2\sigma^4}$$

故得 σ^2 的罗-克拉美下界

$$I_R = \frac{2}{n}\sigma^4$$

而 S^{*2}是 σ^2 的无偏估计，又通过复杂的计算可得

$$DS^{*2} = \frac{2}{n-1}\sigma^4 > I_R$$

所以 S^{*2}的方差达不到罗-克拉美下界，S^{*2}不是 σ^2 的优效估计①。

§3 区间估计

3.1 区间估计简述

什么叫做参数的区间估计？如前所述，参数的点估计（定值估计）是由子样求出未知参数的一个估计值，而区间估计则要由子样给出参数值的一个估计范围。例如某批产品的废品率估计在 1% 到 3% 之间，某物体长度估计在 10.6 毫米到 11.0 毫米范围内，等等。由于数理统计中未知参数所在范围是依据一个子样作出来的，没有百分之百的把握，只能对一定可靠程度（概率）而言，例如以 95% 的概率说未知参数 θ 在 1.2 到 1.5 的范围内。因此**参数的区间估计**就是由子样给出参数的估计范围，并使未知参数在其中具有指定的概率。下面通过一个实例具体介绍获得区间估计的方法。

例 1 已知某炼铁厂的铁水含碳量（%）在正常情况下服从正态分布，且标准差 $\sigma = 0.108$。现测量 5 炉铁水，其含碳量分别是

4.28，4.40，4.42，4.35，4.37（%）

试以概率 95% 对母体平均 μ 作区间估计。

先建立此例的数学模型。设母体 X 的分布是 $N(\mu, \sigma^2)$，已知

① 可以证明 S^{*2} 是 σ^2 的最小方差无偏估计。这亦说明 σ^2 的优效估计是不存在的。详见参考书[3] 第 152 页到 153 页。

$\sigma=\sigma_0$(σ_0 为已知数),从母体中随机地抽样得子样值($x_1,x_2,\cdots,x_n$),要求以概率 $1-\alpha(0<\alpha<1)$对母体平均 μ 作区间估计。

记母体分布为 $N(\mu,\sigma_0^2)$。考察子样 $X_1,X_2,\cdots,X_n$,自然可用子样平均 $\bar{X}$ 估计 μ,由第一章§2 定理 1 知 $\bar{X}$ 服从正态分布 $N\left(\mu,\frac{\sigma_0^2}{n}\right)$,因而

$$U=\frac{\bar{X}-\mu}{\frac{\sigma_0}{\sqrt{n}}} \tag{3.1}$$

服从标准正态分布 $N(0,1)$。

给定概率 $1-\alpha(0<\alpha<1)$,存在 $u_{\frac{\alpha}{2}}$ 使

$$P\{|U|<u_{\frac{\alpha}{2}}\}=1-\alpha \tag{3.2}$$

从图 2-1 容易看出,$u_{\frac{\alpha}{2}}$ 是标准正态分布关于$\frac{\alpha}{2}$的上侧分位数,

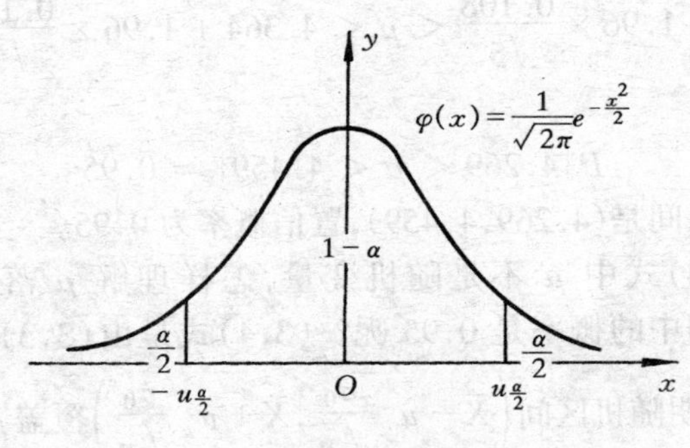

图 2-1

即

$$\int_{u_{\frac{\alpha}{2}}}^{\infty}\varphi(x)\mathrm{d}x=\frac{\alpha}{2}$$

它的数值可从附表 1 查得。

把 U 的表示式(3.1)代入(3.2)得

$$P\left\{\left|\frac{\overline{X}-\mu}{\frac{\sigma_0}{\sqrt{n}}}\right|<u_{\frac{\alpha}{2}}\right\}=1-\alpha$$

改写为

$$P\left\{\overline{X}-u_{\frac{\alpha}{2}}\frac{\sigma_0}{\sqrt{n}}<\mu+\overline{X}+u_{\frac{\alpha}{2}}\frac{\sigma_0}{\sqrt{n}}\right\}=1-\alpha \qquad (3.3)$$

这里的$\left(\overline{X}-u_{\frac{\alpha}{2}}\frac{\sigma_0}{\sqrt{n}},\overline{X}+u_{\frac{\alpha}{2}}\frac{\sigma_0}{\sqrt{n}}\right)$称为$\mu$ 的**置信区间**，$\overline{X}-u_{\frac{\alpha}{2}}\frac{\sigma_0}{\sqrt{n}}$和$\overline{X}+u_{\frac{\alpha}{2}}\frac{\sigma_0}{\sqrt{n}}$分别称为$\mu$ 的**置信下限**和**置信上限**。$1-\alpha$ 称为**置信概率**，通常取 $1-\alpha$ 的数值为 95%，或 90%，或 99%。

在例 1 中，$\sigma_0=0.108$，$n=5$，由子样数值算得平均数 $\bar{x}=4.364$由 $1-\alpha=0.95$ 查附表 1 得 $u_{\frac{\alpha}{2}}=1.96$，把这些数值代入(3.3)式得

$$P\left\{4.364-1.96\times\frac{0.108}{\sqrt{5}}<\mu<4.364+1.96\times\frac{0.108}{\sqrt{5}}\right\}=0.95$$

即

$$P\{4.269<\mu<4.459\}=0.95 \qquad (3.4)$$

μ 的置信区间是(4.269,4.459)，置信概率为 0.95。

在(3.4)式中 μ 不是随机变量，怎样理解 μ 落在(4.269,4.459)区间中的概率是 0.95 呢？(3.4)式是由(3.3)式得到的，(3.3)式说明随机区间$\left(\overline{X}-u_{\frac{\alpha}{2}}\frac{\sigma_0}{\sqrt{n}},\overline{X}+u_{\frac{\alpha}{2}}\frac{\sigma_0}{\sqrt{n}}\right)$覆盖$\mu$ 的可能性是 95%（$1-\alpha=0.95$），亦即对于抽 100 个子样算得的 μ 的置信区间，平均有 95 次 μ 真正落在此区间中，而有 5 次 μ 落在此区间之外。因而，对于一次抽样后由子样值算得的置信区间，我们可以认为 μ 落在其中的概率是 95%。置信区间的大小刻画估计参数的精确程度。它的长度的一半(等于 0.095)表示用 4.364 估计 μ 的误差范围。置信概率表示未知参数落在置信区间中的可靠程度。

由(3.3)式可见置信区间的中心是 $\bar{X}$,置信区间的长度等于 $2u_{\frac{\alpha}{2}}\frac{\sigma_0}{\sqrt{n}}$。如果在(3.2)式中 U 的取值范围改为关于原点不对称的区间,即取 u_1 和 u_2 使

$$P\{u_1 < U < u_2\} = 1 - \alpha$$

利用(3.1)式可得

$$P\left\{\bar{X} - u_2\frac{\sigma_0}{\sqrt{n}} < \mu < \bar{X} - u_1\frac{\sigma_0}{\sqrt{n}}\right\} = 1 - \alpha$$

这样获得 μ 的置信区间 $\left(\bar{X} - u_2\frac{\sigma_0}{\sqrt{n}}, \bar{X} - u_1\frac{\sigma_0}{\sqrt{n}}\right)$ 的中心不是 $\bar{X}$。由图 2-2 易见 $u_2 - u_1 > 2u_{\frac{\alpha}{2}}$,所以此法得到的置信区间长度 $(u_2 - u_1)\frac{\sigma_0}{\sqrt{n}}$ 大于用前法得到的置信区间长度 $2u_{\frac{\alpha}{2}}\frac{\sigma_0}{\sqrt{n}}$,这说明用前法得到的置信区间较好,因而前一方法较为合理。

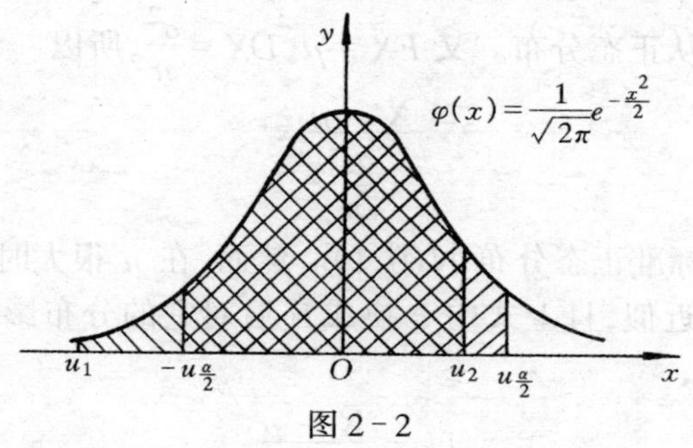

图 2-2

哪些因素影响置信区间长度 $2u_{\frac{\alpha}{2}}\frac{\sigma_0}{\sqrt{n}}$ 呢? 当 n 一定时,如果置信概率 $1-\alpha$ 愈大,则 $u_{\frac{\alpha}{2}}$ 愈大,故置信区间愈长。直观上看,抽取一定容量的子样,要估计可靠程度愈高,估计的范围当然愈大;反过来,要求估计范围小就要冒一定风险。当 α 一定,如果 n 愈大,置信区间愈短。这与直观也一致,取样愈大,估计当然愈精确。

上面导出置信区间的方法是:先求出未知参数 μ 的估计量

$\bar{X}$,由未知参数 μ 和估计量 $\bar{X}$ 作出函数 U,它的分布是已知的,且与未知参数 μ 无关;然后根据给定的置信概率与函数 U 的分布导出置信区间。这种方法具有普遍性。

区间估计的一般提法是:设母体 X 的分布函数是 $F(x;\theta)$,其中 θ 是未知参数。从母体中抽取子样 $(X_1,X_2,\cdots,X_n)$,作统计量 $\theta_1(X_1,X_2,\cdots,X_n)$ 和 $\theta_2(X_1,X_2,\cdots,X_n)$,使

$$P\{\theta_1<\theta<\theta_2\}=1-\alpha$$

其中 (θ_1,θ_2) 称为 θ 的**置信区间**,θ_1 和 θ_2 分别称为**置信下限**和**置信上限**,$1-\alpha$ 称为**置信概率**。

下面分各种情况对母体平均数和方差作区间估计。

3.2 大子样对母体平均数区间估计

设母体 X 的分布是任意的,平均数 $\mu=EX$ 和方差 $\sigma^2=DX$ 都是未知的。用子样 $(X_1,X_2,\cdots,X_n)$ 对母体平均数 μ 作区间估计。

自然可用 $\bar{X}$ 对 μ 作点估计。由中心极限定理,当 n 很大时,$\bar{X}$ 近似地服从正态分布。又 $E\bar{X}=\mu, D\bar{X}=\dfrac{\sigma^2}{n}$,所以

$$\frac{\bar{X}-\mu}{\frac{\sigma}{\sqrt{n}}}$$

近似地服从标准正态分布 $N(0,1)$。然而,在 n 很大时,σ 可用子样标准差 S 近似,且上式中 σ 换成 S 后对它的分布影响不大,故当 n 很大时,

$$U=\frac{\bar{X}-\mu}{\frac{S}{\sqrt{n}}} \tag{3.5}$$

仍近似地服从标准正态分布。

给定 $1-\alpha$,可找到 $u_{\frac{\alpha}{2}}$(标准正态分布关于 $\frac{\alpha}{2}$ 的上侧分位数)使

$$P\{|U|<u_{\frac{\alpha}{2}}\}=P\left\{\frac{|\bar{X}-\mu|}{\frac{S}{\sqrt{n}}}<u_{\frac{\alpha}{2}}\right\}\approx 1-\alpha$$

即

$$P\left\{\bar{X} - u_{\frac{\alpha}{2}} \frac{S}{\sqrt{n}} < \mu < \bar{X} + u_{\frac{\alpha}{2}} \frac{S}{\sqrt{n}}\right\} \approx 1 - \alpha \qquad (3.6)$$

于是 μ 的置信区间是

$$\left(\bar{X} - u_{\frac{\alpha}{2}} \frac{S}{\sqrt{n}}, \bar{X} + u_{\frac{\alpha}{2}} \frac{S}{\sqrt{n}}\right) \qquad (3.7)$$

而置信概率(近似)等于 $1-\alpha$。需要指出,用(3.7)式求置信区间对 n 很大的大子样适用,这是由于导出 U 的近似分布用到了中心极限定理。n 多大的子样可认为是大子样呢?严格地讲,这取决于 U 的分布收敛到标准正态分布的速度,而收敛速度又与母体分布有关。中心极限定理没有对这个问题作出回答。实际经验一般认为 $n \geqslant 50$ 的子样是大子样。

例 2 从一台机床加工的轴中随机地抽取 200 根,测量其椭圆度。由测量值计算得平均值 $\bar{x}=0.081$ 毫米,标准差 $s=0.025$ 毫米。给定置信概率为 95%,求此机床加工的轴平均椭圆度的置信区间。

解 按题意 $n=200$,可以认为是大子样。已知 $1-\alpha=0.95$,查附表 1 得 $u_{\frac{\alpha}{2}}=1.96$。由(3.7)式有

置信下限 $\bar{X} - u_{\frac{\alpha}{2}} \frac{S}{\sqrt{n}} = 0.081 - 1.96 \times \frac{0.025}{\sqrt{200}} = 0.078$

置信上限 $\bar{X} + u_{\frac{\alpha}{2}} \frac{S}{\sqrt{n}} = 0.081 + 1.96 \times \frac{0.025}{\sqrt{200}} = 0.084$

故置信区间是(0.078,0.084)。

下面考察母体 X 具有二点分布 $B(1,p)$ 情形,其分布列为 $P\{X=1\}=p, P\{X=0\}=1-p$,从母体中抽取一个容量为 n 的子样,其中恰有 m 个“1”,现对 p 作区间估计。此时

$$\mu = EX = p$$

$$\bar{X} = \frac{1}{n}\sum_{i=1}^{n} X_i = \frac{m}{n}$$

$$S^2 = \frac{1}{n}\sum_{i=1}^{n} X_i^2 - \overline{X}^2 = \frac{m}{n} - \left(\frac{m}{n}\right)^2 = \frac{m(n-m)}{n^2}$$

$$= \frac{m}{n}\left(1 - \frac{m}{n}\right)$$

在最后一式推导中需注意 X_i 仅能取“1”或“0”。把这些量代入(3.6)式，得

$$P\left\{\frac{m}{n} - u_{\frac{\alpha}{2}}\sqrt{\frac{1}{n}\frac{m}{n}\left(1-\frac{m}{n}\right)} < p < \frac{m}{n} + u_{\frac{\alpha}{2}}\sqrt{\frac{1}{n}\frac{m}{n}\left(1-\frac{m}{n}\right)}\right\} \approx 1-\alpha \tag{3.8}$$

故 p 的置信区间是

$$\left(\frac{m}{n} - u_{\frac{\alpha}{2}}\sqrt{\frac{1}{n}\frac{m}{n}\left(1-\frac{m}{n}\right)}, \frac{m}{n} + u_{\frac{\alpha}{2}}\sqrt{\frac{1}{n}\frac{m}{n}\left(1-\frac{m}{n}\right)}\right),$$

而置信概率为 $1-\alpha$。

例 3 从一大批产品中随机抽出 100 个进行检查，其中有 4 个次品，试以 95% 概率估计整批产品的次品率。

解 记次品为“1”，正品为“0”，次品率为 p。母体分布是二点分布 $B(1,p)$。据题意 $n=100, m=4$；由 $1-\alpha=0.95$ 得 $u_{\frac{\alpha}{2}} = 1.96$。利用(3.8)式得

置信下限

$$\frac{m}{n} - u_{\frac{\alpha}{2}}\sqrt{\frac{1}{n}\frac{m}{n}\left(1-\frac{m}{n}\right)} = 0.04 - 1.96 \times \frac{1}{10} \times \sqrt{0.04 \times 0.96}$$

$$= 0.002$$

置信上限

$$\frac{m}{n} + u_{\frac{\alpha}{2}}\sqrt{\frac{1}{n}\frac{m}{n}\left(1-\frac{m}{n}\right)} = 0.04 + 1.96 \times \frac{1}{10} \times \sqrt{0.04 \times 0.96}$$

$$= 0.078$$

故置信区间是(0.002,0.078)。

3.3 正态母体平均数区间估计

设母体 X 服从正态分布 $N(\mu,\sigma^2)$，其中方差 σ^2 未知。现对母体平均数 μ 作区间估计。

从此母体中取得子样$(X_1,X_2,\cdots,X_n)$，自然用$\bar{X}$对μ作点估计。由第一章§2定理1，$\bar{X}$服从正态分布$N(\mu,\sigma^2)$，因而

$$U=\frac{\bar{X}-\mu}{\frac{\sigma}{\sqrt{n}}}$$

服从标准正态分布$N(0,1)$。但是，这里σ^2是未知的，不能像3.1中用U的分布导出μ的区间估计式。现问，把上式中σ换成子样标准差S^*后，所得

$$\frac{\bar{X}-\mu}{\frac{S^*}{\sqrt{n}}}$$

服从什么分布？

先介绍一个关于$\bar{X}$与S^{*2}的分布的定理。

定理1 设随机变量$X_1,X_2,\cdots,X_n$独立同分布，且各随机变量服从正态分布$N(\mu,\sigma^2)$，则

(1)$\dfrac{\bar{X}-\mu}{\sigma/\sqrt{n}}$服从标准正态分布$N(0,1)$；

(2)$(n-1)\dfrac{S^{*2}}{\sigma^2}=\dfrac{1}{\sigma^2}\sum\limits_{i=1}^{n}(X_i-\bar{X})^2$服从自由度为$n-1$的$\chi^2$分布；

(3)$\bar{X}$与S^{*2}相互独立。

此定理的结论(1)是显然成立的，结论(2)和(3)的证明从略①。

这里解释一下χ^2分布的参数为什么称为自由度。线性代数中，如果二次型$Q=\sum\limits_{i=1}^{n}y_i^2$的$y_1,y_2,\cdots,y_n$满足$S$个独立的线性关系（亦称约束条件）：

$$C_{j1}y_1+C_{j2}y_2+\cdots+C_{jn}y_n=0,j=1,2,\cdots,s$$

其系数矩阵的秩为s，则称二次型Q的自由度为$n-s$。按χ^2分布

① 证明见参考书[3]第39页到第40页。

定义，n 个相互独立标准正态变量 $X_1, X_2, \cdots, X_n$ 之和 $\chi^2 = \sum_{i=1}^{n} X_i^2$，服从自由度为 n 的 χ^2 分布。从代数的角度看 χ^2，由于 $X_1, X_2, \cdots, X_n$ 相互独立，它们之间不可能有线性关系，所以二次型的自由度为 n。如此，二次型的自由度与 χ^2 分布的自由度是一致的。在定理 1 的(2) 中，$\frac{1}{\sigma^2}\sum_{i=1}^{n}(X_i - \overline{X})^2$ 服从自由度为 $n-1$ 的 χ^2 分布。从代数角度看，这个二次型有约束条件 $\sum_{i=1}^{n}(X_i - \overline{X}) = 0$，它的自由度为 $n-1$。又一次显示了二次型的自由度和 χ^2 分布的自由度一致。因此，我们把 χ^2 分布的参数称为自由度。

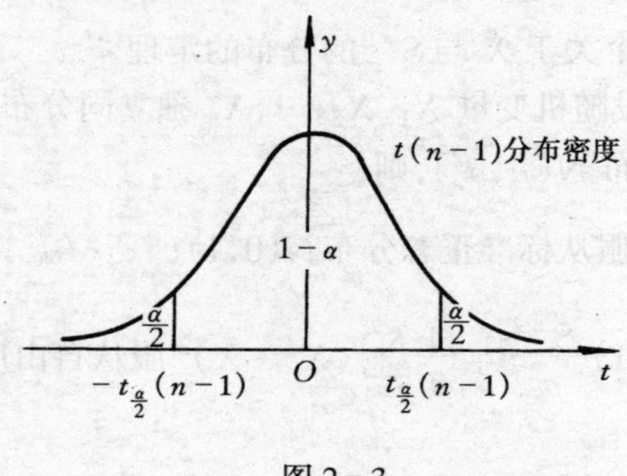

图 2-3

利用上面定理 1 和 t 分布的定义，可得

$$T = \frac{\dfrac{\overline{X} - \mu}{\sigma/\sqrt{n}}}{\sqrt{\dfrac{(n-1)S^{*2}/\sigma^2}{n-1}}} = \frac{\overline{X} - \mu}{\dfrac{S^*}{\sqrt{n}}}$$

服从自由度为 $n-1$ 的 t 分布。于是有

定理 2 设随机变量 $X_1, X_2, \cdots, X_n$ 独立同分布，且各随机变量具有正态分布 $N(\mu, \sigma^2)$，则

$$T=\frac{\overline{X}-\mu}{\frac{S^{*2}}{\sqrt{n}}}$$

服从自由度为 $n-1$ 的 t 的分布。

利用 T 变量的分布,可导出对正态母体平均数 μ 的区间估计。对于给定的 $1-\alpha(0<\alpha<1)$,存在 $t_{\frac{\alpha}{2}}(n-1)$ 使

$$P\{-t_{\frac{\alpha}{2}}(n-1)<T<t_{\frac{\alpha}{2}}(n-1)\}=1-\alpha$$

由图 2-3 可见,这里的 $t_{\frac{\alpha}{2}}(n-1)$ 是自由度为 $n-1$ 的 t 分布关于 $\frac{\alpha}{2}$ 的上侧分位数。$t_{\frac{\alpha}{2}}(n-1)$ 的数值可查附表 2。

把 T 的表示代入上式得

$$P\left\{-t_{\frac{\alpha}{2}}(n-1)<\frac{\overline{X}-\mu}{\frac{S^*}{\sqrt{n}}}<t_{\frac{\alpha}{2}}(n-1)\right\}=1-\alpha$$

可改写为

$$P\left\{\overline{X}-t_{\frac{\alpha}{2}}(n-1)\frac{S^*}{\sqrt{n}}<\mu<\overline{X}+t_{\frac{\alpha}{2}}(n-1)\frac{S^*}{\sqrt{n}}\right\}=1-\alpha$$

故置信区间是

$$\left(\overline{X}-t_{\frac{\alpha}{2}}(n-1)\frac{S^*}{\sqrt{n}},\overline{X}+t_{\frac{\alpha}{2}}(n-1)\frac{S^*}{\sqrt{n}}\right)$$

而置信概率为 $1-\alpha$。

例 4 铅的比重测量值是服从正态分布的。如果测量 16 次,算得 $\bar{x}=2.705, s^*=0.029$,试求铅的比重置信概率为 95% 的置信区间。

解 首先指出铅的比重等于它的测量值的平均值。由 $n=16, 1-\alpha=0.95$,查附表 2 得 $t_{\frac{\alpha}{2}}(15)=2.131$,从而有

置信下限

$$\bar{x}-t_{\frac{\alpha}{2}}(n-1)\frac{s^*}{\sqrt{n}}=2.705-2.131\times\frac{0.029}{\sqrt{16}}=2.690$$

置信上限

$$\bar{x}+t_{\frac{\alpha}{2}}(n-1)\frac{s^{*}}{\sqrt{n}}=2.705+2.131\times\frac{0.029}{\sqrt{16}}=2.720$$

故铅比重的置信区间是(2.690,2.720)。

3.4 大子样对两个母体平均数之差区间估计

设两个母体 X_1 与 X_2 的分布是任意的,分别具有有限的非零方差。记 $EX_1=\mu_1, DX_1=\sigma_1^2, EX_2=\mu_2, DX_2=\sigma_2^2$,它们都是未知的。今独立地从各母体中取一个子样,分别为$(X_{11},X_{12},\cdots,X_{1n_1})$和$(X_{21},X_{22},\cdots,X_{2n_2})$,即两个相互独立的随机矢量。记 $\bar{X}_1$ 和 $\bar{X}_2$ 分别是两个子样的平均数,S_1^2 和 S_2^2 分别是两子样的方差。现要对两个母体平均数之差 $\mu_1-\mu_2$ 作区间估计。

$\mu_1-\mu_2$ 自然可用 $\bar{X}_1-\bar{X}_2$ 作估计。利用中心极限定理,当 n_1 和 n_2 都很大时,$\bar{X}_1$ 和 $\bar{X}_2$ 分别近似地服从正态分布 $N(\mu_1,\frac{\sigma_1^2}{n_1})$ 和 $N(\mu_2,\frac{\sigma_2^2}{n_2})$。由子样的独立性知 $\bar{X}_1$ 和 $\bar{X}_2$ 是独立的,因而

$$E(\bar{X}_1-\bar{X}_2)=\mu_1-\mu_2$$

$$D(\bar{X}_1-\bar{X}_2)=\frac{\sigma_1^2}{n_1}+\frac{\sigma_2^2}{n_2}$$

$\bar{X}_1-\bar{X}_2$ 经标准化后,可得

$$\frac{\bar{X}_1-\bar{X}_2-(\mu_1-\mu_2)}{\sqrt{\frac{\sigma_1^2}{n_1}+\frac{\sigma_2^2}{n_2}}}$$

近似地服从标准正态分布 $N(0,1)$,而其中 σ_1^2 和 σ_2^2 都是未知的。因为 S_1^2 和 S_2^2 分别是 σ_1^2 和 σ_2^2 的相合估计量,当 n_1 和 n_2 都很大时,可分别用子样方差近似代替母体方差。在上式中,σ_1^2 和 σ_2^2 分别用 S_1^2 和 S_2^2 代替后,仍然近似地服从标准正态分布,即

$$U=\frac{\bar{X}_1-\bar{X}_2-(\mu_1-\mu_2)}{\sqrt{\frac{S_1^2}{n_1}+\frac{S_2^2}{n_2}}}$$

近似地服从标准正态分布 $N(0,1)$。

给定数 $1-\alpha(0<\alpha<1)$,查附表 1 可得 $u_{\frac{\alpha}{2}}$ 使

$$P\{|U|<u_{\frac{\alpha}{2}}\}\approx 1-\alpha$$

其中 $u_{\frac{\alpha}{2}}$ 是标准正态分布关于$\frac{\alpha}{2}$的上侧分位数。把 U 的表示式代入上式得

$$P\left\{-u_{\frac{\alpha}{2}}<\frac{\bar{X}_1-\bar{X}_2-(\mu_1-\mu_2)}{\sqrt{\frac{S_1^2}{n_1}+\frac{S_2^2}{n_2}}}<u_{\frac{\alpha}{2}}\right\}\approx 1-\alpha$$

改写为

$$P\left\{\bar{X}_1-\bar{X}_2-u_{\frac{\alpha}{2}}\sqrt{\frac{S_1^2}{n_1}+\frac{S_2^2}{n_2}}<\mu_1-\mu_2<\bar{X}_1-\bar{X}_2+u_{\frac{\alpha}{2}}\sqrt{\frac{S_1^2}{n_1}+\frac{S_2^2}{n_2}}\right\}\approx 1-\alpha$$

所以,$\mu_1-\mu_2$ 的置信区间是

$$\left(\bar{X}_1-\bar{X}_2-u_{\frac{\alpha}{2}}\sqrt{\frac{S_1^2}{n_1}+\frac{S_2^2}{n_2}},\bar{X}_1-\bar{X}_2+u_{\frac{\alpha}{2}}\sqrt{\frac{S_1^2}{n_1}+\frac{S_2^2}{n_2}}\right)$$

而置信概率为 $1-\alpha$。

同理可得,$\mu_2-\mu_1$ 的置信概率为 $1-\alpha$ 的置信区间是

$$\left(\bar{X}_2-\bar{X}_1-u_{\frac{\alpha}{2}}\sqrt{\frac{S_1^2}{n_1}+\frac{S_2^2}{n_2}},\bar{X}_2-\bar{X}_1+u_{\frac{\alpha}{2}}\sqrt{\frac{S_1^2}{n_1}+\frac{S_2^2}{n_2}}\right)$$

3.5 两个正态母体平均数之差区间估计

设两个正态母体的分布分别是 $N(\mu_1,\sigma_1^2)$和 $N(\mu_2,\sigma_2^2)$,其中 $\mu_1,\mu_2,\sigma_1^2,\sigma_2^2$ 都是未知的。假定两个母体方差相等,且记 $\sigma_1^2=\sigma_2^2=\sigma^2$。从两个母体中独立地各取一个子样,分别计算得子样平均数 $\bar{X}_1$ 和 $\bar{X}_2$,子样方差 S_1^{*2} 和 S_2^{*2}。下面对两个母体平均数之差

$\mu_1-\mu_2$ 作区间估计。

$\mu_1-\mu_2$ 可用 $\bar{X}_1-\bar{X}_2$ 作点估计。因为两个母体分布都是正态分布，所以 $\bar{X}_1-\bar{X}_2$ 具有正态分布。由

$$E(\bar{X}_1-\bar{X}_2)=\mu_1-\mu_2$$

$$D(\bar{X}_1-\bar{X}_2)=\frac{\sigma_1^2}{n_1}+\frac{\sigma_2^2}{n_2}=\left(\frac{1}{n_1}+\frac{1}{n_2}\right)\sigma^2$$

故

$$U=\frac{\bar{X}_1-\bar{X}_2-(\mu_1-\mu_2)}{\sqrt{\frac{1}{n_1}+\frac{1}{n_2}}\sigma} \tag{3.9}$$

服从标准正态分布 $N(0,1)$，而其中 σ 是未知的。根据本章 3.3 中定理 1，可知

$$\frac{(n_1-1)S_1^{*2}}{\sigma^2}$$

服从自由度为 n_1-1 的 χ^2 分布，而

$$\frac{(n_2-1)S_2^{*2}}{\sigma^2}$$

服从自由度为 n_2-1 的 χ^2 分布；再利用相互独立 χ^2 变量的可加性，得知

$$\frac{(n_1-1)S_1^{*2}+(n_2-1)S_2^{*2}}{\sigma^2}$$

服从自由度为 n_1+n_2-2 的 χ^2 分布。利用 t 分布的定义，可知

$$T=\frac{\bar{X}_1-\bar{X}_2-(\mu_1-\mu_2)}{\sqrt{\frac{1}{n_1}+\frac{1}{n_2}}}\Bigg/\sqrt{\frac{(n_1-1)S_1^{*2}+(n_2-1)S_2^{*2}}{n_1+n_2-2}} \tag{3.10}$$

服从自由度为 n_1+n_2-2 的 t 分布，这里要用到 $\bar{X}_1-\bar{X}_2$ 与 $(n_1-1)S_1^{*2}+(n_2-1)S_2^{*2}$ 的独立性。事实上，$\bar{X}_1$ 与 S_1^{*2}，$\bar{X}_2$ 与 S_2^{*2} 分别独立，又由两个子样独立性知道 $\bar{X}_1$ 与 S_2^{*2}，$\bar{X}_2$ 与 S_1^{*2}

分别独立，从而有 $\bar{X}_1, \bar{X}_2$ 分别与 $(n_1-1)S_1^{*2}+(n_2-1)S_2^{*2}$ 独立，故 $\bar{X}_1-\bar{X}_2$ 与 $(n_1-1)S_1^{*2}+(n_2-1)S_2^{*2}$ 相互独立。

令
$$S^{*2}=\frac{(n_1-1)S_1^{*2}+(n_2-1)S_2^{*2}}{n_1+n_2-2} \tag{3.11}$$

上面结论可改述为

$$T=\frac{\bar{X}_1-\bar{X}_2-(\mu_1-\mu_2)}{\sqrt{\frac{1}{n_1}+\frac{1}{n_2}}S^*} \tag{3.12}$$

服从自由度为 (n_1+n_2-2) 的 t 分布。

给定置信概率 $1-\alpha$，从附表 2 可查得 $t_{\frac{\alpha}{2}}(n_1+n_2-2)$ 的值使

$$P\{|T|<t_{\frac{\alpha}{2}}(n_1+n_2-2)\}=1-\alpha$$

即

$$P\{-t_{\frac{\alpha}{2}}(n_1+n_2-2)<\frac{\bar{X}_1-\bar{X}_2-(\mu_1-\mu_2)}{\sqrt{\frac{1}{n_1}+\frac{1}{n_2}}S^*}<t_{\frac{\alpha}{2}}(n_1+n_2-2)\}$$
$$=1-\alpha$$

改写成

$$P\left\{\bar{X}_1-\bar{X}_2-t_{\frac{\alpha}{2}}(n_1+n_2-2)\sqrt{\frac{1}{n_1}+\frac{1}{n_2}}S^*<\mu_1-\mu_2<\right.$$
$$\left.\bar{X}_1-\bar{X}_2+t_{\frac{\alpha}{2}}(n_1+n_2-2)\sqrt{\frac{1}{n_1}+\frac{1}{n_2}}S^*\right\}=1-\alpha$$

所以，对置信概率 $1-\alpha$，两母体平均数之差 $\mu_1-\mu_2$ 的置信区间是

$$\left(\bar{X}_1-\bar{X}_2-t_{\frac{\alpha}{2}}(n_1+n_2-2)\sqrt{\frac{1}{n_1}+\frac{1}{n_2}}S^*,\right.$$
$$\left.\bar{X}_1-\bar{X}_2+t_{\frac{\alpha}{2}}(n_1+n_2-2)\sqrt{\frac{1}{n_1}+\frac{1}{n_2}}S^*\right)$$

同理可得，$\mu_2-\mu_1$ 的置信概率为 $1-\alpha$ 的置信区间是

$$\left(\bar{X}_2-\bar{X}_1-t_{\frac{\alpha}{2}}(n_1+n_2-2)\sqrt{\frac{1}{n_1}+\frac{1}{n_2}}S^*,\right.$$

$$\overline{X}_2 - \overline{X}_1 + t_{\frac{\alpha}{2}}(n_1 + n_2 - 2)\sqrt{\frac{1}{n_1} + \frac{1}{n_2}}S^*\Big)$$

顺便指出,易证 S^{*2}是 σ^2 的无偏估计量。直观上看,在 U 的表示式(3.9)中把 σ 换成 S^*,就得到 T 的表示式(3.12),由 U 服从标准正态分布 $N(0,1)$得到 T 服从自由度为 n_1+n_2-2 的 t 分布。

需要注意,这里导出 $\mu_1-\mu_2$ 的置信区间时要假定两个正态母体的方差相等,在后面第三章将要介绍检验这条假定是否成立的方法。

例 5 为了估计磷肥对某种农作物增产的作用,现选 20 块条件大致相同的土地。10 块不施磷肥,另外 10 块施磷肥,得亩产量(单位:斤)如下:

不施磷肥亩产 560,590,560,570,580,570,600,550,570,550

施磷肥亩产 620,570,650,600,630,580,570,600,600,580

设不施磷肥亩产和施磷肥亩产都具有正态分布,且方差相同。取置信概率为 0.95,试对施磷肥平均亩产和不施磷肥平均亩产之差作区间估计。

解 不施磷肥亩产看成第一母体,施磷肥亩产看作第二母体。由题设,$n_1=n_2=10$;经计算得

$$\bar{x}_1 = 570, (n_1 - 1)s_1^{*2} = \sum_{i=1}^{n}(x_{1i} - \bar{x}_1)^2 = 2\,400$$

$$\bar{x}_2 = 600, (n_2 - 1)s_2^{*2} = \sum_{i=1}^{n}(x_{2i} - \bar{x}_2)^2 = 6\,400$$

$$s^* = \sqrt{\frac{2\,400 + 6\,400}{10 + 10 - 2}} = 22$$

由 $1-\alpha=0.95$,查表得 $t_{\frac{\alpha}{2}}(18)=2.100\,9$,所以 $\mu_2-\mu_1$ 的置信下限

$$\bar{x}_2 - \bar{x}_1 - t_{\frac{\alpha}{2}}(n_1 + n_2 - 2)\sqrt{\frac{1}{n_1} + \frac{1}{n_2}}s^*$$

$$= 600 - 570 - 2.100\,9 \times \sqrt{\frac{1}{10} + \frac{1}{10}} \times 22 = 9$$

置信上限

$$\bar{x}_2 - \bar{x}_1 + t_{\frac{\alpha}{2}}(n_1 + n_2 - 2)\sqrt{\frac{1}{n_1} + \frac{1}{n_2}}s^*$$

$$= 600 - 570 + 2.1009 \times \sqrt{\frac{1}{10} + \frac{1}{10}} \times 22 = 51$$

故施磷肥平均亩产与不施磷肥平均亩产之差的置信区间是(9,51)。

例 6 两台机床加工同一种轴,分别加工 200 根和 150 根轴,测量其椭圆度,经计算得到:

第一台机床 $n_1 = 200, \bar{x}_1 = 0.081$ 毫米, $S_1 = 0.025$ 毫米

第二台机床 $n_1 = 150, \bar{x}_2 = 0.062$ 毫米, $S_2 = 0.062$ 毫米

给定置信概率为 95%,试求两台机床平均椭圆度之差的置信区间。

解 此题中取得的两个子样都是大子样,可采用 3.4 中置信区间公式。两母体平均数之差 $\mu_1 - \mu_2$ 的

置信下限

$$\bar{x}_1 - \bar{x}_2 - u_{\frac{\alpha}{2}}\sqrt{\frac{s_1^2}{n_1} + \frac{s_2^2}{n_2}} = 0.081 - 0.062$$

$$-1.96\sqrt{\frac{(0.025)^2}{200} + \frac{(0.062)^2}{150}} = 0.0085$$

置信上限

$$\bar{x}_1 - \bar{x}_2 + u_{\frac{\alpha}{2}}\sqrt{\frac{s_1^2}{n_1} + \frac{s_2^2}{n_2}} = 0.081 - 0.062$$

$$+1.96\sqrt{\frac{(0.025)^2}{200} + \frac{(0.062)^2}{150}} = 0.0295$$

故 $\mu_1 - \mu_2$ 的置信区间是(0.008 5,0.029 5)。

3.6 正态母体方差区间估计

设正态母体的分布是 $N(\mu, \sigma^2)$,其中 μ 和 σ^2 都是未知的。从母体中抽一子样,试对母体方差 σ^2 或标准差 σ 作区间估计。

母体方差 σ^2 可用子样方差 S^{*2} 作点估计。由本节 3.3 定理 1 可知

$$\chi^2 = \frac{(n-1)S^{*2}}{\sigma^2}$$

服从自由度为 $n-1$ 的 χ^2 分布。

给定置信概率 $1-\alpha$，在 $\chi^2(n-1)$ 的分布密度图（见图 2-4）

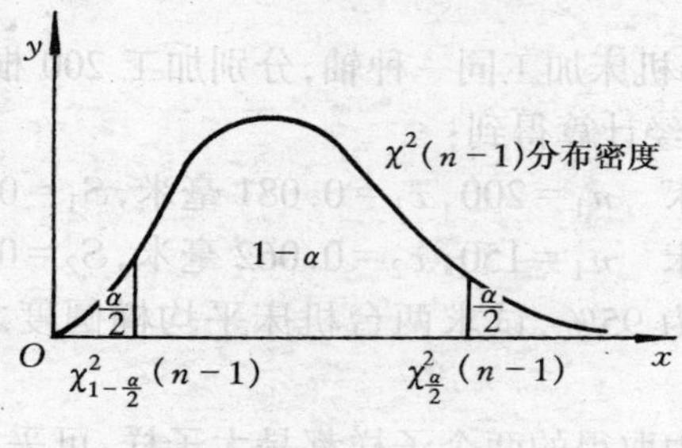

图 2-4

中，取左右两侧面积都等于 $\frac{\alpha}{2}$，即

$$P\{\chi^2 \geqslant \chi^2_{\frac{\alpha}{2}}(n-1)\} = \frac{\alpha}{2}$$

和
$$P\{\chi^2 \leqslant \chi^2_{1-\frac{\alpha}{2}}(n-1)\} = \frac{\alpha}{2}$$

于是，中间部分面积等于 $1-\alpha$，即

$$P\left\{\chi^2_{1-\frac{\alpha}{2}}(n-1) < (n-1)\frac{S^{*2}}{\sigma^2} < \chi^2_{\frac{\alpha}{2}}(n-1)\right\} = 1-\alpha$$

可改写成

$$P\left\{\frac{(n-1)S^{*2}}{\chi^2_{\frac{\alpha}{2}}(n-1)} < \sigma^2 < \frac{(n-1)S^{*2}}{\chi^2_{1-\frac{\alpha}{2}}(n-1)}\right\} = 1-\alpha$$

或

$$P\left\{\frac{\sqrt{n-1}S^*}{\sqrt{\chi^2_{\frac{\alpha}{2}}(n-1)}} < \sigma < \frac{\sqrt{n-1}S^*}{\sqrt{\chi^2_{1-\frac{\alpha}{2}}(n-1)}}\right\} = 1-\alpha$$

故对于置信概率 $1-\alpha$，σ^2 的置信区间是

$$\left(\frac{(n-1)S^{*2}}{\chi^2_{\frac{\alpha}{2}}(n-1)},\frac{(n-1)S^{*2}}{\chi^2_{1-\frac{\alpha}{2}}(n-1)}\right)$$

而 σ 的置信区间是

$$\left(\frac{\sqrt{n-1}S^{*}}{\sqrt{\chi^2_{\frac{\alpha}{2}}(n-1)}},\frac{\sqrt{n-1}S^{*}}{\sqrt{\chi^2_{1-\frac{\alpha}{2}}(n-1)}}\right)$$

例 7 设炮弹速度服从正态分布，取 9 发炮弹做试验，得子样方差 $s^{*2}=11$(米/秒)^2，分别求炮弹速度方差 σ^2 和标准差 σ 的置信概率为 90% 的置信区间。

解 据题意 $n=9$，$1-\alpha=0.90$，故 $\alpha=0.10$。查附表 3 得 $\chi^2_{\frac{\alpha}{2}}(8)=15.507$，$\chi^2_{1-\frac{\alpha}{2}}(8)=2.733$。从而，$\sigma^2$ 的

$$\text{置信上限}=\frac{(n-1)S^{*2}}{\chi^2_{\frac{\alpha}{2}}(n-1)}=\frac{(9-1)\times 11}{15.507}=5.675$$

$$\text{置信下限}=\frac{(n-1)S^{*2}}{\chi^2_{1-\frac{\alpha}{2}}(n-1)}=\frac{(9-1)\times 11}{2.733}=32.199$$

故 σ^2 的置信区间是 $(5.675, 32.199)$，而 σ 的置信区间是 $(2.38, 5.67)$。

3.7 两个正态母体方差比的区间估计

设两个正态母体的分布分别是 $N(\mu_1,\sigma_1^2)$ 和 $N(\mu_2,\sigma_2^2)$，其中 $\mu_1,\mu_2,\sigma_1^2,\sigma_2^2$ 都是未知的。从两个母体中独立地各取一个子样，子样方差分别记为 S_1^{*2} 和 S_2^{*2}，下面对两个母体方差之比 $\frac{\sigma_1^2}{\sigma_2^2}$ 作区间估计。

σ_1^2 和 σ_2^2 自然可用 S_1^{*2} 和 S_2^{*2} 分别作点估计。由本节 3.3 定理 1 可知

$$\frac{(n_1-1)S_1^{*2}}{\sigma_1^2},\frac{(n_2-1)S^{*2}}{\sigma_2^2}$$

分别服从自由度为 n_1-1 和 n_2-1 的 χ^2 分布。注意到 S_1^{*2} 与 S_2^{*2} 相互独立，由 F 分布的定义知

$$F=\frac{\dfrac{(n_2-1)S_2^{*2}}{\sigma_2^2}\Big/(n_2-1)}{\dfrac{(n_1-1)S_1^{*2}}{\sigma_1^2}\Big/(n_1-1)}=\frac{S_2^{*2}/\sigma_2^2}{S_1^{*2}/\sigma_1^2}=\frac{\sigma_1^2/\sigma_2^2}{S_1^{*2}/S_2^{*2}} \qquad (3.13)$$

服从自由度为(n_2-1,n_1-1)的 F 分布。

给定置信概率 $1-\alpha$，在 $F(n_2-1,n_1-1)$分布密度图 2-5 中取左右两侧面积都等于$\frac{\alpha}{2}$，即由附表 4 可查得 $F_{\frac{\alpha}{2}}(n_2-1,n_1-1)$

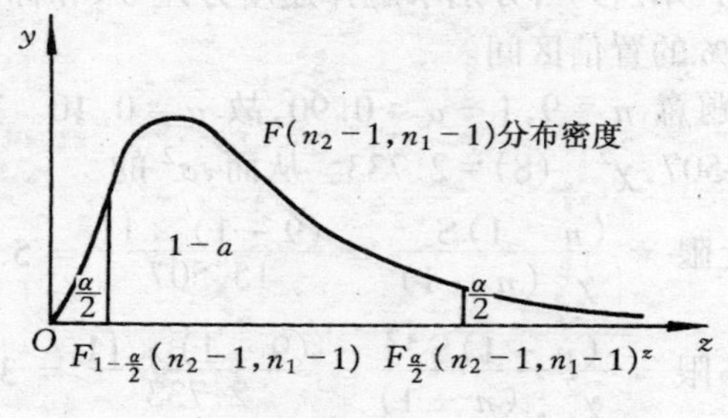

图 2-5

与 $F_{1-\frac{\alpha}{2}}(n_2-1,n_1-1)$的数值使

$$P\{F\geqslant F_{\frac{\alpha}{2}}(n_2-1,n_1-1)\}=\frac{\alpha}{2}$$

和

$$P\{F\leqslant F_{1-\frac{\alpha}{2}}(n_2-1,n_1-1)\}=\frac{\alpha}{2}$$

于是，中间部分面积等于 $1-\alpha$，即

$$P\{F_{1-\frac{\alpha}{2}}(n_2-1,n_1-1)<F<F_{\frac{\alpha}{2}}(n_2-1,n_1-1)\}=1-\alpha$$

把(3.13)式中的 F 代入上式，经变化可得

$$P\left\{F_{1-\frac{\alpha}{2}}(n_2-1,n_1-1)\frac{S_1^{*2}}{S_2^{*2}}<\frac{\sigma_1^2}{\sigma_2^2}<F_{\frac{\alpha}{2}}(n_2-1,n_1-1)\frac{S_1^{*2}}{S_2^{*2}}\right\}$$
$$=1-\alpha$$

所以，$\frac{\sigma_1^2}{\sigma_2^2}$的置信概率为 $1-\alpha$ 的置信区间是

$$\left(F_{1-\frac{\alpha}{2}}(n_2-1,n_1-1)\frac{S_1^{*2}}{S_2^{*2}},F_{\frac{\alpha}{2}}(n_2-1,n_1-1)\frac{S_1^{*2}}{S_2^{*2}}\right)$$

同理可得，$\frac{\sigma_2^2}{\sigma_1^2}$的置信概率为 $1-\alpha$ 的置信区间是

$$\left(F_{1-\frac{\alpha}{2}}(n_1-1,n_2-1)\frac{S_2^{*2}}{S_1^{*2}},F_{\frac{\alpha}{2}}(n_1-1,n_2-1)\frac{S_2^{*2}}{S_1^{*2}}\right)$$

顺便指出，在附表 4 中，$F_\alpha(n_1,\infty)$的数值等于 $\chi_\alpha^2(n_1)$的数值除以 n_1。这是因为当 $n_2\to\infty$时自由度为(n_1,n_2)的 F 分布渐近于$\frac{\chi_1^2}{n_1}$的分布，其中 χ_1^2 是自由度为 n_1 的 χ^2 变量(证明从略)。

例 8 有两位化验员 A,B 独立地对某种聚合物的含氯量用同样的方法分别作了 10 次和 11 次测定，测定值的方差 s^{*2}分别是 0.541 9 和 0.606 5。设 A,B 两化验员测定值都是正态母体，母体方差分别是 σ_A^2 和σ_B^2，试求方差比$\frac{\sigma_A^2}{\sigma_B^2}$的置信概率为 90% 的置信区间。

解 按题意 $n_1=10,n_2=11,s_1^{*2}=0.541\,9,s_2^{*2}=0.606\,5$。由 $1-\alpha=0.90$，知 $\alpha=0.10$，查附表 4 得 $F_{0.05}(10,9)=3.14$。而 $F_{0.95}(10,9)$在此表中不能直接查到，它的值可利用关系式

$$F_{1-\beta}(n_1,n_2)=\frac{1}{F_\beta(n_2,n_1)},\quad 0<\beta<1 \tag{3.14}$$

进行计算。此时，

$$F_{0.95}(10,9)=\frac{1}{F_{0.05}(9,10)}$$

由附表 4 查得 $F_{0.05}(9,10)=3.02$，故

$$F_{0.95}(10,9)=\frac{1}{3.02}=0.33$$

故置信概率为 90% 的$\frac{\sigma_A^2}{\sigma_B^2}$的置信区间为

$$\left(0.33 \times \frac{0.5419}{0.6065},\quad 3.14 \times \frac{0.5419}{0.6065}\right)$$

即(0.295,2.806)。

(3.14)式的证明如下：设 F 服从自由度为(n_1, n_2)的 F 分布，有

$$P\{F \geqslant F_{1-\beta}(n_1, n_2)\} = 1 - \beta$$

即

$$P\left\{\frac{1}{F} \leqslant \frac{1}{F_{1-\beta}(n_1, n_2)}\right\} = 1 - \beta$$

故

$$P\left\{\frac{1}{F} > \frac{1}{F_{1-\beta}(n_1, n_2)}\right\} = \beta$$

因为$\frac{1}{F}$服从自由度为(n_2, n_1)的 F 分布，所以

$$\frac{1}{F_{1-\beta}(n_1, n_2)} = F_{\beta}(n_2, n_1)$$

于是，(3.14)式成立。

参数的区间估计采用表格的形式小结于表 2-3 中。

3.8 单侧置信区间

前面所介绍的参数的区间估计，置信区间都有上下限，即置信区间采用(θ_1, θ_2)的形式。如铁水平均含碳量在某个有限区间中概率为 95%，轴的平均椭圆度在某个有限区间中概率为 95%，废品率在某个有限区间中概率为 95%。

在实际问题中，对有些量的平均数的估计只允许大而不允许小，有些则相反。例如对灯泡平均寿命的估计，平均寿命长些好，此时置信区间可采用(θ_1, ∞)的形式；估计轴的平均抗拉强度，它的值大些好，此时置信区间也可采用(θ_1, ∞)的形式。又如对大批量产品废品率的估计，废品率愈低愈好，此时置信区间可采用$(-\infty, \theta_2)$的形式；对轴的平均椭圆度估计，平均椭圆度小，轴的质量较好，置信区间亦可采用$(-\infty, \theta_2)$的形式。

若置信区间形为(θ_1,∞),则 θ_1 称为**单侧置信下限**;若置信区间形为$(-\infty,\theta_2)$,则 θ_2 称为**单侧置信上限**。置信区间(θ_1,∞)和$(-\infty,\theta_2)$都称为**单侧置信区间**。下面通过一例介绍单侧置信限的求法。

例 9 为估计制造某种产品所需要的单件平均工时(单位:小时),现制造 5 件,记录每件所需工时如下:

$$10.5,\ 11.0,\ 11.2,\ 12.5,\ 12.8$$

设制造单件产品所需工时服从正态分布。给定置信概率为 95%,试求平均工时的单侧置信上限。

解 按题设,单件产品所需工时 X 的分布记为$N(\mu,\sigma^2)$。由本节 3.3 知

$$T=\frac{\bar{X}-\mu}{S^*/\sqrt{n}} \tag{3.15}$$

服从自由度为 $n-1$ 的 t 分布。

若给定 $1-\alpha$,则存在 $t_{1-\alpha}(n-1)$使

$$P\{T>t_{1-\alpha}(n-1)\}=1-\alpha$$

由于 t 分布密度关于 y 轴对称,所以 $t_{1-\alpha}(n-1)=-t_\alpha(n-1)$,见图 2-6。上式可写成

$$P\left\{\frac{\bar{X}-\mu}{S^*/\sqrt{n}}>-t_\alpha(n-1)\right\}=1-\alpha$$

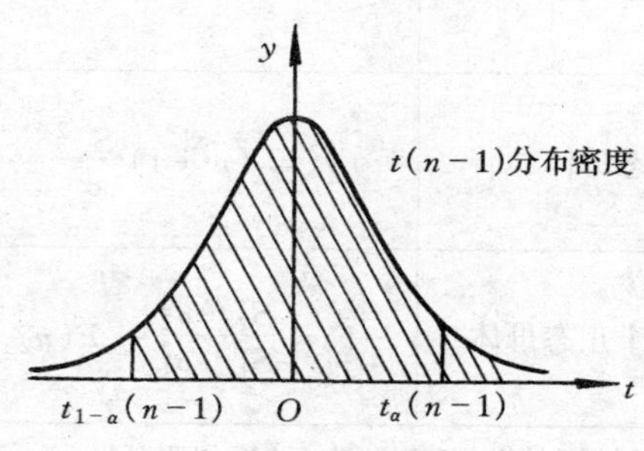

图 2-6

表 2-3

估计对象	对母体(或子样)要求	所用函数及其分布
平均数 μ	正态母体，方差 σ_0^2 已知	$U=\dfrac{\overline{X}-\mu}{\sigma_0/\sqrt{n}}\sim N(0,1)$
平均数 μ	大子样	$U=\dfrac{\overline{X}-\mu}{S/\sqrt{n}}\ \underset{\sim}{\text{近似}}\ N(0,1)$
平均数 μ	正态母体	$T=\dfrac{\overline{X}-\mu}{S^*/\sqrt{n}}\sim t(n-1)$
平均数之差 $\mu_1-\mu_2$	大子样	$U=\dfrac{\overline{X}_1-\overline{X}_2-(\mu_1-\mu_2)}{\sqrt{S_1^2/n_1+S_2^2/n_2}}\ \underset{\sim}{\text{近似}}\ N(0,1)$
平均数之差 $\mu_1-\mu_2$	两个正态母体，方差相等	$T=\dfrac{\overline{X}_1-\overline{X}_2-(\mu_1-\mu_2)}{\sqrt{\dfrac{1}{n_2}+\dfrac{1}{n_1}}S^*}\sim t(n_1+n_2-2)$
方差 σ^2	正态母体	$\chi^2=(n-1)\dfrac{S^{*2}}{\sigma^2}\sim\chi^2(n-1)$
方差比 $\dfrac{\sigma_1^2}{\sigma_2^2}$	两个正态母体	$F=\dfrac{S_2^{*2}/\sigma_2^2}{S_1^{*2}/\sigma_1^2}\sim F(n_2-1,n_1-1)$

注　表中“～”表示“服从”，“$\underset{\sim}{\text{近似}}$”，表示“近似服从”。

置　信　区　间
$$\left(\bar{X}-u_{\frac{\alpha}{2}}\frac{\sigma_0}{\sqrt{n}},\quad \bar{X}+u_{\frac{\alpha}{2}}\frac{\sigma_0}{\sqrt{n}}\right)$$
$$\left(\bar{X}-u_{\frac{\alpha}{2}}\frac{S}{\sqrt{n}},\quad \bar{X}+u_{\frac{\alpha}{2}}\frac{S}{\sqrt{n}}\right)$$
$$\left(\bar{X}-t_{\frac{\alpha}{2}}(n-1)\frac{S^*}{\sqrt{n}},\quad \bar{X}+t_{\frac{\alpha}{2}}(n-1)\frac{S^*}{\sqrt{n}}\right)$$
$$\left(\bar{X}_1-\bar{X}_2-u_{\frac{\alpha}{2}}\sqrt{\frac{S_1^2}{n_1}+\frac{S_2^2}{n_2}},\quad \bar{X}_1-\bar{X}_2+u_{\frac{\alpha}{2}}\sqrt{\frac{S_1^2}{n_1}+\frac{S_2^2}{n_2}}\right)$$
$$\left(\bar{X}_1-\bar{X}_2-t_{\frac{\alpha}{2}}(n_1+n_2-2)\sqrt{\frac{1}{n_1}+\frac{1}{n_2}}S^*,\right.$$ $$\left.\bar{X}_1-\bar{X}_2+t_{\frac{\alpha}{2}}(n_1+n_2-2)\sqrt{\frac{1}{n_1}+\frac{1}{n_2}}S^*\right)$$
$$\left(\frac{(n-1)S^{*2}}{\chi^2_{\frac{\alpha}{2}}(n-1)},\quad \frac{(n-1)S^{*2}}{\chi^2_{1-\frac{\alpha}{2}}(n-1)}\right)$$
$$\left(F_{1-\frac{\alpha}{2}}(n_2-1,n_1-1)\frac{S_1^{*2}}{S_2^{*2}},\quad F_{\frac{\alpha}{2}}(n_2-1,n_1-1)\frac{S_1^{*2}}{S_2^{*2}}\right)$$

或 $$P\left\{\mu < \bar{X} + t_\alpha(n-1)\frac{S^*}{\sqrt{n}}\right\} = 1 - \alpha$$

故 μ 的单侧置信区间是 $\left(-\infty, \bar{X} + t_\alpha(n-1)\frac{S^*}{\sqrt{n}}\right)$，而单侧置信上限为 $\bar{X} + t_\alpha(n-1)\frac{S^*}{\sqrt{n}}$。

在此例中，$n=5$，可计算得 $\bar{x}=11.6$，$s^{*2}=0.995$，又由 $1-\alpha=0.95$，查附表 2 得 $t_{0.05}(4)\approx 2.1318$，从而

单侧置信上限

$$\mu_2 = \bar{x} + t_\alpha(n-1)\frac{S^*}{\sqrt{n}} = 11.6 + 2.1318 \times \frac{\sqrt{0.995}}{\sqrt{5}} = 12.55$$

因此，平均工时不超过 12.55 的可靠程度是 95%。

此例仅介绍了正态母体平均数单侧置信上限的求法。利用(3.15)式中 T 变量的分布，同样可求正态母体平均数的单侧置信下限。事实上，若给定 $1-\alpha$，则存在 $t_\alpha(n-1)$ 使

$$P\{T < t_\alpha(n-1)\} = 1 - \alpha$$

用(3.14)式代入，经变化可得

$$P\left\{\mu > \bar{X} - t_\alpha(n-1)\frac{S^*}{\sqrt{n}}\right\} = 1 - \alpha$$

因此，μ 的单侧置信区间是

$$\left(\bar{X} - t_\alpha(n-1)\frac{S^*}{\sqrt{n}}, \infty\right)$$

而单侧置信下限为

$$\bar{X} - t_\alpha(n-1)\frac{S^*}{\sqrt{n}}$$

至于对两个母体平均数之差，母体方差，两个母体方差比的单侧置信限的公式，读者可以作为练习自己进行推导。现在把各种情形的单侧置信区间列在表 2-4 中。

最后指出，对同一参数有时要作双侧区间估计，而有时要作单侧区间估计，这完全按实际需要而定。

表 2-4

估计对象	对母体(或子样)要求	具有单侧置信上限	具有单侧置信下限
平均数 μ	正态母体,方差 σ_0^2 已知	$\left(-\infty, \overline{X}+u_\alpha \frac{\sigma_0}{\sqrt{n}}\right)$	$\left(\overline{X}-u_\alpha \frac{\sigma_0}{\sqrt{n}}, \infty\right)$
平均数 μ	大子样	$\left(-\infty, \overline{X}+u_\alpha \frac{S}{\sqrt{n}}\right)$	$\left(\overline{X}-u_\alpha \frac{S}{\sqrt{n}}, \infty\right)$
平均数 μ	正态母体	$\left(-\infty, \overline{X}+t_\alpha(n-1) \frac{S^*}{\sqrt{n}}\right)$	$\left(\overline{X}-t_\alpha(n-1) \frac{S^*}{\sqrt{n}}, \infty\right)$
平均数之差 $\mu_1-\mu_2$	大子样	$\left(-\infty, \overline{X}_1-\overline{X}_2+u_\alpha \sqrt{\frac{S_1^2}{n_1}+\frac{S_2^2}{n_2}}\right)$	$\left(\overline{X}_1-\overline{X}_2+u_\alpha \sqrt{\frac{S_1^2}{n_1}+\frac{S_2^2}{n_2}}, \infty\right)$
平均数之差 $\mu_1-\mu_2$	两个正态母体,方差相等	$(-\infty, \overline{X}_1-\overline{X}_2+$ $t_\alpha(n_1+n_2-2) \sqrt{\frac{1}{n_1}+\frac{1}{n_2}} S^*)$	$(\overline{X}_1-\overline{X}_2-$ $t_\alpha(n_1+n_2-2) \sqrt{\frac{1}{n_1}+\frac{1}{n_2}} S^*, \infty)$
方差 σ^2	正态母体	$\left(-\infty, \frac{(n-1) S^{*2}}{\chi_{1-\alpha}^2(n-1)}\right)$	$\left(\frac{(n-1) S^{*2}}{\chi_\alpha^2(n-1)}, \infty\right)$
方差比 $\frac{\sigma_1^2}{\sigma_2^2}$	两个正态母体	$\left(-\infty, F_\alpha(n_2-1, n_1-1) \frac{S_1^{*2}}{S_2^{*2}}\right)$	$\left(F_{1-\alpha}(n_2-1, n_1-1) \frac{S_1^{*2}}{S_2^{*2}}, \infty\right)$

第二章　习　题

1. 设母体 X 具有负指数分布，它的分布密度为

$$f(x)=\begin{cases}\lambda e^{-\lambda x}, & x\geqslant 0\\ 0, & x<0\end{cases}$$

其中 $\lambda>0$。试用矩法求 λ 的估计量。

2. 设母体 X 具有几何分布，它的分布列为

$$P\{X=k\}=(1-p)^{k-1}p,\quad k=1,2,\cdots$$

先用矩法求 p 的估计量，再求 p 的最大似然估计。

3. 设母体 X 具有在区间$[a,b]$上的均匀分布，其分布密度为

$$f(x)=\begin{cases}\dfrac{1}{b-a}, & a\leqslant x\leqslant b\\ 0, & \text{其它}\end{cases}$$

其中 a,b 是未知参数，试用矩法求 a 与 b 的估计量。

4. 设母体 X 的分布密度为

$$f(x)=\begin{cases}\theta x^{\theta-1}, & 0<x<1\\ 0, & \text{其它}\end{cases}$$

其中 $\theta>0$。

(1)求 θ 的最大似然估计量；

(2)用矩法求 θ 的估计量。

5. 设母体 X 的密度为

$$f(x)=\frac{1}{2\sigma}e^{-\frac{|x|}{\sigma}},\quad -\infty<x<\infty$$

试求 σ 的最大似然估计；并问所得估计量是否 σ 的无偏估计。

6. 设母体 X 具有分布密度

$$f(x)=\begin{cases}\dfrac{\beta^k}{(k-1)!}x^{k-1}e^{-\beta x}, & x>0\\ 0, & \text{其它}\end{cases}$$

其中 k 是已知的正整数,试求未知参数 β 的最大似然估计量。

7. 设母体 X 具有均匀分布密度 $f(x)=\frac{1}{\beta}, 0\leqslant x\leqslant\beta$,从中抽得容量为 6 的子样数值 1.3,0.6,1.7,2.2,0.3,1.1,试求母体平均数和方差的最大似然估计量的值。

8. 设母体 X 的分布密度为

$$f(x)=\begin{cases}e^{-(x-\theta)}, & x\geqslant\theta\\ 0, & x<\theta\end{cases}$$

试求 θ 的最大似然估计。

9. 元件无故障的工作时间 X 具有负指数分布 $f(x)=\lambda e^{-\lambda x}$ $(x\geqslant 0)$。取 1 000 个元件工作时间的记录数据,经分组后,得到它的频数分布为

组中值 x_i^*	5	15	25	35	45	55	65
频数 m_i	365	245	150	100	70	45	25

如果各组中数据都取为组中值,试用最大似然法求 λ 的点估计。

10. 设正态母体 X 的分布为 $N(\mu,\sigma^2)$。试在下列情况下用子样极差估计 σ:

(1)取得子样值 1.5,6.2,2,3.3,2.7;

(2)取得容量为 20 的子样,其数值见表 2-2;等分成两组,前 10 个和后 10 个数据各为一组。

11. 从母体 X 中抽取容量为 60 的子样,如果它的频数分布为

x_i^*	1	3	6	26
m_i	8	40	10	2

求母体平均数的无偏估计。

12. 设母体 X 服从正态分布 $N(\mu,1)$,(X_1,X_2) 是从此母体中抽取的一个子样。试验证下面三个估计量

(1) $\hat{\mu}_1=\frac{2}{3}X_1+\frac{1}{3}X_2$

(2) $\hat{\mu}_2=\frac{1}{4}X_1+\frac{3}{4}X_2$

(3) $\hat{\mu}_3=\frac{1}{2}X_1+\frac{1}{2}X_2$

都是 μ 的无偏估计,并求出每个估计量的方差。问哪一个方差最小?

13. 设 $X_1,X_2,\cdots,X_n$ 是具有泊松分布 $P(\lambda)$ 母体的一个子样。试验证:子样方差 S^{*2} 是 λ 的无偏估计;并且对任一值 $\alpha\in[0,1]$, $\alpha\bar{X}+(1-\alpha)S^{*2}$ 也是 λ 的无偏估计,此处 $\bar{X}$ 为子样平均数。

14. 设 $X_1,X_2,\cdots,X_n$ 为母体 $N(\mu,\sigma^2)$ 的一个子样。试选择适当常数 C,使 $C\sum_{i=1}^{n-1}(X_{i+1}-X_i)^2$ 为 σ^2 的无偏估计。

15. 设参数 θ 的无偏估计量为 $\hat{\theta}$,其方差 $D\hat{\theta}$ 依赖于子样容量 n。若 $\lim\limits_{n\to\infty}D\hat{\theta}=0$,试证 $\hat{\theta}$ 是 θ 的相合估计量。

16. 试验证本章§1例4中求得的二项分布 $B(N,p)$ 中的 p 的估计量是优效估计。

17. 设 $X_1,X_2,\cdots,X_n$ 是平均数 μ 为已知的正态母体的一个子样。试用最大似然法求 σ^2 的估计量 $\hat{\sigma}^2$,并验证它是优效估计。

18. 从一批电子管中抽取 100 只,若抽取的电子管的平均寿命为1 000小时,标准差 s 为 40 小时,试求整批电子管的平均寿命的置信区间(给定置信概率为 95%)。

19. 随机地从一批钉子中抽取 16 枚,测得其长度(单位:cm)为 2.14, 2.10, 2.13, 2.15, 2.13, 2.12, 2.13, 2.10, 2.15, 2.12, 2.14, 2.10, 2.13, 2.11, 2.14, 2.11。设钉长分布为正态的,试求母体平均数 μ 的置信概率为 90% 的置信区间:(1)若已知 $\sigma=0.01$ (cm);(2)若 σ 未知。

20. 为估计制造一批钢索所能承受的平均张力,从其中取样做 10 次试验。由试验值算得平均张力为 6 720 kg/cm^2，标准差 s^* 为 220 kg/cm^2。设张力服从正态分布，试求钢索所能承受平均张力的置信概率为 95% 的置信区间。

21. 假定每次试验时，出现事件 A 的概率 p 相同但未知。如果在 60 次独立试验中，事件 A 出现 15 次，试求概率 p 的置信区间(给定置信概率为 0.95)。

22. 对于方差 σ^2 为已知的正态母体，问需抽取容量 n 为多大的子样，才使母体平均数 μ 的置信概率为 $1-\alpha$ 的置信区间的长度不大于 L？

23. 从正态母体中抽取一个容量为 n 的子样，算得子样标准差 s^* 的数值。设(1) $n=10, s^*=5.1$；(2) $n=46, s^*=14$。试求母体标准差 σ 的置信概率为 0.99 的置信区间。

24. 测得一批钢件 20 个样品的屈服点(单位：吨/cm^2)为：
4.98, 5.11, 5.20, 5.20, 5.11, 5.00, 5.61, 4.88, 5.27, 5.38, 5.46, 5.27, 5.23, 4.96, 5.35, 5.15, 5.35, 4.77, 5.38, 5.54
设屈服点服从正态分布，求 μ 和 σ 的置信概率为 95% 的置信区间。这里 μ 和 σ 分别是屈服点母体的平均数和标准差。

25. 设母体 X 服从正态分布 $N(\mu,\sigma^2)$，$\overline{X}$ 和 S_n^2 是子样 $X_1, X_2, \cdots, X_n$ 的平均数和方差；又设 $X_{n+1} \sim N(\mu,\sigma^2)$，且与 $X_1, X_2, \cdots, X_n$ 独立，试求统计量 $\dfrac{X_{n+1}-\overline{X}}{S_n}\sqrt{\dfrac{n-1}{n+1}}$ 的抽样分布。

26. 设 $X_1, X_2, \cdots, X_m$ 和 $Y_1, Y_2, \cdots, Y_n$ 分别是从分布为 $N(\mu_1,\sigma^2)$ 和 $N(\mu_2,\sigma^2)$ 两个母体中抽取的独立随机子样，$\overline{X}$ 和 $\overline{Y}$ 分别表示 X 和 Y 的子样平均数，S_x^* 和 S_y^* 分别表示 X 和 Y 的子样方差。对任意两个固定实数 α 和 β，试求随机变量

$$Y=\frac{\alpha(\overline{X}-\mu_1)+\beta(\overline{Y}-\mu_2)}{\sqrt{\dfrac{mS_x^2+nS_y^2}{m+n-2}}\sqrt{\dfrac{\alpha^2}{m}+\dfrac{\beta^2}{n}}}$$

的概率分布。

27. 从正态母体中抽取一个 $n>45$ 的大子样，利用第一章 2.2 中 χ^2 分布的性质 3，证明方差 σ^2 的置信区间（给定置信概率为 $1-\alpha$）是

$$\left(\frac{S^{*2}}{1+\sqrt{\frac{2}{n-1}}u_{\frac{\alpha}{2}}},\ \frac{S^{*2}}{1-\sqrt{\frac{2}{n-1}}u_{\frac{\alpha}{2}}}\right)$$

28. 对某农作物二个品种 A、B 计算了 8 个地区的亩产量如下：

品种 A　86，87，56，93，84，93，75，79

品种 B　80，79，58，91，77，82，76，66

假定二个品种的亩产量分别服从正态分布，且方差相等。试求平均亩产量之差置信概率为 95% 的置信区间。

29. 随机地从 A 批导线中抽取 4 根，从 B 批导线中抽取 5 根，测得其电阻（单位：欧姆）并计算得：

$$\bar{x}_A = 0.142\,5,\quad 3s_A^{*2} = 0.000\,025$$

$$\bar{x}_B = 0.139\,2,\quad 4s_B^{*2} = 0.000\,021$$

设测试数据分别具有分布 $N(\mu_1,\sigma^2)$ 和 $N(\mu_2,\sigma^2)$。试求 $\mu_1-\mu_2$ 的置信概率为 95% 的置信区间。

30. 从某地区随机地抽取男、女各 100 名，以估计男、女平均高度之差。测量并计算得男子高度的平均数为 1.71m，标准差（s）为 0.035m，女子高度的平均数为 1.67m，标准差（s）为 0.038m。试求置信概率为 95% 男、女高度平均数之差的置信区间。

31. 两台机床加工同一种零件，分别抽取 6 个和 9 个零件，测量其长度计算得 $s_1^{*2}=0.245$，$s_2^{*2}=0.357$。假定各台机床零件长度服从正态分布。试求两个母体方差之比 $\frac{\sigma_1^2}{\sigma_2^2}$ 的置信区间（给定置信概率为 95%）。

32. 试求第 20 题中钢索所能承受平均张力的单侧置信下限（置信概率为 95%）。

33．在一批货物的容量为 100 的子样中，经检验发现 6 个次品。试求这批货物次品率的单侧置信上限（置信概率为 95%）。

34．从一批某种型号电子管中抽出容量为 10 的子样，计算得标准差 $s^*=45$（小时）。设整批电子管寿命服从正态分布。试给出这批管子寿命标准差 σ 的单侧置信上限（置信概率为 95%）。

第三章 假设检验

本章主要介绍假设检验的概念，导出假设检验方法的一般步骤，假设检验中的二类错误，各种参数假设检验方法和分布假设检验方法。

§1 假设检验初述，二类错误

所谓**假设检验**是指在母体上作某项假设，从母体中随机地抽取一个子样，用它检验此项假设是否成立。在母体上的假设可以分成两类，因而相应的假设检验亦可以分成两类：(1) 对母体分布中的参数作某项假设，一般是对母体的数字特征作一项假设，用母体中子样检验此项假设是否成立，称这一类为**参数假设检验**。例如，假设母体平均数等于 5，用母体中一个子样检验此项假设是否成立；又如假设两个母体的平均数相等，用各母体中取得的子样，检验此项假设是否成立。(2)对母体分布作某项假设，用母体中子样检验此项假设是否成立，称这一类为**分布假设检验**。例如，假设母体分布是正态分布，用母体中子样检验此项假设是否成立。本章大部分篇幅将介绍参数假设检验。

下面通过二个例子介绍参数假设检验的方法。

例 1 某食品厂用自动装罐机装罐头食品，每罐标准重量为 500 克。按以前生产经验标准差 σ 为 10 克。每隔一定时间需要检查机器工作情况。现抽取 10 罐，称得其重量为(单位：克)

495，510，505，498，503，492，502，512，497，506

假定重量服从正态分布，试问这段时间机器工作是否正常？

直观上看,可考察子样平均数 $\bar{x}$ 与 500 之差的大小,也就是要确定常数 k,若 $|\bar{x}-500|<k$,则认为机器工作正常;若 $|\bar{x}-500|\geqslant k$,则认为机器工作不正常。

按题意,罐头重量 X 是一个正态母体,其标准差 $\sigma=10$。在此母体上假设平均数是 500 克,用 H_0 表示此项假设,

$$\text{假设 } H_0: \mu = 500$$

于是 X 服从正态分布 $N(500,10^2)$。现在用抽得的子样判断假设 H_0 否成立。若假设成立,则认为生产正常;反之认为不正常。

检验此项假设自然可用子样平均数 $\bar{X}$。在假设 H_0 成立的前提下,$\bar{X}$ 服从正态分布 $N\left(500,\dfrac{10^2}{n}\right)$,因而

$$U=\frac{\bar{X}-500}{\dfrac{10}{\sqrt{n}}}$$

服从标准正态分布 $N(0,1)$。

给定小概率 α(一般取 5%,或 1%,或 10%),由附表 1 可得 $u_{\frac{\alpha}{2}}$,使

$$P\{|U|\geqslant u_{\frac{\alpha}{2}}\}=\alpha$$

即

$$P\left\{\frac{|\bar{X}-500|}{\dfrac{10}{\sqrt{10}}}\geqslant u_{\frac{\alpha}{2}}\right\}=\alpha$$

若取 $\alpha=0.05$,则 $u_{\frac{\alpha}{2}}=1.96$,上式为

$$P\left\{\frac{|\bar{X}-500|}{\dfrac{10}{\sqrt{10}}}\geqslant 1.96\right\}=0.05$$

括号内的事件是小概率事件,平均进行 20 次抽样只发生一次。

进行一次试验后得到子样平均数的值 $\bar{x}$。若 $|\bar{x}-500|\geqslant 1.96\times\dfrac{10}{\sqrt{10}}$,则小概率事件发生,这与实际的推断原理矛盾。因

为按实际推断原理，进行一次抽样小概率事件不可能发生，现在小概率事件竟然发生了。在这种情形，应该拒绝假设 H_0，即不能认为平均罐重等于 500 克，若 $|\bar{x}-500|<1.96\times\frac{10}{\sqrt{10}}$，则可以接受假设 H_0，即能够认为平均罐重等于 500 克。

取 $k=1.96\times\frac{10}{\sqrt{10}}=6.20$。在本例中，$\bar{x}=502$，$|\bar{x}-500|=2$，故 $|\bar{x}-500|<k$，所以这段时间可以认为平均罐重是 500 克，机器工作是正常的。如果在另一段时间取 10 罐称其重量，计算得 $\bar{x}=508$，而 $|\bar{x}-500|>k$，此时不能认为平均罐重是 500 克，亦即机器工作不正常。如果在某日早上换班前后一段时间抽取 10 罐，称其重量并计算得 $\bar{x}=493.9$，而 $|\bar{x}-500|=6.1$，故 $|\bar{x}-500|$ 小于但接近于 k。此时，不宜马上作出结论，应该再进行抽样重新作检验。

需要指出，假设检验的方法是建立在实际推断原理的基础上的，但是仅利用它是不够的，还应该与直观一致。如果在前面按下式作小概率事件，

$$P\left\{\frac{|\bar{X}-500|}{\frac{10}{\sqrt{10}}}\leqslant 0.06\right\}=0.05$$

这里 0.06 是查附表 1 使 $\Phi(x)=0.525$ 成立的 x 数值。对小概率事件 $\left\{|\bar{X}-500|\leqslant 0.06\times\frac{10}{\sqrt{10}}\right\}$，运用实际推断原理，获得如下方法：若 $|\bar{x}-500|\leqslant 0.06\times\frac{10}{\sqrt{10}}$，则拒绝假设 H_0，即不能认为平均罐重等于 500 克；若 $|\bar{x}-500|>0.06\times\frac{10}{\sqrt{10}}$，则接受假设 H_0，即可以认为平均罐重等于 500 克。显然，这与直观相矛盾，所以此种检验方法是不可取的。

现将例 1 中数学模型和检验方法一般化。这个例子的目的是要检验正态母体的平均数。假定母体 X 的分布是 $N(\mu,\sigma^2)$，且

$\sigma^2=\sigma_0^2$(σ_0^2 是已知数)。在母体上作

$$假设\ H_0: \mu = \mu_0(\mu_0\ 是已知数)$$

给定 α(α 是小概率),查附表 1 可得 $u_{\frac{\alpha}{2}}$。进行一次抽样后获得子样平均值 $\bar{x}$。若

$$|\bar{x}-\mu_0| \geqslant u_{\frac{\alpha}{2}} \frac{\sigma_0}{\sqrt{n}}$$

则拒绝假设 H_0,即不能认为母体平均数是 μ_0;若

$$|\bar{x}-\mu_0| < u_{\frac{\alpha}{2}} \frac{\sigma_0}{\sqrt{n}}$$

则接受假设 H_0,即可以认为母体平均数是 μ_0。

例 2 某种产品在通常情况下废品率是 5%。现从生产出的一批中随意地抽取 50 个,检验得知有 4 个废品。问能否认为这批产品的废品率为 5%?(取小概率 $\alpha=5\%$)

这个例子的数学模型如下:母体 X 的分布是二点分布 $B(1,p)$,即

$$P\{X=1\}=p,\ P\{X=0\}=1-p$$

在母体上作

$$假设\ H_0: p = p_0(取\ p_0=0.05)$$

要用子样来检验此项假设是否成立。子样为 $X_1,X_2,\cdots,X_n$,而子样平均数 $\bar{X}=\frac{1}{n}\sum_{i=1}^{n}X_i=\frac{m}{n}$,其中 m 是 n 个产品中废品数,因此它等于子样的废品率。显然,可以用 $\bar{X}$ 检验假设 H_0。

当 n 很大时,由中心极限定理知 $\bar{X}$ 近似服从正态分布,而

$$E\bar{X}=E\frac{m}{n}=p_0,D\bar{X}=\frac{\sigma^2}{n}=\frac{p_0(1-p_0)}{n}$$

故

$$U=\frac{\frac{m}{n}-p_0}{\sqrt{\frac{p_0(1-p_0)}{n}}}$$

近似服从标准正态分布 $N(0,1)$。

给定小概率 α,查附表 1 可得 $u_{\frac{\alpha}{2}}$,使

$$P\{|U| \geqslant u_{\frac{\alpha}{2}}\} \approx \alpha$$

即

$$P\left\{\frac{\left|\frac{m}{n}-p_0\right|}{\sqrt{\frac{p_0(1-p_0)}{n}}} \geqslant u_{\frac{\alpha}{2}}\right\} \approx \alpha$$

上式中花括号内是小概率事件。进行一次抽样后得到子样废品率 $\frac{m}{n}$ 的数值,如果使上面小概率事件发生,那么拒绝假设 H_0;否则接受 H_0。这就是说,若

$$\left|\frac{m}{n}-p_0\right| \geqslant u_{\frac{\alpha}{2}}\sqrt{\frac{p_0(1-p_0)}{n}}$$

则拒绝假设 H_0,即不能认为这批产品的废品率是 p_0;若

$$\left|\frac{m}{n}-p_0\right| < u_{\frac{\alpha}{2}}\sqrt{\frac{p_0(1-p_0)}{n}}$$

则接受假设 H_0,即可以认为这批产品的废品率是 p_0。需要指出,这里得到的假设检验方法,要求 n 很大,即要求抽取的子样是大子样。通常 $n \geqslant 50$ 的子样可以认为是大子样。

在本例中,$n=50, m=4, p_0=0.05$。故

$$\left|\frac{m}{n}-p_0\right| = \left|\frac{4}{50}-0.05\right| = 0.03$$

又 $\alpha=0.05$,而 $u_{\frac{\alpha}{2}}=1.96$,有

$$u_{\frac{\alpha}{2}}\sqrt{\frac{p_0(1-p_0)}{n}} = 1.96\sqrt{\frac{0.05\times0.95}{50}} = 0.06$$

比较得 $\left|\frac{m}{n}-p_0\right| < 0.06$,故接受假设 H_0,即可以认为这批产品的废品率 5%。

假设检验在工程技术中亦称为**差异显著性检验**。在假设检验中,小概率 α 通常取为 5% 或 1%,或 10%。α 称为**显著水平**。例

1 中，接受假设 H_0 可说平均罐重与 500 克无显著差异；拒绝 H_0 可说平均罐重与 500 克有显著差异；而显著水平 α 为 5%。例 2 中，接受假设 H_0 可说废品率与 0.05 无显著差异；拒绝 H_0 可说废品率与 0.05 有显著差异；而显著水平 α 为 5%。

下面通过例 1 对假设检验作些说明。在例 1 中，$\bar{X}$ 服从正态分布 $N\left(\mu_0, \frac{\sigma_0^2}{n}\right)$，接受还是拒绝假设 H_0 可根据 $\bar{x}$ 的值作出判断。

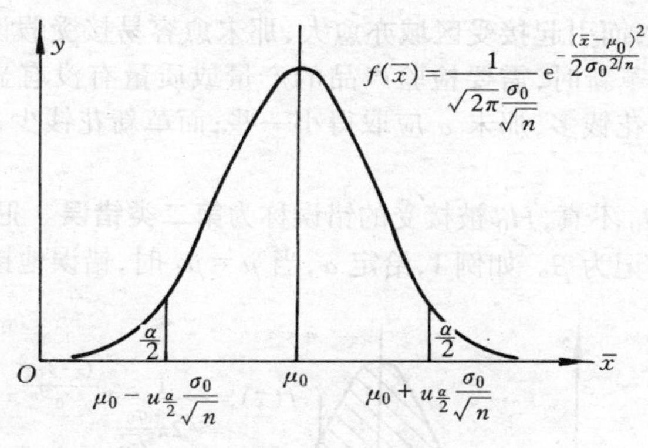

图 3-1

在图 3-1 中，若 $\bar{x}$ 落在 $\left(\mu_0 - u_{\frac{\alpha}{2}}\frac{\sigma_0}{\sqrt{n}}, \mu_0 + u_{\frac{\alpha}{2}}\frac{\sigma_0}{\sqrt{n}}\right)$ 中，则接受 H_0；若 $\bar{x}$ 落在此区间外，则拒绝 H_0。区间 $|\bar{x} - \mu_0| < u_{\frac{\alpha}{2}}\frac{\sigma_0}{\sqrt{n}}$ 称为 $\bar{x}$ 的**接受域**。区域 $|\bar{x} - \mu_0| \geqslant u_{\frac{\alpha}{2}}\frac{\sigma_0}{\sqrt{n}}$ 称为 $\bar{x}$ 的**拒绝域**或**临界域**。点 $\mu_0 - u_{\frac{\alpha}{2}}\frac{\sigma_0}{\sqrt{n}}$ 和 $\mu_0 + u_{\frac{\alpha}{2}}\frac{\sigma_0}{\sqrt{n}}$ 分别称为 $\bar{x}$ 的**临界下限**和**临界上限**，统称**临界限**。

由于假设检验是根据一次抽样得到 $\bar{x}$ 的值，然后对 H_0 是否成立作出判断，这样，判断的结果有可能发生错误。可能把本来成

立的假设 H_0 错误地被拒绝；也可能把本来不成立的假设 H_0 错误地被接受。由于抽样是随机的，犯上述各种错误具有确定的概率。

当 H_0 为真，H_0 被拒绝的错误称为**第一类错误**。犯第一类错误的概率恰好等于显著水平 α①。我们用例 1 说明，当 $\mu=\mu_0$ 成立时，如果 α 取为 5%，那末进行 100 次抽样平均有 5 次使 $|\bar{x}-\mu_0|\geqslant 1.96\frac{\sigma_0}{\sqrt{n}}$发生，即 100 次抽样平均有 5 次拒绝 H_0，因而一次抽样拒绝 H_0 的概率是 5%。如果 α 数值取得愈小，会使 $u_{\frac{\alpha}{2}}$ 的值愈大，而引起接受区域亦愈大，那末愈容易接受假设 H_0。在进行技术革新时，需要检验产品的产量或质量有没有显著改变。如果革新花钱多，那末 α 应取得小一些；而革新花钱少，α 可取得大一些。

当 H_0 不真，H_0 被接受的错误称为**第二类错误**。犯第二类错误的概率记为 β。如例 1，给定 α，当 $\mu=\mu_1$ 时，错误地接受 H_0 的

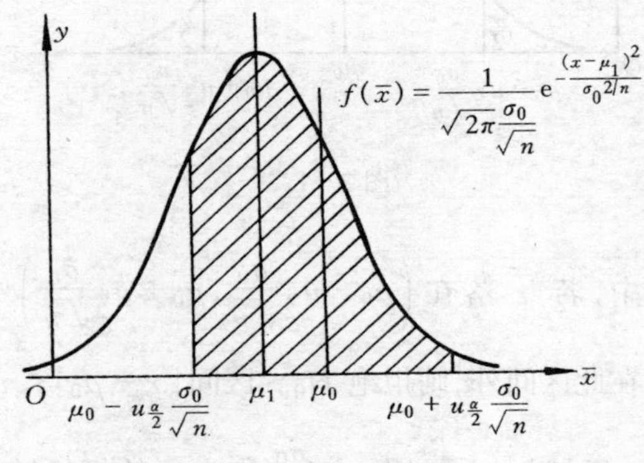

图 3-2

概率 β 等于图 3-2 中画阴影线图形的面积。β 的数值与 μ_1 的值有关。显然，当 n 一定时，如果图 3-2 中 μ_1 离 μ_0 愈远，那末这

① 有些作者把显著水平称为信度。从它的概率意义看，这个名称是不大恰当的。

个面积愈小,即犯第二类错误概率愈小。再讨论 μ_1 不变时, n 对 β 值的影响。为此,计算 β

$$\beta = \frac{1}{\sqrt{2\pi}\frac{\sigma_0}{\sqrt{n}}} \int_{\mu_0 - u_{\frac{\alpha}{2}}\frac{\sigma_0}{\sqrt{n}}}^{\mu_0 + u_{\frac{\alpha}{2}}\frac{\sigma_0}{\sqrt{n}}} \mathrm{e}^{-\frac{(\bar{x}-\mu_1)^2}{2\sigma_0^2/n}} \mathrm{d}\bar{x}$$

$$\overset{\text{令 } t = \frac{\bar{x} - \mu_1}{\sigma_0/\sqrt{n}}}{=\!=\!=\!=} \frac{1}{\sqrt{2\pi}} \int_{\frac{\mu_0 - u_2}{\sigma_0/\sqrt{n}} - \mu_{\frac{\alpha}{2}}}^{\frac{\mu_0 - u_2}{\sigma_0/\sqrt{n}} + \mu_{\frac{\alpha}{2}}} \mathrm{e}^{-\frac{t^2}{2}} \mathrm{d}t$$

这个积分的被积函数是标准正态分布密度,积分区间的中心 $\frac{\mu_0 - u_1}{\sigma_0/\sqrt{n}}$ 随 $n \to \infty$ 而趋向于正或负无穷大,而区间长度与 n 无关,故当 $n \to \infty$ 时, $\beta \to 0$。由此可见,给定 α,加大子样容量,可以减少犯第二类错误的概率。

从图 3-2 还可以看出,当 n 一定时,如果 α 的值取得愈小,引起 $\bar{x}$ 的接受区域愈大, β 的值必定会愈大。因而,一种检验方法在子样容量一定时,希望犯两类错误的概率都很小是难以办到的。

归纳例 1 和例 2,可以得到导出假设检验方法的步骤如下:

(1) 在母体 X 上作假设 H_0;

(2) 找统计量,在 H_0 成立的前提下导出它的概率分布;

(3) 给定显著水平 α,依据直观和实际推断原理作出拒绝区域;

(4) 依据一个子样的数值和拒绝区域,作出接受还是拒绝 H_0 的判断。

假设检验与参数区间估计有着密切联系。首先,参数区间估计中假定参数是未知的,要用子样对它进行估计;而假设检验对参数值作了假设,认为它是已知的,用子样对假设作检验。在某种意义上假设检验是参数区间估计的反面。另外,导出假设检验方法的第二步中所用统计量,与导出参数置信区间所用随机变量函数

在形式上完全相同，而且它们的分布是相同的。如例 1 中检验正态母体平均数，利用

$$U = \frac{\overline{X} - \mu_0}{\sigma_0 / \sqrt{n}}$$

服从标准正态分布 $N(0,1)$；而对正态母体平均数作区间估计利用

$$U = \frac{\overline{X} - \mu}{\sigma_0 / \sqrt{n}}$$

服从标准正态分布 $N(0,1)$。

关于参数假设检验，下面分四种类型作介绍：(1)检验母体平均数；(2)检验两个母体平均数相等；(3)检验母体方差；(4)检验两个母体方差相等。检验时利用正态分布：称为 **u 检验(法)**；利用 χ^2、t 或 F 分布分别称为 **χ^2 检验、t 检验或 F 检验(法)**。

§2 检验母体平均数

2.1 检验正态母体平均数(方差未知)——t 检验

在上节例 1 检验正态母体平均数时，假定母体方差 σ_0^2 是已知的。在实际情形中，一般母体方差并不知道，这时怎样检验母体平均数呢?

假定母体 X 服从正态分布 $N(\mu,\sigma^2)$，其中 σ^2 未知。在母体上作

$$\text{假设 } H_0: \mu = \mu_0 (\mu_0 \text{ 已知})$$

可用 $\overline{X}$ 作检验。由第二章 3.3 知统计量

$$T = \frac{\overline{X} - \mu_0}{\frac{S^*}{\sqrt{n}}}$$

服从自由度为 $n-1$ 的 t 分布。给定显著水平 α，查附表 2 得 $t_{\frac{\alpha}{2}}(n-1)$的值，使

$$P\{|T| \geqslant t_{\frac{\alpha}{2}}(n-1)\} = \alpha$$

即
$$P\left\{\frac{|\bar{X}-\mu_0|}{S^*/\sqrt{n}} \geqslant u_{\frac{\alpha}{2}}(n-1)\right\} = \alpha$$

从一次抽样后所得子样值计算出 $\bar{x}$ 和 s^* 的数值。若

$$|\bar{x}-\mu_0| \geqslant t_{\frac{\alpha}{2}}(n-1)\frac{s^*}{\sqrt{n}}$$

则拒绝假设 H_0,即认为母体平均数与 μ_0 有显著差异;若

$$|\bar{x}-\mu_0| < t_{\frac{\alpha}{2}}(n-1)\frac{s^*}{\sqrt{n}}$$

则接受假设 H_0,即认为母体平均数与 μ_0 无显著差异。

例 1 在上节例 1 中,如果母体标准差并不知道,由抽得的 10 罐重量,检验机器工作是否正常(给定显著水平 $\alpha=5\%$)。

解 与§1 例 1 一样,对母体 X 作假设 $H_0:\mu=500$。现在用 t 检验法作检验。前面已有 $\bar{x}=502$,另外可以计算得到 $s^*=6.50$。由 $\alpha=0.05$,查附表 2 得 $t_{\frac{\alpha}{2}}(9)=2.262\ 2$。又

$$|\bar{x}-500| = 2,\ t_{\frac{\alpha}{2}}(n-1)\frac{s^*}{\sqrt{n}} = 2.26\times\frac{6.50}{\sqrt{10}} = 4.65$$

因而

$$|\bar{x}-500| < t_{\frac{\alpha}{2}}(n-1)\frac{s^*}{\sqrt{n}}$$

故机器工作正常。

2.2 用大子样检验母体平均数——u 检验

设有母体 X,它的分布是任意的,而一、二阶矩存在。记 $EX=\mu, DX=\sigma^2$(σ^2 未知)。在母体上作

假设 $H_0:\mu=\mu_0$(μ_0 已知)

用 $\bar{X}$ 做检验,由第二章 3.2 可得,当 n 很大时,统计量

$$U=\frac{\bar{X}-\mu_0}{\frac{S}{\sqrt{n}}}$$

近似地服从标准正态分布 $N(0,1)$。

给定显著水平 α，存在 $u_{\frac{\alpha}{2}}$ 使

$$P\{|U| \geqslant u_{\frac{\alpha}{2}}\} \approx \alpha$$

即

$$P\left\{\frac{|\overline{X}-\mu_0|}{\frac{S}{\sqrt{n}}} \geqslant u_{\frac{\alpha}{2}}\right\} \approx \alpha$$

由一次抽样后所得子样值计算 $\bar{x}$ 和 s 的数值。若

$$|\bar{x}-\mu_0| \geqslant u_{\frac{\alpha}{2}} \frac{s}{\sqrt{n}}$$

则拒绝 H_0，即认为母体平均数与 μ_0 有显著差异；若

$$|\bar{x}-\mu_0| < u_{\frac{\alpha}{2}} \frac{s}{\sqrt{n}}$$

则接受 H_0，即认为母体平均数与 μ_0 无显著差异。需要指出，这种检验对母体分布形式没有特殊要求，但要求抽取的子样是大子样。

例 2 某电器元件的平均电阻一直保持在 2.64Ω。改变加工工艺后，测得 100 个元件的电阻，计算得平均电阻为 2.62Ω，标准差 s 为 0.06Ω，问新工艺对此元件的（平均）电阻有无显著影响（给定显著水平 $\alpha=0.01$）？

解 改变加工工艺后电器元件的电阻构成一个母体。在此母体上作假设 $H_0: \mu=2.64$，用大子样作检验。已知 $n=100, \bar{x}=2.62, s=0.06$。由 $\alpha=0.01$，查附表 1 得 $u_{\frac{\alpha}{2}}=2.57$。又

$$|\bar{x}-\mu_0|=0.02,\ u_{\frac{\alpha}{2}} \frac{s}{\sqrt{n}}=2.57 \times \frac{0.06}{10}=0.015$$

所以

$$|\bar{x}-\mu_0| > u_{\frac{\alpha}{2}} \frac{s}{\sqrt{n}}$$

故新工艺对元件的（平均）电阻有显著影响。

需要指出，在作参数假设检验后，如果拒绝了假设 H_0，有时还

需要对参数作区间估计,亦即参数区间估计有时是在拒绝假设 H_0 后作的。当然,实际问题本身提出参数区间估计也是有的。

在例 2 中,检验结果新工艺对元件的(平均)电阻有显著影响,现在对采用新工艺后元件的平均电阻 μ 作区间估计。取置信概率为 $1-\alpha=99\%$,则置信下限

$$\bar{x}-u_{\frac{\alpha}{2}}\frac{s}{\sqrt{n}}=2.62-0.015=2.605$$

置信上限

$$\bar{x}+u_{\frac{\alpha}{2}}\frac{s}{\sqrt{n}}=2.62+0.015=2.635$$

而置信区间是(2.605,2.635)。

2.3 检验两个正态母体平均数相等——t 检验

设两个正态母体 X_1 与 X_2 的分布分别为 $N(\mu_1,\sigma_1^2)$ 和 $N(\mu_2,\sigma_2^2)$。假定两个母体的方差相等,记 $\sigma_1^2=\sigma_2^2=\sigma^2$。在两个母体上作

$$\text{假设 } H_0:\mu_1=\mu_2$$

从两个母体中独立地各抽一个子样。记子样容量、平均数和方差分别为 $n_1,\bar{X},S_1^{*2}$ 和 $n_2,\bar{X}_2,S_2^{*2}$。用 $\bar{X}_1-\bar{X}_2$ 检验此项假设是否成立。为此,在第二章 3.5 T 的表达式中取 $\mu_1=\mu_2$,知

$$T=\frac{\bar{X}_1-\bar{X}_2}{\sqrt{\frac{1}{n_1}+\frac{1}{n_2}}S^*}$$

服从自由度为 n_1+n_2-2 的 t 分布,其中

$$S^*=\sqrt{\frac{(n_1-1)S_1^{*2}+(n_2-1)S_2^{*2}}{n_1+n_2-2}}$$

给定显著水平 α,由附表 2 可得 $t_{\frac{\alpha}{2}}(n_1+n_2-2)$,使

$$P\{|T|\geqslant t_{\frac{\alpha}{2}}(n_1+n_2-2)\}=\alpha$$

即

$$P\left\{\frac{|\bar{X}_1-\bar{X}_2|}{\sqrt{\frac{1}{n_1}+\frac{1}{n_2}}S^*}\geqslant t_{\frac{\alpha}{2}}(n_1+n_2-2)\right\}=\alpha$$

由一次抽样后所得子样值计算得到 $\bar{x}_1, \bar{x}_2, s^*$ 的数值。若

$$|\bar{x}_1 - \bar{x}_2| \geqslant t_{\frac{\alpha}{2}}(n_1 + n_2 - 2)\sqrt{\frac{1}{n_1} + \frac{1}{n_2}}s^*$$

则拒绝假设 H_0,即认为两个母体平均数有显著差异;若

$$|\bar{x}_1 - \bar{x}_2| < t_{\frac{\alpha}{2}}(n_1 + n_2 - 2)\sqrt{\frac{1}{n_1} + \frac{1}{n_2}}s^*$$

则接受假设 H_0,即认为两个母体平均数无显著差异。

注意,这里导出检验两个母体平均数相等的方法,要作两个正态母体方差相等的假定。而检验两个正态母体方差相等是否成立的方法将在本章 3.2 中介绍。

例 3 对用二种不同热处理方法加工的金属材料做抗拉强度试验,得到的试验数据如下:(单位:公斤/厘米^2)

甲种方法 31,34,29,26,32,35,38,34,30,29,32,31

乙种方法 26,24,28,29,30,29,32,26,31,29,32,28

设用二种热处理方法加工的金属材料抗拉强度各构成正态母体,且二个母体方差相等。给定显著水平 $\alpha=5\%$,问二种方法所得金属材料的(平均)抗拉强度有无显著差异?

解 把各种热处理法加工的金属材料抗拉强度分别看成母体。本题是检验假设 $H_0: \mu_1 = \mu_2$ 的问题。子样容量 $n_1 = n_2 = 12$。通过计算可得

$$\bar{x}_1 = 31.75,\ \bar{x}_2 = 28.67$$

$$(n_1 - 1)s_1^{*2} = 112.25,\ (n_2 - 1)s_2^{*2} = 66.64$$

$$s^{*2} = \frac{112.25 + 66.64}{12 + 12 - 2} = 8.131$$

$$s^* = 2.85$$

又 $\alpha=0.05$,查附表 2 得 $t_{\frac{\alpha}{2}}(22)=2.074$,计算

$$|\bar{x}_1 - \bar{x}_2| = |31.75 - 28.67| = 3.08$$

和 $t_{\frac{\alpha}{2}}(n_1 + n_2 - 2)\sqrt{\frac{1}{n_1} + \frac{1}{n_2}}s^* = 2.074 \times \sqrt{\frac{1}{12} + \frac{1}{12}} \times 2.85 =$

2.413因而$|\bar{x}_1-\bar{x}_2|\geqslant 2.413$，所以两种热处理方法加工的金属材料(平均)抗拉强度有显著差异。

例 4 比较两种安眠药 A 与 B 的疗效。以 10 个失眠患者为实验对象。以 X_1 表示使用 A 后延长的睡眠时间，X_2 表示用 B 后延长的睡眠时间。对每个患者各服两种药分别实验一次，数据如下：(单位：小时)

表 3-1

患者	1	2	3	4	5	6	7	8	9	10
X_1	1.9	0.8	1.1	0.1	−0.1	4.4	5.5	1.6	4.6	3.4
X_2	0.7	−1.6	−0.2	−1.2	−0.1	3.4	3.7	0.8	0	2.0
$X=X_1-X_2$	1.2	2.4	1.3	1.3	0	1.0	1.8	0.8	4.6	1.4

给定显著水平 $\alpha=1\%$，试问两种药的疗效有无显著差异？

解 如果把 X_1 和 X_2 看作两个母体的数量指标，而表 3-1 中 X_1 栏和 X_2 栏的数据分别看成从各个母体中取得的子样，那末检验两种药的疗效是否相等，可以看作检验两个母体平均数是否相等。但是对同一人使用各种药后延长的睡眠时间会有联系，如对重患者都延长得少，而对轻患者都延长得多，所以这两个子样不能认为是相互独立的简单随机子样。因而，考虑数量指标

$$X = X_1 - X_2$$

假定母体 X 具有正态分布 $N(\mu,\sigma^2)$。在母体上作

$$\text{假设 } H_0:\mu = 0$$

用表 3-1 中 X 的 10 个子样值进行检验。先算得

$$\bar{x} = 1.580,\ s^* = 1.230$$

又 $\alpha=0.01$；查表得 $t_{\frac{\alpha}{2}}(9)=3.25$，再算得

$$t_{\frac{\alpha}{2}}(n-1)\frac{s^*}{\sqrt{n}} = 3.25\times\frac{1.230}{\sqrt{10}} = 1.26$$

易见 $|\bar{x}|>1.26$，故两种药的疗效有显著差异。

如果两种安眠药各在 10 名患者身上作实验，共抽 20 名患者。

此时，只能够把 X_1 与 X_2 看作两个母体的数量指标，需假定两个母体的分布是正态的，且方差相等。检验两种药的疗效有无显著差异归结为检验两个母体平均数是否相等。如果服用两种药后延长的睡眠时间还是表 3-1 中的数据，但是需把患者一行删去。把这两个子样看作独立的简单随机子样。给定 $\alpha=1\%$，用本段中方法作检验，结果为两种药的疗效没有显著差异。由此可见，同样的数据，看成由不同方法得来，采用不同的数学模型和检验方法，所得到的结果是不相同的。

2.4 用大子样检验两个母体平均数相等——u 检验

设有两个母体 X_1 和 X_2，它们的分布是任意的，而一、二阶矩存在。在两个母体上作

$$\text{假设 } H_0: \mu_1 = \mu_2$$

现在独立地从各母体中取得一个子样，子样容量、平均数、方差分别为 $n_1, \bar{X}_1, S_1^2$ 和 $n_2, \bar{X}_2, S_2^2$。由第二章 3.4 知道，当 n_1 和 n_2 都很大时，

$$U = \frac{\bar{X}_1 - \bar{X}_2}{\sqrt{\dfrac{S_1^2}{n_1} + \dfrac{S_2^2}{n_2}}}$$

近似地服从正态分布 $N(0,1)$。

给定 α，查附表 1 可得 $u_{\frac{\alpha}{2}}$，使

$$P\left\{\frac{|\bar{X}_1 - \bar{X}_2|}{\sqrt{\dfrac{S_1^2}{n_1} + \dfrac{S_2^2}{n_2}}} \geqslant u_{\frac{\alpha}{2}}\right\} \approx \alpha$$

一次抽得两个大子样后，计算得到 $\bar{x}_1, s_1^2, \bar{x}_2, s_2^2$ 的数值。若

$$|\bar{x}_1 - \bar{x}_2| \geqslant u_{\frac{\alpha}{2}} \sqrt{\frac{s_1^2}{n_1} + \frac{s_2^2}{n_2}}$$

则拒绝 H_0，即认为两个母体平均数有显著差异；若

$$|\bar{x}_1 - \bar{x}_2| < u_{\frac{\alpha}{2}} \sqrt{\frac{s_1^2}{n_1} + \frac{s_2^2}{n_2}}$$

则接受 H_0,即认为两个母体平均数无显著差异。

例 5 在二种工艺条件下纺得细纱,各抽 100 个试样,试验得强力数据,经计算得:(单位:克)

甲工艺 $n_1=100, \bar{x}_1=280, s_1=28$

乙工艺 $n_2=100, \bar{x}_2=286, s_2=28.5$

试问二种工艺条件下细纱强力有无显著差异(取 $\alpha=5\%$)?

解 按题意,这是检验两个母体平均数相等的问题。计算得

$$|x_1-x_2|=6$$

$$u_{\frac{\alpha}{2}}\sqrt{\frac{s_1^2}{n_1}+\frac{s_2^2}{n_2}}=1.96\times\sqrt{\frac{28^2+28.5^2}{100}}=7.83$$

易见 $|\bar{x}_1-\bar{x}_2|<7.83$,故二种工艺条件下细纱强力无显著差异。

§3 检验母体方差

3.1 检验正态母体的方差——χ^2 检验

设母体 X 具有正态分布 $N(\mu,\sigma^2)$。在母体上作

$$\text{假设 } H_0:\sigma^2=\sigma_0^2(\sigma_0^2 \text{ 是已知数})$$

用母体中抽出的一个子样检验此假设是否成立。显然可以用子样方差 S^{*2} 作检验,由第二章 3.6 知

$$\chi^2=(n-1)\frac{S^{*2}}{\sigma^2}$$

服从自由度为 $n-1$ 的 χ^2 分布。

给定显著水平 α,查附表 3 可得 $\chi^2_{\frac{\alpha}{2}}(n-1)$ 与 $\chi^2_{1-\frac{\alpha}{2}}(n-1)$ 的值,使

$$P\left\{\chi^2\leqslant\chi^2_{1-\frac{\alpha}{2}}(n-1)\right\}=P\left\{\chi^2\geqslant x^2_{\frac{\alpha}{2}}(n-1)\right\}=\frac{\alpha}{2}$$

即

$$P\left\{\chi^2_{1-\frac{\alpha}{2}}(n-1)<\chi^2<x^2_{\frac{\alpha}{2}}(n-1)\right\}=1-\alpha$$

进行一次抽样后计算得子样方差 s^{*2}的数值。若

$$(n-1)\frac{s^{*2}}{\sigma_0^2} \leqslant \chi^2_{1-\frac{\alpha}{2}}(n-1) \text{ 或 } (n-1)\frac{s^{*2}}{\sigma_0^2} \geqslant \chi^2_{\frac{\alpha}{2}}(n-1)$$

则拒绝 H_0,即认为母体方差与 σ_0^2 有显著差异;若

$$\chi^2_{1-\frac{\alpha}{2}}(n-1) < (n-1)\frac{s^{*2}}{\sigma_0^2} < \chi^2_{\frac{\alpha}{2}}(n-1)$$

则接受 H_0,即认为母体方差与 σ_0^2 无显著差异。

例 1 一细纱车间纺出某种细纱支数标准差为 1.2。从某日纺出的一批细纱中,随机地抽 16 缕进行支数测量,算得子样标准差 s^* 为 2.1,问纱的均匀度有无显著变化(取 $\alpha=5\%$)? 假定母体分布是正态的。

解 该日纺出纱的支数构成一个正态母体,按题意要检验假设 $H_0:\sigma^2=1.2^2$ 是否成立。计算

$$\chi^2 = (n-1)\frac{s^{*2}}{\sigma_0^2} = 15\times\frac{(2.1)^2}{(1.2)^2} = 45.94$$

由 $\alpha=0.05$,查附表 3 得 $\chi^2_{0.975}(15)=6.262$, $\chi^2_{0.025}(15)=27.488$,易见 $\chi^2>27.488$,因而这天细纱均匀度有显著变化。

3.2 检验两个正态母体方差相等——*F* 检验

设母体 X_1 和 X_2 分别服从正态分布 $N(\mu_1,\sigma_1^2)$和 $N(\mu_2,\sigma_2^2)$。在两个母体上作

$$\text{假设 } H_0:\sigma_1^2=\sigma_2^2$$

现在独立地分别从各母体中抽取一个子样,子样容量及子样方差分别为 n_1, S_1^{*2} 和 n_2, S_2^{*2}。显然可用 S_1^{*2} 和 S_2^{*2} 检验此假设。在第二章 3.7 中知道统计量

$$F=\frac{S_1^{*2}/\sigma_1^2}{S_2^{*2}/\sigma_2^2}=\frac{S_1^{*2}}{S_2^{*2}}$$

服从自由度为(n_1-1, n_2-1)的 F 分布。

给定显著水平 α,利用附表 4 可得 $F_{1-\frac{\alpha}{2}}(n_1-1, n_2-1)$和

$F_{\frac{\alpha}{2}}(n_1-1,n_2-1)$的值,使

$$P\{F_{1-\frac{\alpha}{2}}(n_1-1,n_2-1)<F<F_{\frac{\alpha}{2}}(n_1-1,n_2-1)\}=1-\alpha$$

一次抽样后计算出 s_1^{*2} 和 s_2^{*2} 的数值,从而可得两者之比 F 的值。若

$$F \leqslant F_{1-\frac{\alpha}{2}}(n_1-1,n_2-1) \text{ 或 } F \geqslant F_{\frac{\alpha}{2}}(n_1-1,n_2-1)$$

则拒绝 H_0,即认为两个母体方差有显著差异;若

$$F_{1-\frac{\alpha}{2}}(n_1-1,n_2-1)<F<F_{\frac{\alpha}{2}}(n_1-1,n_2-1)$$

则接受 H_0,即认为两个母体方差无显著差异。

例 2 甲、乙二台机床加工同一种轴。从这二台机床加工的轴中分别随机地抽取若干根,测得直径(单位:毫米)为:

机床甲　20.5,19.8,19.7,20.4,20.1,20.0,19.0,19.9

机床乙　19.7,20.8,20.5,19.8,19.4,20.6,19.2

假定各台机床加工轴的直径分别构成正态母体。试比较甲、乙二台机床加工的精度有无显著差异(取 $\alpha=5\%$)。

解 按题意,本题是检验两个正态母体方差是否相等的问题。计算可得:

$$n_1=8,\bar{x}_1=19.93,s_1^{*2}=0.216$$
$$n_2=7,\bar{x}_2=20.00,s_2^{*2}=0.397$$

因而

$$F=\frac{s_1^{*2}}{s_2^{*2}}=\frac{0.216}{0.397}=0.544$$

给定 $\alpha=0.05$,查附表 4 得 $F_{0.025}(7,6)=5.70$,$F_{0.025}(6,7)=5.12$,于是

$$F_{0.975}(7,6)=\frac{1}{F_{0.025}(6,7)}=\frac{1}{5.12}=0.195$$

易见 $F_{0.975}(7,6)<F<F_{0.025}(7,6)$,故认为两个正态母体方差无显著差异。

在检验假设 $H_0:\sigma_1^2=\sigma_2^2$ 时,可以采用下面的简便方法。注意

到附表 4 中 $F_\alpha(n_1, n_2)$的值都是大于 1 的，因而 F 检验的临界上限$F_{\frac{\alpha}{2}}(n_1-1, n_2-1)>1$，而临界下限 $F_{1-\frac{\alpha}{2}}(n_1-1, n_2-1)=\dfrac{1}{F_{\frac{\alpha}{2}}(n_2-1, n_1-1)}<1$，故 1 在区间

$$(F_{1-\frac{\alpha}{2}}(n_1-1, n_2-1), F_{\frac{\alpha}{2}}(n_1-1, n_2-1))$$

之中，见图 3-3。两个母体的顺序可以随意地确定，我们不妨取子样方差大的母体为第一母体，子样方差小的母体为第二母体。

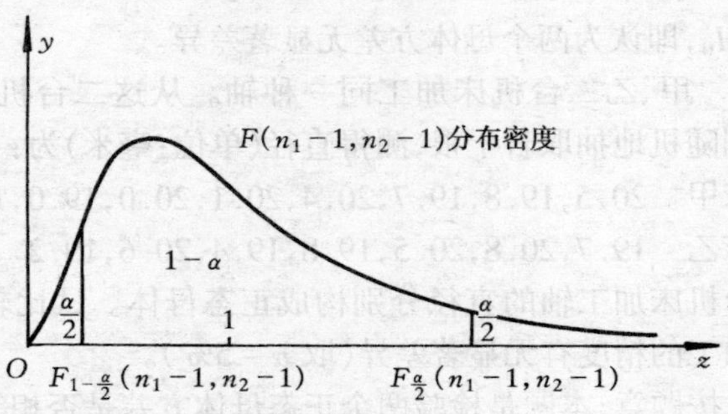

图 3-3

如此，

$$F=\frac{s_1^{*2}}{s_2^{*2}}>1$$

考察 F 是否在区间$(F_{1-\frac{\alpha}{2}}(n_1-1, n_2-1), F_{\frac{\alpha}{2}}(n_1-1, n_2-1))$中，只要看 F 的数值是否超过$F_{\frac{\alpha}{2}}(n_1-1, n_2-1)$值就可以了。若

$$F \geqslant F_{\frac{\alpha}{2}}(n_1-1, n_2-1)$$

则拒绝假设 H_0；若

$$F < F_{\frac{\alpha}{2}}(n_1-1, n_2-1)$$

则接受假设 H_0。通常采用此法检验两个正态母体方差是否相等，这样可以省去计算 $F_{1-\frac{\alpha}{2}}(n_1-1, n_2-1)$值的步骤。

在例 2 中，乙机床加工轴的直径的子样方差大于甲机床，故可取乙机床加工轴的直径为第一母体，甲机床为第二母体。因而

$$n_1 = 7,\ \bar{x}_1 = 20,\ s_1^{*2} = 0.397$$

$$n_2 = 8,\ \bar{x}_2 = 19.93,\ s_2^{*2} = 0.216$$

于是
$$F = \frac{s_1^{*2}}{s_2^{*2}} = \frac{0.397}{0.216} = 1.84$$

查表得 $F_{0.025}(6,7) = 5.17$，从而有 $F < F_{0.025}(6,7)$。由此可见，两台机床加工精度无显著差异，所得结果与用前法所得结果相同。

需要指出，本章 2.3 中检验两个正态母体平均数相等，以及第二章 3.5 中对两个正态母体平均数之差作区间估计，都需要假定两个母体的方差相等。这条假定可以用上面的 F 检验法作检验。例如在本章 2.3 的例 3 中，需要先检验两个正态母体方差相等。为此，计算得 $F = \frac{s_1^{*2}}{s_2^{*2}} = \frac{10.20}{6.06} = 1.68$。取 $\alpha = 0.05$，查表得 $F_{0.025}(11,11) = 3.48$。易见 $F < 3.48$，故知两个母体方差相等。因而，用 t 检验法检验两个正态母体平均数是否相等是合理的。

这二节中在母体上作的假设 H_0 形式为：$\mu = \mu_0, \sigma^2 = \sigma_0^2, \mu_1 = \mu_2, \sigma_1^2 = \sigma_2^2$。假设 H_0 亦称为**原假设或零假设**。原假设 H_0 的对立情形，称为**备择假设或对立假设**，记为 H_1。例如

$$H_0: \mu = \mu_0,\ H_1: \mu \neq \mu_0;$$

$$H_0: \mu_1 = \mu_2,\ H_1: \mu_1 \neq \mu_2;$$

$$H_0: \sigma^2 = \sigma_0^2,\ H_1: \sigma^2 \neq \sigma_0^2;$$

$$H_0: \sigma_1^2 = \sigma_2^2,\ H_1: \sigma_1^2 \neq \sigma_2^2;$$

因而原假设 H_0 和备择假设 H_1 是成对出现的。这些假设中每一对都称为**双侧假设**，因为表示 H_1 的参数区域都在表示 H_0 的参数区域的两侧。如 $H_0: \mu = \mu_0, H_1: \mu \neq \mu_0$ 这对假设，区域 $\{\mu: \mu \neq \mu_0\}$ 在 $\mu = \mu_0$ 点的两侧。

下面介绍另一类假设检验。

§4 单侧假设检验

在实际问题中还会遇到假设 H_0 的形式为 $\mu \leqslant \mu_0, \mu \geqslant \mu_0, \sigma^2 \leqslant \sigma_0^2, \mu_1 \leqslant \mu_2, \sigma_1^2 \leqslant \sigma_2^2$ 等。此时,假设 H_0 仍可称为**原假设**或**零假设**;它的对立情形,称为**备择假设**或**对立假设**,记为 H_1。由 H_0 与相应的 H_1 构成的一对假设,称为**单侧假设**。如

(1) 某种产品要求废品率不高于 5%。今从一批产品中随机地取 50 个,检查到 4 个废品,问这批产品是否符合要求? 此例在母体上可作假设 $H_0: p \leqslant 0.05$,它的对立情形是 $H_1: p > 0.05$,为备择假设。

(2) 某种金属经热处理后平均抗拉强度为 42 公斤/厘米^2。今改变热处理方法,取一个子样,问抗拉强度有无显著提高? 此例在母体上可作假设 $H_0: \mu \leqslant 42$,备择假设 $H_1: \mu > 42$。

(3) 一台机床加工出来的轴平均椭圆度是 0.095 毫米,在机床进行调整后取一个子样,问(平均)椭圆度是否显著降低? 此例在母体上可作假设 $H_0: \mu \geqslant 0.095$,备择假设 $H_1: \mu < 0.095$。

(4) 某电工器材厂生产一种保险丝,规定保险丝熔化时间(单位:小时)的方差不超过 400。今从一批产品中抽得一个子样,问这批产品的方差是否符合要求? 此例在母体上可作假设 $H_0: \sigma^2 \leqslant 400$,备择假设 $H_1: \sigma^2 > 400$。

(5) 一细纱车间纺出细纱支数的标准差为 1.2,在某天纺出的细纱中取一个子样,问这天纱的均匀度是否变劣? 在母体上可作假设 $H_0: \sigma \leqslant 1.2$,备择假设 $H_1: \sigma > 1.2$。

(6) 检验某种产品经技术革新后平均日产量有没有显著提高,可在革新前和革新后随意地各记录若干天日产量。如果把革新前日产量看成第一母体,革新后看成第二母体,此例需检验 $H_0: \mu_1 \geqslant \mu_2$,备择假设 $H_1: \mu_1 < \mu_2$。

通过上面一些例子可见,检验成批产品质量是否符合某一类

规格要求，检验技术革新或改变工艺后产品质量有无显著提高，或成本有无显著降低等，都属于单侧假设检验问题。习惯上规定，在检验产品质量是否合格时，原假设 H_0 取为合格的情况，如上面(1)、(4)；在技术革新或改变工艺后；检验某参数值有无显著变大(或变小)，原假设 H_0 总取不变大(或不变小)情形，即保守情形，如上面(2)、(3)、(5)、(6)。

对单侧假设，表示 H_1 的参数区域总在表示 H_0 的参数区域的一侧，如(2)中 $\{\mu:\mu>42\}$ 在 $\{\mu:\mu\leqslant 42\}$ 的右侧。“单侧”假设的名称由此而来。

单侧假设检验方法导出的步骤类似于双侧假设检验，主要区别在第三步，由显著水平 α 作小概率事件时需依据 H_1 来做。下面通过二个例子介绍单侧检验方法。

例 1 一台机床加工轴的平均椭圆度是 0.095 毫米，机床经过调整后取 20 根轴测量其椭圆度，计算得 $\bar{x}=0.081$ 毫米，标准差 $s^*=0.025$ 毫米。问调整后机床加工轴的(平均)椭圆度有无显著降低(取 $\alpha=5\%$)？这里假定调整后机床加工轴的椭圆度是正态母体。

解 按题意，要检验

$$H_0:\mu\geqslant\mu_0;\ H_1:\mu<\mu_0(\text{取 } \mu_0=0.095)$$

我们可用 $\bar{X}$ 作检验。由本章 2.1 知，在 $\mu=\mu_0$ 的前提下统计量

$$T=\frac{\bar{X}-\mu_0}{S^*/\sqrt{n}}$$

服从自由度为 $n-1$ 的 t 分布[①]。给定 α，由附表 2 可查得 $t_\alpha(n-1)$ 的值，使

$$P\{T\leqslant -t_\alpha(n-1)\}=\alpha$$

即 $\left\{\bar{X}\leqslant\mu_0-t_\alpha(n-1)\frac{S^*}{\sqrt{n}}\right\}$ 是概率为 α 的小概率事件。直观上看，

---

① 在导出双侧假设检验方法时，第二步为 H_0 成立前提下导出 T 的分布。在推导单侧假设检验方法时，“H_0 成立前提下”应改为“$\mu=\mu_0$ 前提下”。

一次抽样后得到 $\bar{x}$ 和 s^* 的值,如果满足 $\bar{x}\leqslant\mu_0-t_\alpha(n-1)\dfrac{s^*}{\sqrt{n}}$,此时认为 $\mu<\mu_0$ 较合理,即应该拒绝 H_0 而接受 H_1。因此,可以得到下列检验方法:若

$$\bar{x}\leqslant\mu_0-t_\alpha(n-1)\frac{s^*}{\sqrt{n}}$$

则拒绝 H_0,即认为 $\mu<\mu_0$;若

$$\bar{x}>\mu_0-t_\alpha(n-1)\frac{s^*}{\sqrt{n}}$$

则接受 H_0,即认为 $\mu\geqslant\mu_0$。

在本例中,$\mu_0=0.095, n=20, \bar{x}=0.081, s^*=0.025$;又查表得 $t_{0.05}(19)=1.729\,1$,计算

$$\mu_0-t_\alpha(n-1)\frac{s^*}{\sqrt{n}}=0.095-1.729\,1\times\frac{0.025}{\sqrt{20}}=0.085$$

易见 $\bar{x}<0.085$,所以拒绝 H_0,即认为机床调整后加工轴的椭圆度有显著降低。

例 2 改进某种金属的热处理方法,要检验抗拉强度(单位:公斤/厘米^2)有无显著提高。在改进前取 12 个试样,测量并计算得 $\bar{x}_1=28.67,(n_1-1)s_1^{*2}=66.64$;在改进后又取 12 个试样,测量并计算得 $\bar{x}_2=31.75,(n_2-1)s_2^{*2}=112.25$。假定热处理前与热处理后金属抗拉强度分别为正态母体,且母体方差相等。问热处理后抗拉强度有无显著提高($\alpha=5\%$)?

解 按题意,要检验

$$\text{假设 } H_0:\mu_1\geqslant\mu_2,\ H_1:\mu_1<\mu_2$$

我们用两个子样作检验。由本章 2.3 知道在 $\mu_1=\mu_2$ 的前提下统计量

$$T=\frac{\bar{X}_1-\bar{X}_2}{\sqrt{\dfrac{1}{n_1}+\dfrac{1}{n_2}}S^*}$$

服从自由度为 n_1+n_2-2 的 t 分布,其中

$$S^* = \sqrt{\frac{(n_1-1)S_1^{*2}+(n_2-1)S_2^{*2}}{n_1+n_2-2}}$$

给定显著水平 α,查附表2得 $t_\alpha(n_1+n_2-2)$的值,使

$$P\{T \leqslant -t_\alpha(n_1+n_2-2)\} = \alpha$$

即$\{\overline{X}_1-\overline{X}_2 \leqslant -t_\alpha(n_1+n_2-2)S^{*2}\}$是概率为 α 的小概率事件。一次抽样后分别算得 $\bar{x}_1,\bar{x}_2$ 和 s^* 的值。如果满足 $\bar{x}_1-\bar{x}_2 \leqslant -t_\alpha(n_1+n_2-2)\sqrt{\frac{1}{n_1}+\frac{1}{n_2}}s^*$,此时认为 $\mu_1<\mu_2$ 成立较合理。因而可得下列检验方法:若

$$\bar{x}_1-\bar{x}_2 \leqslant -t_\alpha(n_1+n_2-2)\sqrt{\frac{1}{n_1}+\frac{1}{n_2}}s^*$$

则拒绝 H_0,即认为 $\mu_1<\mu_2$;若

$$\bar{x}_1-\bar{x}_2 > -t_\alpha(n_1+n_2-2)\sqrt{\frac{1}{n_1}+\frac{1}{n_2}}s^*$$

则接受 H_0,即认为 $\mu_2 \geqslant \mu_2$。

在本例中,$\bar{x}_1-\bar{x}_2=28.67-31.75=-3.08$,经计算得 $s^*=2.85$,进而有

$$-t_\alpha(n_1+n_2-2)\sqrt{\frac{1}{n_1}+\frac{1}{n_2}}s^*$$

$$=-1.734\,1\times\sqrt{\frac{1}{12}+\frac{1}{12}}\times 2.85=-2.02$$

易见 $\bar{x}_1-\bar{x}_2<-2.02$,故拒绝 H_0,即认为改进热处理方法后抗拉强度有显著提高。

在作单侧假设检验后拒绝 H_0 时,有时还要作单侧区间估计,此处不再详细介绍。

最后,将参数假设检验小结于表3-2中。

表 3-2

H_0	H_1	对母体（或子样）要求	拒绝区域	所用统计量及其分布
$\mu=\mu_0$	$\mu\neq\mu_0$	正态母体，σ_0^2 已知	$\lvert\bar{x}-\mu_0\rvert\geqslant u_{\frac{\alpha}{2}}\frac{\sigma_0}{\sqrt{n}}$	$U=\frac{\bar{X}-\mu_0}{\sigma_0/\sqrt{n}}\sim N(0,1)$
$\mu\leqslant\mu_0$	$\mu>\mu_0$		$\bar{x}-\mu_0\geqslant u_{\alpha}\frac{\sigma_0}{\sqrt{n}}$	
$\mu\geqslant\mu_0$	$\mu<\mu_0$		$\bar{x}-\mu_0\leqslant -u_{\alpha}\frac{\sigma_0}{\sqrt{n}}$	
$\mu=\mu_0$	$\mu\neq\mu_0$	正态母体	$\lvert\bar{x}-\mu_0\rvert\geqslant t_{\frac{\alpha}{2}}(n-1)\frac{s^*}{\sqrt{n}}$	$T=\frac{\bar{X}-\mu_0}{s^*/\sqrt{n}}\sim t(n-1)$
$\mu\leqslant\mu_0$	$\mu>\mu_0$		$\bar{x}-\mu_0\geqslant t_{\alpha}(n-1)\frac{s^*}{\sqrt{n}}$	
$\mu\geqslant\mu_0$	$\mu<\mu_0$		$\bar{x}-\mu_0\leqslant -t_{\alpha}(n-1)\frac{s^*}{\sqrt{n}}$	
$\mu=\mu_0$	$\mu\neq\mu_0$	大子样	$\lvert\bar{x}-\mu_0\rvert\geqslant u_{\frac{\alpha}{2}}\frac{s}{\sqrt{n}}$	$U=\frac{\bar{X}-\mu_0}{s/\sqrt{n}}\overset{\text{近似}}{\sim} N(0,1)$
$\mu\leqslant\mu_0$	$\mu>\mu_0$		$\bar{x}-\mu_0\geqslant u_{\alpha}\frac{s}{\sqrt{n}}$	
$\mu\geqslant\mu_0$	$\mu<\mu_0$		$\bar{x}-\mu_0\leqslant -u_{\alpha}\frac{s}{\sqrt{n}}$	

续表 3-2

H_0	H_1	对母体(或子样)要求	拒绝区域	所用统计量及其分布
$\mu_1=\mu_2$	$\mu_1\neq\mu_2$	两正态母体，方差相等	$\lvert\bar{x}_1-\bar{x}_2\rvert\geqslant t_{\frac{\alpha}{2}}(n_1+n_2-2)\sqrt{\frac{1}{n_1}+\frac{1}{n_2}}s^*$	$T=\frac{\bar{X}_1-\bar{X}_2}{\sqrt{\frac{1}{n_1}+\frac{1}{n_2}}s^*}\sim t(n_1+n_2-2)$
$\mu_1\leqslant\mu_2$	$\mu_1>\mu_2$		$\bar{x}_1-\bar{x}_2\geqslant t_\alpha(n_1+n_2-2)\sqrt{\frac{1}{n_1}+\frac{1}{n_2}}s^*$	
$\mu_1\geqslant\mu_2$	$\mu_1<\mu_2$		$\bar{x}_1-\bar{x}_2\leqslant -t_\alpha(n_1+n_2-2)\sqrt{\frac{1}{n_1}+\frac{1}{n_2}}s^*$	
$\mu_1=\mu_2$	$\mu_1\neq\mu_2$	大子样	$\lvert\bar{x}_1-\bar{x}_2\rvert\geqslant u_{\frac{\alpha}{2}}\sqrt{\frac{s_1^2}{n_1}+\frac{s_2^2}{n_2}}$	$U=\frac{\bar{X}_1-\bar{X}_2}{\sqrt{\frac{s_1^2}{n_1}+\frac{s_2^2}{n_2}}}\overset{\text{近似}}{\sim}N(0,1)$
$\mu_1\leqslant\mu_2$	$\mu_1>\mu_2$		$\bar{x}_1-\bar{x}_2\geqslant u_\alpha\sqrt{\frac{s_1^2}{n_1}+\frac{s_2^2}{n_2}}$	
$\mu_1\geqslant\mu_2$	$\mu_1<\mu_2$		$\bar{x}_1-\bar{x}_2\leqslant -u_\alpha\sqrt{\frac{s_1^2}{n_1}+\frac{s_2^2}{n_2}}$	

续表 3-2

H_0	H_1	对母体（或子样）要求	拒绝区域	所用统计量及其分布
$\sigma^2=\sigma_0^2$	$\sigma^2\neq\sigma_0^2$	正态母体	$(n-1)\frac{s^{*2}}{\sigma_0^2}\geqslant\chi^2_{\frac{\alpha}{2}}(n-1)$或$(n-1)\frac{s^{*2}}{\sigma_0^2}\leqslant\chi^2_{1-\frac{\alpha}{2}}(n-1)$	$\chi^2=(n-1)\frac{s^{*2}}{\sigma_0^2}\sim\chi^2(n-1)$
$\sigma^2\leqslant\sigma_0^2$	$\sigma^2>\sigma_0^2$		$\chi^2=(n-1)\frac{s^{*2}}{\sigma_0^2}\geqslant\chi^2_\alpha(n-1)$	
$\sigma^2\geqslant\sigma_0^2$	$\sigma^2<\sigma_0^2$		$\chi^2=(n-1)\frac{s^{*2}}{\sigma_0^2}\leqslant\chi^2_{1-\alpha}(n-1)$	
$\sigma_1^2=\sigma_2^2$	$\sigma_1^2\neq\sigma_1^2$	两正态母体	$\frac{s_1^{*2}}{s_2^{*2}}\geqslant F_{\frac{\alpha}{2}}(n_1-1,n_2-1)$或$\frac{s_1^{*2}}{s_2^{*2}}\leqslant F_{1-\frac{\alpha}{2}}(n_1-1,n_2-1)$	$F=\frac{s_1^{*2}}{s_2^{*2}}\sim F(n_1-1,n_2-1)$
$\sigma_1^2\leqslant\sigma_2^2$	$\sigma_1^2>\sigma_2^2$		$F=\frac{s_1^{*2}}{s_2^{*2}}\geqslant F_\alpha(n_1-1,n_2-1)$	
$\sigma_1^2\geqslant\sigma_2^2$	$\sigma_1^2<\sigma_2^2$		$F=\frac{s_1^{*2}}{s_2^{*2}}\leqslant F_{1-\alpha}(n_1-1,n_2-1)$	

§5 分布假设检验

在前面介绍参数区间估计和参数假设检验时,对非大子样情形要求母体是正态分布的。如何检验一个母体是正态母体呢?我们可以用一个子样作检验。一种简便的方法是用正态概率纸作检验,它的原理与对数坐标纸相类似,见参考书[10]。另一种方法是通过数值计算作检验,现介绍如下。

所谓**分布假设检验**是对母体分布作某项假设,用母体中抽取的子样检验此项假设是否成立。在母体分布上作的假设可分为二类:

一类是**假设母体的分布是已知分布**,即作

假设 H_0;$F(x)=F_0(x)$,其中 $F_0(x)$是已知的分布函数。例如,检验一颗骰子的六个面是否匀称,可作

假设 H_0:骰子出现的点数 X 的分布列为

X	1	2	3	4	5	6
p_i	$\frac{1}{6}$	$\frac{1}{6}$	$\frac{1}{6}$	$\frac{1}{6}$	$\frac{1}{6}$	$\frac{1}{6}$

另一类是**假设母体分布的类型是已知的**,即作

$$\text{假设 } H_0: F(x) = F_0(x;\theta_1,\theta_2,\cdots,\theta_k)$$

其中分布函数 F_0 的形式是已知的,而参数 $\theta_1,\theta_2,\cdots,\theta_k$ 未知。例如,检验一个母体是否正态母体,可作

$$\text{假设 } H_0: F(x) = \frac{1}{\sqrt{2\pi}\sigma}\int_{-\infty}^{x} e^{-\frac{(x-\mu)^2}{2\sigma^2}} dx$$

或

$$f(x) = \frac{1}{\sqrt{2\pi}\sigma} e^{-\frac{(x-\mu)^2}{2\sigma^2}}$$

其中 μ,σ^2 未知。

如再检验母体 X 的分布是否泊松分布,可作

$$假设\ H_0: P\{X = k\} = \frac{\lambda^k}{k!}e^{-\lambda}, k = 0,1,2,\cdots$$

其中 λ 未知。

分布假设检验的方法有几种,下面仅介绍其中的一种——**χ^2 检验法**。假定母体分布是只有有限多项的离散分布,假设它的分布是已知的。用式子表示,设 $A_1, A_2, \cdots, A_l$ 是两两不相容事件完备组,即 $\bigcup_{i=1}^{l} A_i = U, A_iA_j = V(i \neq j)$。作

$$假设\ H_0: P(A_i) = p_i, i = 1,2,\cdots,l$$

其中 $p_1, p_2, \cdots, p_l$ 是已知数。

现在做 n 次独立重复试验(即抽一子样),各事件 A_i 出现的实际频数分布为

事　　件　$A_1, A_2, \cdots, A_l$,

实际频数　$m_1, m_2, \cdots, m_l$,

而 $\sum_{i=1}^{l} m_i = n$。用这个子样检验上面的假设。再看**理论频数分布**

事　　件　$A_1, A_2, \cdots, A_l$,

理论频数　$np_1, np_2, \cdots, np_l$,

然而考察子样的实际频数 m_i 对理论频数 np_i 偏差的加权平方和

$$\chi^2 = \sum_{i=1}^{l} \frac{(m_i - np_i)^2}{np_i} \tag{5.1}$$

这里 χ^2 值的大小刻画子样实际频数分布对理论频数分布的拟合程度。它的渐近分布由下面定理给出。

皮尔逊(K. Pearson)定理　设 $P(A_i) = p_i, i = 1,2,\cdots,l$,其中 $p_1, p_2, \cdots, p_l$ 是已知数。若 χ^2 由(5.1)式给出,则

$$\lim_{n \to \infty} P\{\chi^2 \leqslant x\} = \begin{cases} \dfrac{1}{2^{\frac{l-1}{2}} \Gamma\left(\dfrac{l-1}{2}\right)} x^{\frac{l-s}{2}} e^{-\frac{x}{2}} & , x \geqslant 0 \\ 0 & , x < 0 \end{cases}$$

即当 $n \to \infty$ 时 χ^2 按分布收敛到自由度为 $l-1$ 的 χ^2 分布。

这个定理的证明超出本书范围，故从略。由定理可得，当 n 很大时，χ^2 近似地服从自由度为 $l-1$ 的 χ^2 分布。利用统计量 χ^2 可以检验假设 H_0。

给定显著水平 α，由附表 3 可查得 $\chi_\alpha^2(l-1)$ 的数值，使

$$P\{\chi^2 \geqslant \chi_\alpha^2(n-1)\} \approx \alpha$$

需要注意，直观上当 χ^2 的值较小时应接受假设 H_0，故在图 3-4 中概率为 α 的事件取在右侧，而不是取在两侧。

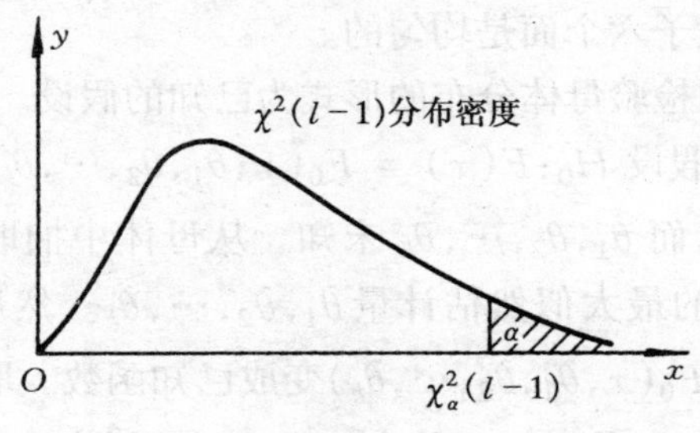

图 3-4

在抽得一个大子样($n \geqslant 50$)后，按(5.1)式计算得 χ^2 的数值。若

$$\chi^2 \geqslant \chi_\alpha^2(l-1)$$

则拒绝 H_0，即认为母体的分布与假设 H_0 中分布有显著差异；若

$$\chi^2 < \chi_\alpha^2(l-1)$$

则接受 H_0，即认为母体的分布与假设 H_0 中分布无显著差异。

例 1 检验一颗骰子的六个面是否匀称(取 $\alpha = 5\%$)现在掷 120 次，结果如下：

点数	1,	2,	3,	4,	5,	6
频数	21,	28,	19,	24,	16,	12

解 用上法检验，计算

$$\chi^2 = \frac{\left(21 - 120 \times \frac{1}{6}\right)^2}{120 \times \frac{1}{6}} + \frac{\left(28 - 120 \times \frac{1}{6}\right)^2}{120 \times \frac{1}{6}} + \frac{\left(19 - 120 \times \frac{1}{6}\right)^2}{120 \times \frac{1}{6}}$$

$$+ \frac{\left(24 - 120 \times \frac{1}{6}\right)^2}{120 \times \frac{1}{6}} + \frac{\left(16 - 120 \times \frac{1}{6}\right)^2}{120 \times \frac{1}{6}} + \frac{\left(12 - 120 \times \frac{1}{6}\right)^2}{120 \times \frac{1}{6}}$$

$$= 8.1$$

查附表 3 得 $\chi^2_{0.05}(5) = 11.07$。易见 $\chi^2 < \chi^2_{0.05}(5)$，所以接受 H_0，即可以认为骰子六个面是均匀的。

下面介绍检验母体分布的形式为已知的假设。作

$$\text{假设 } H_0: F(x) = F_0(x; \theta_1, \theta_2, \cdots, \theta_k) \tag{5.2}$$

其中 F_0 已知，而 $\theta_1, \theta_2, \cdots, \theta_k$ 未知。从母体中抽取一个大子样，$\theta_1, \theta_2, \cdots, \theta_k$ 的最大似然估计量 $\hat{\theta}_1, \hat{\theta}_2, \cdots, \hat{\theta}_k$。然后，代入 F_0 的表示式，那末 $F_0(x, \hat{\theta}_1, \hat{\theta}_2, \cdots, \hat{\theta}_k)$ 变成已知函数。取

$$F(x) = F_0(x, \hat{\theta}_1, \hat{\theta}_2, \cdots, \hat{\theta}_k)$$

把子样分成 l 个组，分点为 $a_0, a_1, a_2, \cdots, a_l$，满足 $a_0 < a_1 < a_2 < \cdots < a_l$，有时亦可取 $a_0 = -\infty, a_l = +\infty$。母体数量指标 X 落在各组 $(a_{i-1}, a_i]$ 的概率为

$$\begin{aligned} p_i &= F(a_i) - F(a_{i-1}) \\ &= F_0(a_i; \hat{\theta}_1, \hat{\theta}_2, \cdots, \hat{\theta}_k) - F_0(a_{i-1}, \hat{\theta}_1, \hat{\theta}_2, \cdots, \hat{\theta}_k), \\ &\qquad i = 1, 2, \cdots, l \end{aligned}$$

于是可得理论频数 np_i。把理论和实际频数分布列成下表：

分　组	$(a_0, a_1]$,	$(a_1, a_2]$,	$\cdots$,	$(a_{l-1}, a_l]$
理论概率	p_1,	p_2,	$\cdots$,	p_l
理论频数	np_1,	np_2,	$\cdots$,	np_l
实际频数	m_1,	m_2,	$\cdots$,	m_l

实际频数对理论频数偏差的加权平方和为

$$\chi^2 = \sum_{i=1}^{l} \frac{(m_i - np_i)^2}{np_i} \tag{5.3}$$

下面定理给出随机变量 χ^2 的渐近分布。

定理　设(5.2)式成立。若 χ^2 由(5.3)式给出,则当 $n\to\infty$ 时 χ^2 渐近于自由度为 $l-k-1$ 的 χ^2 分布。

定理的证明从略。显然皮尔逊定理是它在 $k=0$ 时的特殊情形。由此定理可得下面检验方法。

抽取一个大子样后,按(5.3)式算得 χ^2 的数值。若

$$\chi^2 \geqslant \chi_\alpha^2(l-k-1)$$

则拒绝 H_0,即认为母体分布函数与 F_0 有显著差异;若

$$\chi^2 < \chi_\alpha^2(l-k-1)$$

则接受 H_0,即认为母体分布函数与 F_0 无显著差异。这种检验方法称为 χ^2 检验法。

运用 χ^2 检验法检验母体分布,把子样中数据进行分组时,首先要用大子样,通常取 $n\geqslant50$;其次,要求各组的理论频数 np_i 不少于5;另外,一般把数据分成7到14组。有时为了保证各组 np_i 不少于5,组数可少于7组。

例2　考察某电话交换站一天中电话接错次数 X。统计267天的记录,各天电话接错次数的频数分布列成下表:

表 3-3

i (一天中电话接错次数)	m_i(天数)	np_i
0~2	1 }	2.05 }
3	5 }	4.76 }
4	11	10.39
5	14	18.16
6	22	26.45
7	43	33.03

续表 3－3

i（一天中电话接错次数）	m_i（天数）	np_i
8	31	36.09
9	40	35.04
10	35	30.63
11	20	24.34
12	18	17.72
13	12	11.92
14	7	7.44
15	6 }	4.33 }
⩾16	2 }	4.65 }

试检验 X 的分布与泊松分布有无显著差异(取 $\alpha=5\%$)?

解　先求泊松分布中参数 λ 的最大似然估计值

$$\hat{\lambda}=\bar{x}=\frac{1}{267}(2\times1+3\times5+\cdots+15\times6+16\times2)=8.74$$

然后计算理论频数

$$np_i=265\times\frac{(8.74)^i}{i!}e^{-8.74}$$

结果也列入表 3－4。由于前面二组理论频数都小于 5,合并得 $m_i=6$, $np_i=6.81$;又最后二组理论频数也小于 5,合并得 $m_i=8$, $np_i=8.98$。经合并后,组数 $l=13$。计算得

$$\chi^2=\sum_{i=1}^{13}\frac{(m_i-np_i)^2}{np_i}=7.80$$

用 χ^2 检验法时,自由度为 $l-k-1=13-1-1=11$。由 $\alpha=0.05$,查附表 3 得 $\chi^2_{0.05}(11)=19.675$。易见 $\chi^2<\chi^2_{0.05}(11)$,故可以认为 X 的分布是泊松分布。

例 3　在第一章 1.3 的例 4 中,检验铆钉直径母体是否具有正态分布(给定 $\alpha=5\%$)。

表 3-4

Y 的分组 (b_{i-1},b_i)	组中值 y_i^*	频数 m_i	$y_i^*-\bar{y}$	$p_i=\Phi\left(\frac{b_i-\bar{y}}{s_y}\right)-\Phi\left(\frac{b_{i-1}-\bar{y}}{s_y}\right)$	np_i	$\frac{(m_i-np_i)^2}{np_i}$
−6～−5	−5.5	2	−5.91	$\Phi(-2.47)-\Phi(-2.93)=0.005\,1$	1.02	0.025
−5～−4	−4.5	1	−4.91	$\Phi(-2.01)-\Phi(-2.47)=0.015\,4$	3.08	
−4～−3	−3.5	8	−3.91	$\Phi(-1.56)-\Phi(-2.01)=0.037\,2$	7.44	
−3～−2	−2.5	17	−2.91	$\Phi(-1.10)-\Phi(-1.56)=0.076\,3$	15.26	0.20
−2～−1	−1.5	27	−1.91	$\Phi(-0.64)-\Phi(-1.10)=0.125\,4$	25.08	0.15
−1～0	−0.5	30	−0.91	$\Phi(-0.19)-\Phi(-0.64)=0.163\,6$	32.72	0.23
0～1	0.5	37	0.09	$\Phi(0.27)-\Phi(-0.19)=0.181\,7$	36.34	0.01
1～2	1.5	27	1.09	$\Phi(0.73)-\Phi(0.27)=0.160\,9$	32.18	0.83
2～3	2.5	25	2.09	$\Phi(1.18)-\Phi(0.73)=0.113\,7$	22.74	0.23
3～4	3.5	17	3.09	$\Phi(1.64)-\Phi(1.18)=0.068\,5$	13.70	0.80
4～5	4.5	7	4.09	$\Phi(2.10)-\Phi(1.64)=0.032\,6$	6.52	0.00
5～6	5.5	2	5.09	$\Phi(2.55)-\Phi(2.10)=0.012\,5$	2.50	
	$\sum_{i=1}^{12} m_i y_i^* = 82$ $\bar{y}=0.41$		$s_y^2=\frac{1}{n}\cdot\sum_{i=1}^{12} m_i(y_i^*-\bar{y})^2=4.78$ $s_y=2.19$			$\sum_{i=1}^{9}\frac{(m_i-np_i)^2}{np_i}=2.48$

解 表1-6给出了大子样数据，在每一组中数据以组中值为代表。下面用 χ^2 检验法作检验。

记铆钉直径为 X。如果直接用表1-6中数据作检验，因为数字位数多，故而计算 $\bar{x}, s^2, p_i$ 等数值较烦。为此，可通过变换把表中组的分点和组中值变得简单一些。令

$$Y = \frac{X - 13.395}{0.05}$$

利用 Y 的组中值求 $\bar{y}, s_y^2$（Y 的子样方差），从而可写出 Y 的正态分布；再用此分布和 Y 的分组区间，可计算得 p_i。这个 p_i 与利用 X 的数值直接计算得到的 p_i 值相同，其证明作为读者的练习。

下面把计算 χ^2 值的过程列成表的形式（见表3-4）。按题意，$n=200, k=2$。起先，把子样值分成12组。在表3-4的 np_i 栏中前二个数值都小于5，需要与第三个合并；最后一个数值也小于5，需要与倒数第二个合并。经合并后，组数 $l=9$。计算得

$$\chi^2 = \sum_{i=1}^{9} \frac{(m_i - np_i)^2}{np_i} = 2.48$$

又查附表3得 $\chi^2_{0.05}(9-2-1)=12.592$。易见，$\chi^2 < \chi^2_{0.05}(6)$，故可以认为铆钉直径是服从正态分布的。

第三章 习 题

1. 从已知标准差 $\sigma=5.2$ 的正态母体中，抽取容量为 $n=16$ 的子样，由它算得子样平均数 $\bar{x}=27.56$。试在显著水平0.05下，检验假设 $H_0: \mu=26$。

2. 从正态母体 $N(\mu,1)$ 中取100个样品，计算得 $\bar{x}=5.32$。

（1）试检验 $H_0: \mu=5$ 是否成立（$\alpha=0.01$）？

（2）计算上述检验在 $\mu=4.8$ 时犯第二类错误的概率。

3. 某批矿砂的5个样品中的镍含量经测定为

x(%)　3.25, 3.27, 3.24, 3.26, 3.24

设测定值服从正态分布。问在 $\alpha=0.01$ 下能否接受假设:这批矿砂的(平均)镍含量为 3.25。

4. 某电器零件的平均电阻一直保持在 2.64Ω。改变加工工艺后,测得 100 个零件的平均电阻为 2.62Ω,电阻标准差(s)为 0.06Ω,问新工艺对此零件的电阻有无显著影响($\alpha=0.01$)?

5. 某纺织厂在正常的运转条件下,各台布机一小时内经纱平均断头数为 0.973 根,断头数的标准差为 0.162 根。该厂进行工艺改革,减少经纱上浆率。在 200 台布机上进行试验,结果每台一小时内经纱平均断头数为 0.994 根,标准差(s)为 0.16 根,问新工艺经纱断头数与旧工艺有无显著差异($\alpha=0.05$)?

6. 某产品的次品率为 0.17。现对此产品进行新工艺试验,从中抽取 400 件检验,发现有次品 56 件。能否认为这项新工艺显著地影响产品的质量($\alpha=0.05$)?

7. 某切割机正常工作时,切割每段金属棒的平均长度为 10.5cm。今在某段时间内随机地抽取 15 段进行测量,某结果如下(cm):10.4, 10.6, 10.1, 10.4, 10.5, 10.3, 10.3,10.2,10.9, 10.6,10.8,10.5,10.7,10.2,10.7。问此段时间内该机工作是否正常($\alpha=5\%$)? 假定金属棒长度服从正态分布。

8. 从某种试验物中取出 24 个样品,测量其发热量,计算得 $\bar{x}=11\ 958$,子样标准差 $s^*=323$,问以 5% 的显著水平是否可认为发热量的期望值是 12 100(假定发热量服从正态分布)?

9. 有一种新安眠药,据说在一定剂量下,能比某种旧安眠药平均增加睡眠时间 3 小时。根据资料用旧安眠药睡眠时间平均为 20.8 小时,标准差为 1.6 小时。为了检验这个说法是否正确,收集到一组使用新安眠药的睡眠时间为

26.7, 22.0, 24.1, 21.0, 27.2, 25.0, 23.4

试问:从这组数据能否说明新安眠药已达到新的疗效(假定睡眠时间服从正态分布,取 $\alpha=0.05$)?

10. 为了比较两种枪弹的速度(单位:米/秒),在相同条件下

进行速度测定。算得子样平均数和子样标准差

枪弹甲　$n_1=110,\ \bar{x}_1=2\,805,\ s_1=120.41$

枪弹乙　$n_2=100,\ \bar{x}_2=2\,680,\ s_2=105.00$

在显著水平 $\alpha=0.05$ 下,这两种枪弹的(平均)速度有无显著差异?

11. 在十块田块上同时试种甲、乙两种品种作物,根据产量计算得 $\bar{x}=30.97,\bar{y}=21.79,\ s_x^*=26.7,\ s_y^*=21.1$。试问这两种品种产量有无显著差异($\alpha=1\%$)? 假定两种品种作物产量分别服从正态分布,且方差相等。

12. 有甲、乙两台机床加工同样产品,从这两台机床加工的产品中随意地抽取若干件,测得产品直径(单位:毫米)为

机床甲　20.5,19.8,19.7,20.4,20.1,20.0,19.0,19.9

机床乙　19.7,20.8,20.5,19.8,19.4,20.6,19.2

试比较甲、乙两台机床加工产品直径有无显著差异($\alpha=5\%$)? 假定两台机床加工产品的直径都服从正态分布,且母体方差相等。

13. 为确定肥料的效果,取1000株植物做试验。在没有施肥的100株植物中,有53株长势良好;在已施肥的900株中,则有783株长势良好。问施肥的效果是否显著($\alpha=0.01$)?

14. 在两个工厂生产的蓄电池中,分别取10个测量蓄电池的电容量(单位:安培小时),数据如下:

A 厂　146,141,135,142,140,143,138,137,142,137

B 厂　141,143,139,139,140,141,138,140,142,138

(1) 试检验两厂蓄电池的性能有无显著差异($\alpha=5\%$)?

(2) 说明检验要作哪些假定。

15. 已知维尼纶纤度在正常条件下服从正态分布,且标准差 $\sigma=0.048$。从某天产品中抽取5根纤维,测得其纤度为1.32,1.55,1.36,1.40,1.44。问这一天纤度的母体标准差是否正常($\alpha=5\%$)?

16. 某电工器材厂生产一种保险丝。测量其熔化时间,依通

常情况方差为400。今从某天产品中抽取容量为25的子样,测量其熔化时间并计算得 $\bar{x}=62.24$, $s^{*2}=404.77$,问这天保险丝熔化时间分散度与通常有无显著差异($\alpha=1\%$)? 假定熔化时间是正态母体。

17. 用大子样($n>45$)检验在正态母体上作的假设 $H_0:\sigma^2=\sigma_0^2$。试证下面检验方法成立:依据一次抽样后的子样值算得 $\chi^2=(n-1)\frac{s^{*2}}{\sigma^2}$ 的数值;若 $\chi^2\geqslant(n-1)+\sqrt{2(n-1)}\,u_{\frac{\alpha}{2}}$,或 $\chi^2\leqslant(n-1)-\sqrt{2(n-1)}\,u_{\frac{\alpha}{2}}$,则拒绝 H_0;若 $(n-1)-\sqrt{2(n-1)}\,u_{\frac{\alpha}{2}}<\chi^2<(n-1)+\sqrt{2(n-1)}\,u_{\frac{\alpha}{2}}$,则接受 H_0。

(提示:利用第一章2.2中 χ^2 分布的性质3)

18. 测定某种溶液中的水份,由它的10个测定值算出,$\bar{x}=0.452\%$ $s^*=0.037\%$。设测定值母体服从正态分布。试在5%显著水平下,分别检验假设

(1) $H_0:\mu=0.5\%$;

(2) $H_0:\sigma=0.04\%$。

19. 检验第11题中两种品种作物产量的方差有无显著差异($\alpha=1\%$)?

20. 检验12题中甲、乙两台机床加工精度有无显著差异($\alpha=5\%$)?

21. 两位化验员 A、B 对一种矿砂的含铁量独立地用同一方法作分析。A、B 分别分析5次和7次,得到子样方差(s^{*2})分别为0.432 2与0.500 6。设 A、B 测定值的母体都是正态分布的。试在 $\alpha=5\%$ 下检验两化验员测定值的方差有无显著差异?

22. 测得两批电子器材的电阻的子样值为

A 批 x(欧姆):0.140,0.138,0.143,0.142,0.144,0.137

B 批 y(欧姆):0.135,0.140,0.142,0.136,0.138,0.140

设这两批器材的电阻分别服从分布 $N(\mu_1,\sigma_1^2)$ 与 $N(\mu_2,\sigma_2^2)$。

(1) 检验假设 $H_0: \sigma_1^2=\sigma_2^2, \alpha=5\%$；

(2) 检验假设 $H_0: \mu_1=\mu_2, \alpha=5\%$。

23. (1) 在第 5 题中检验使用新工艺后经纱断头数有无显著降低($\alpha=0.05$)？

(2) 在第 6 题中检验采用新工艺后产品的质量有无显著地提高($\alpha=0.05$)？

(3) 在第 10 题中检验甲枪弹速度比乙枪弹速度是否显著地大($\alpha=0.05$)？

(4) 如果在 16 题中要求保险丝熔化时间不超过 400，问此日生产的保险丝熔化时间是否符合这一要求($\alpha=1\%$)？

24. 甲、乙两台机床加工同一种零件，依次分别取 6 个和 9 个，测量其长度，并计算得 $s_{甲}^{*2}=0.245, s_{乙}^{*2}=0.357$。假定零件长度服从正态分布，问是否可以认为乙机床零件长度方差超过甲机床($\alpha=5\%$)？亦即问是否可以认为甲机床加工精度比乙机床高。

25. 在某细纱机上进行断头率测定，试验锭子总数为 440 个，测得各锭子的断头次数记录如下：

每锭断头数：0，1，2，3，4，5，6，7，8

实 测 锭 数：263，112，38，19，3，1，1，0，3

试检验各锭子的断头数是否服从泊松分布($\alpha=5\%$)？

26. 有一正四面体，将此四面体分别涂为红、黄、蓝、白四色。现在任意地抛掷它直到白色面与地面相接触为止。记录其抛掷的次数，作为一盘试验。作 200 盘这样的试验，结果如下：

抛掷次数　1，2，3，4，$\geqslant 5$

频　　数　56,48,32,28,36

问该四面体是否均匀($\alpha=0.05$)？

27. 对某汽车零件制造厂所生产的汽缸螺栓口径进行抽样检验，测得 100 个数据分组列表如下：

组限	10.93～10.95	10.95～10.97	10.97～10.99	10.99～11.01
频数	5	8	20	34
组限	11.01～11.03	11.03～11.05	11.05～11.07	11.07～11.09
频数	17	6	6	4

试检验螺栓口径 X 是否具有正态分布($\alpha = 5\%$)?

28. 下列数据是 200 个零件直径(单位:厘米),实际上是经分组后的组中值。

直径	2.25	2.35	2.45	2.55	2.65	2.75	2.85	2.95
频数	3	4	5	11	12	17	19	26
直径	3.05	3.15	3.25	3.35	3.45	3.55	3.65	3.75
频数	24	22	19	13	13	7	3	2

试画出直方图,依据直方图的图形可否认为母体是正态分布的?并用 χ^2 检验法作检验。

第四章　方差分析、正交试验设计

本章讨论在生产和科学实验中哪些因素对试验结果有显著作用,哪些因素没有显著作用。例如,施肥品种、施肥量、种子品种、下种量、土质、水份等诸因素中哪些对小麦的产量有显著影响,哪些对它没有显著影响。本章内容包括方差分析和正交试验设计两部分。

§1　一元方差分析

讨论一种或二种因素对试验结果有没有显著影响,可采用方差分析法。一种因素情形用**一元方差分析**或**一因子方差分析**,二种因素情形用**二元方差分析**或**二因子方差分析**。本节介绍一元方差分析,先看两个实例。

例 1　为了比较四种不同肥料对小麦亩产量的影响,取一片土壤肥沃程度和水利灌溉条件差不多的土地,分成 16 块。肥料品种记为 A_1, A_2, A_3, A_4,每种肥料施在四块土地上,得亩产量如下:

表 4－1

肥料品种	亩　产　量
A_1	981, 964, 917, 669
A_2	607, 693, 506, 358
A_3	791, 642, 810, 705
A_4	901, 703, 792, 883

问施肥品种对小麦亩产有无显著影响？

例 2 某灯泡厂用四种不同配料方案制成的灯丝生产四批灯泡，在每一批中取若干个作寿命试验，得如下数据(单位：小时)：

表 4－2

灯泡品种	A_1	1600，1610，1650，1680，1700，1720，1800，
	A_2	1580，1640，1640，1700，1750，
	A_3	1460，1550，1600，1620，1640，1660，1740，1820，
	A_4	1510，1520，1530，1570，1600，1680，

问灯丝的不同配料方案对灯泡寿命有无显著影响？

例 1 中的肥料品种和例 2 中不同配料的灯丝称为**因素或因子**，这里都只有一个因素或单因子。各种肥料称为**水平**，有四种肥料称为四种水平；同样，灯丝的不同配料方案也称为水平，有四种配料方案称为四种水平。一般地说，因子 A 有 r 种水平 A_1，A_2，…，A_r。

在例 1 中，施每一种肥料所得小麦的亩产量构成一个母体，共有四个母体。在各母体中分别取一容量为 4 的子样，要检验施不同肥料所得平均亩产量是否有显著不同，即检验四个母体平均数是否相等。在例 2 中，每一种灯丝配料方案生产出灯泡的寿命构成一个母体，共有四个母体。从各母体中分别取一子样，容量不等，检验灯丝不同配料方案对灯泡平均寿命是否有显著影响，即检验四个母体平均数是否相等。在理论上，要检验几个母体的平均数是否相等需要加正态母体的条件。现从上面二个例子抽象出一般数学模型。

设有 r 个正态母体 X_i，$i=1,2,\cdots,r$，X_i 的分布为 $N(\mu_i,\sigma^2)$，这里假定 r 个母体方差相等。在 r 个母体上作

$$假设\ H_0: \mu_1 = \mu_2 = \cdots = \mu_r$$

现独立地从各母体中取出一个子样，列成下表：

表 4-3

母体	子　样	子样平均
X_1	$X_{11}, X_{12}, \cdots, X_{1n_1}$	$\overline{X}_1$
X_2	$X_{21}, X_{22}, \cdots, X_{2n_2}$	$\overline{X}_2$
$\vdots$	$\vdots$	$\vdots$
X_r	$X_{r1}, X_{r2}, \cdots, X_{rn_r}$	$\overline{X}_r$

用 r 个子样检验上述假设 H_0 是否成立。也可以这样说,因子 A 有 r 种水平 $A_1, A_2, \cdots, A_r$,设在每一种水平下试验结果服从正态分布,现在各种水平下作了若干次试验获得一些试验值,问因子 A 的各种水平对试验结果是否有显著影响?

显然,检验假设 H_0 可以用 t 检验法,只要检验任何相邻两个母体平均数相等就可以了。但是这样做要检验 $r-1$ 次,非常繁琐。我们采用**离差分解法**。

将每个子样看成一个组,记

组内平均

$$\overline{X}_i = \frac{1}{n_i}\sum_{j=1}^{n_i} X_{ij},\ i = 1,2,\cdots,r$$

总平均

$$\overline{X} = \frac{1}{n}\sum_{i=1}^{r}\sum_{j=1}^{n_i} X_{ij},\ \text{其中}\ n = \sum_{i=1}^{r} n_i$$

因而总平均也可表示成

$$\overline{X} = \frac{1}{n}\sum_{i=1}^{r} n_i\overline{X}_i$$

总离差平方和为

$$Q_r = \sum_{i=1}^{r}\sum_{j=1}^{n_i}(X_{ij} - \overline{X})^2 = \sum_{i=1}^{r}\sum_{j=1}^{n_i}[(X_{ij} - \overline{X}_i) + (\overline{X}_i - \overline{X})]^2$$

$$= \sum_{i=1}^{r}\sum_{j=1}^{n_i}(X_{ij} - \overline{X}_i)^2 + 2\sum_{i=1}^{r}\sum_{j=1}^{n_i}(X_{ij} - \overline{X}_i)(X_i - \overline{X}) +$$

$$\sum_{i=1}^{r}\sum_{j=1}^{n_i}(\bar{X}_i - \bar{X})^2$$

$$= \sum_{i=1}^{r}\sum_{j=1}^{n_i}(X_{ij} - \bar{X}_i)^2 + \sum_{i=1}^{r} n_i(\bar{X}_i - \bar{X})^2$$

令

$$Q_E = \sum_{i=1}^{r}\sum_{j=1}^{n_i}(X_{ij} - \bar{X}_i)^2$$

$$Q_A = \sum_{i=1}^{r} n_i(X_i - \bar{X})^2$$

分别称 Q_E 与 Q_A 为**组内离差平方和**与**组间离差平方和**。Q_E 反映各组内部 X_{ij} 由 σ^2 引起的抽样误差，Q_A 反映组间各母体平均数不同而引起的误差加上抽样误差。从而有

$$Q_T = Q_E + Q_A \tag{1.1}$$

它表示总离差(平方和)等于组内离差(平方和)加上组间离差(平方和)，称为**离差分解**。下面通过比较 Q_E 和 Q_A 的数值来检验假设 H_0。

先计算 EQ_E 和 EQ_A。为此，把 X_{ij} 表示为

$$X_{ij} = \mu_i + \varepsilon_{ij},\ j = 1,2,\cdots,n_i;\ i = 1,2,\cdots,r$$

其中 s_{ij} 服从正态分布 $N(0,\sigma^2)$，所有 s_{ij} 相互独立。

令

$$\mu = \frac{1}{n}\sum_{i=1}^{r} n_i\mu_i$$

其中

$$n = \sum_{i=1}^{r} n_i$$

又

$$\delta_i = \mu_i - \mu,\ i = 1,2,\cdots,r$$

由此

$$\mu_i = \mu + \delta_i,\ i = 1,2,\cdots,r$$

而

$$\sum_{i=1}^{r} n_i\delta_i = 0 \tag{1.2}$$

进而，X_{ij} 可表示为

$$X_{ij} = \mu + \delta_i + \varepsilon_{ij},\ j = 1, 2, \cdots, n_i;\ i = 1,2,\cdots,r \tag{1.3}$$

令

$$\bar{\varepsilon}_i = \frac{1}{n_i}\sum_{j=1}^{n_i}\varepsilon_{ij}, \qquad \bar{\varepsilon} = \frac{1}{n}\sum_{i=1}^{r}\sum_{j=1}^{n_i}\varepsilon_{ij}$$

于是，Q_E 和 Q_A 可表示成

$$\begin{aligned} Q_E &= \sum_{i=1}^{r}\sum_{j=1}^{n_i}(\mu + \delta_i + \varepsilon_{ij} - \mu - \delta_i - \bar{\varepsilon}_i)^2 \\ &= \sum_{i=1}^{r}\sum_{j=1}^{n_i}(\varepsilon_{ij} - \bar{\varepsilon}_i)^2 \end{aligned}$$

$$\begin{aligned} Q_A &= \sum_{i=1}^{r} n_i(\mu + \delta_i + \bar{\varepsilon}_i - \mu - \bar{\varepsilon})^2 \\ &= \sum_{i=1}^{r} n_i(\delta_i + \bar{\varepsilon}_i - \bar{\varepsilon})^2 \\ &= \sum_{i=1}^{r} n_i\delta_i^2 + \sum_{i=1}^{r} n_i(\bar{\varepsilon}_i - \bar{\varepsilon})^2 + 2\sum_{i=1}^{r} n_i\delta_i(\bar{\varepsilon}_i - \bar{\varepsilon}) \end{aligned}$$

因而

$$EQ_E = \sum_{i=1}^{r}(n_i - 1)\sigma^2 = (n - r)\sigma^2$$

$$EQ_A = \sum_{i=1}^{r} n_i\delta_i^2 + (r - 1)\sigma^2$$

故

$$E\,\frac{Q_E}{n - r} = \sigma^2 \tag{1.4}$$

$$E\,\frac{Q_A}{r - 1} = \sigma^2 + \frac{1}{r - 1}\sum_{i=1}^{r} n_i\delta_i^2 \tag{1.5}$$

显然有

$$E\frac{Q_A}{r-1} \geqslant E\frac{Q_E}{n-r}$$

这些式子在后面作拒绝区域时要用到。

为了在 H_0 成立的前提下导出 Q_E 和 Q_A 作出的统计量的分布,我们介绍分解定理。

分解定理 设 $X_1, X_2, \cdots, X_n$ 是 n 个相互独立的标准正态变量,而 $Q = X_1^2 + X_2^2 + \cdots + X_n^2$ 是自由度为 n 的 χ^2 变量。若 Q 可以表示成

$$Q = Q_1 + Q_2 + \cdots + Q_k$$

其中 Q_i 是 $X_1, X_2, \cdots, X_n$ 的线性组合的平方和(即非负定二次型),自由度为 f_i,则 $Q_i(i=1,2,\cdots,k)$相互独立且为自由度等于 f_i 的 χ^2 变量的充分必要条件是$\sum\limits_{i=1}^{k} f_i = n$。

这里的二次型自由度概念已在第二章 3.3 中介绍。定理中必要性是显然的,充分性的证明见参考书[3]第 29 页。

在 H_0 成立时,所有的 δ_i 都等于零,(1.3)式变成

$$X_{ij} = \mu + \varepsilon_{ij}$$

代入 Q_T, Q_E 和 Q_A 的表示式,(1.1)式可写成

$$\sum_{i=1}^{r}\sum_{j=1}^{n_i}(\varepsilon_{ij} - \bar{\varepsilon}_i)^2 = \sum_{i=1}^{r}\sum_{j=1}^{n_i}(\varepsilon_{ij} - \bar{\varepsilon}_i)^2 + \sum_{i=1}^{r}[\sqrt{n_i}(\bar{\varepsilon}_i - \bar{\varepsilon})]^2$$

又

$$\sum_{i=1}^{r}\sum_{j=1}^{n_i}\varepsilon_{ij}^2 = \sum_{i=1}^{r}\sum_{j=1}^{n_i}(\varepsilon_{ij} - \bar{\varepsilon})^2 + n\bar{\varepsilon}^2$$

故

$$\sum_{i=1}^{r}\sum_{j=1}^{n_i}\varepsilon_{ij}^2 = \sum_{i=1}^{r}\sum_{j=1}^{n_i}(\varepsilon_{ij} - \bar{\varepsilon}_i)^2 + \sum_{i=1}^{r}[\sqrt{n_i}(\bar{\varepsilon}_i - \bar{\varepsilon})]^2 + (\sqrt{n}\bar{\varepsilon})^2$$

上式两边除以 σ^2,左边$\frac{1}{\sigma^2}\sum\limits_{i=1}^{r}\sum\limits_{j=1}^{n_i}\varepsilon_{ij}^2$是自由度为 n 的 χ^2 变量,右边三

项分别为：

$$\frac{1}{\sigma^2}Q_E = \frac{1}{\sigma^2}\sum_{i=1}^{r}\sum_{j=1}^{n_i}(\varepsilon_{ij} - \bar{\varepsilon}_i)^2,\text{有 } r \text{ 个约束条件}$$

$\sum_{j=1}^{n_i}(\varepsilon_{ij} - \bar{\varepsilon}_i) = 0$，它的自由度是 $n - r$；

$$\frac{1}{\sigma^2}Q_A = \frac{1}{\sigma^2}\sum_{i=1}^{r}[\sqrt{n_i}(\bar{\varepsilon}_i - \bar{\varepsilon})]^2,\text{ 有一个约束条件}$$

$\sum_{i=1}^{r}n_i(\bar{\varepsilon}_i - \bar{\varepsilon}_i) = 0$，它的自由度是 $r - 1$；

$\frac{1}{\sigma^2}(\sqrt{n}\bar{\varepsilon})^2$，它的自由度是 1。

它们的自由度之和 $(n - r) + (r - 1) + 1 = n$。在分解定理中取 Q 为 $\frac{1}{\sigma^2}\sum_{i=1}^{r}\sum_{j=1}^{n_i}\varepsilon_{ij}^2$，则由定理的充分性可得：

$\frac{Q_E}{\sigma^2}$ 服从自由度为 $n - r$ 的 χ^2 分布；

$\frac{Q_A}{\sigma^2}$ 服从自由度为 $r - 1$ 的 χ^2 分布；

且 $\frac{Q_E}{\sigma^2}$ 与 $\frac{Q_A}{\sigma^2}$ 相互独立。

由 F 分布的定义，

$$F = \frac{\frac{Q_A}{\sigma^2}\Big/ r - 1}{\frac{Q_E}{\sigma^2}\Big/ n - r} = \frac{Q_A / r - 1}{Q_E / n - r} \tag{1.6}$$

服从自由度为 $(r - 1, n - r)$ 的 F 分布。

令
$$S_E^2 = \frac{Q_E}{n - r}, \qquad S_A^2 = \frac{Q_A}{r - 1}$$

称 S_E^2 为**组内均方离差**，S_A^2 为**组间均方离差**。于是，

$$F = \frac{S_A^2}{S_E^2}$$

服从自由度为$(r-1,n-r)$的F分布。

给定显著水平α,如何作小概率事件呢? 由(1.4)与(1.5)式易见,当假设H_0不成立时,$E\dfrac{Q_A}{r-1}>E\dfrac{Q_E}{n-r}$; 而当$H_0$成立时,$E\dfrac{Q_A}{r-1}=E\dfrac{Q_E}{n-r}$。由(1.6)式,小概率事件取在$F$的值大的一侧较为合理。于是,可以从附表4查得$F_\alpha(r-1,n-r)$的值,使

$$P\{F\geqslant F_\alpha(r-1,n-r)\}=\alpha$$

见图4-1。

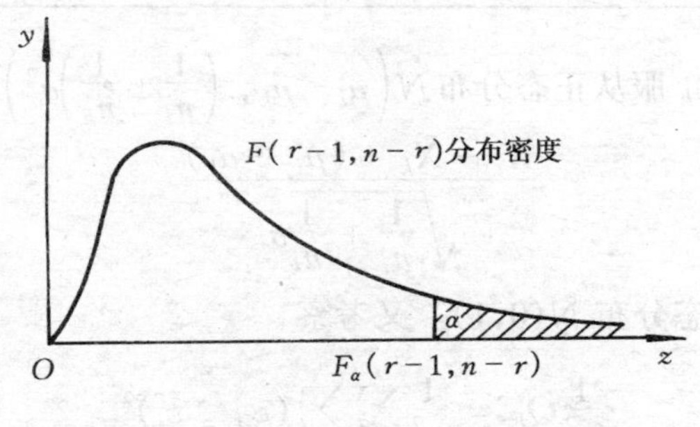

图4-1

一次抽样后由子样值计算得F的数值,若

$$F\geqslant F_\alpha(r-1,n-r)$$

则拒绝假设H_0,即认为因素对试验结果有显著影响;若

$$F<F_\alpha(r-1,n-r)$$

则接受假设H_0,即认为因素对试验结果无显著影响。

计算F的数值可用下列**方差分析表**,见表4-4。

需要说明,表4-4中的Q_T在计算F时并没有用到,它只用以核对$Q_T=Q_A+Q_E$是否成立,起校核作用。

如果检验结果为假设H_0不成立,有时需要对$\mu_i-\mu_k$作区间估计。为此,可用$\bar{X}_i-\bar{X}_k$对$\mu_i-\mu_k$作点估计,而由(1.3)式,

$$\bar{X}_i-\bar{X}_k=\mu_i-\mu_k+(\bar{\varepsilon}_i-\bar{\varepsilon}_k)$$

表 4-4

来源	离差平方和	自由度	均方离差	F 值
组间	$Q_A = \sum_{i=1}^{r} n_i(\bar{X}_i - \bar{X})^2$	$r-1$	$S_A^2 = \dfrac{Q_A}{r-1}$	$F = \dfrac{S_A^2}{S_E^2}$
组内	$Q_E = \sum_{i=1}^{r}\sum_{j=1}^{n_r}(X_{ij} - \bar{X}_i)^2$	$n-r$	$S_E^2 = \dfrac{Q_E}{n-r}$	
总和	$Q_T = \sum_{i=1}^{r}\sum_{j=1}^{n_r}(X_{ij} - \bar{X})^2$	$n-1$		

显然，$\bar{X}_i - \bar{X}_k$ 服从正态分布 $N\left(\mu_i - \mu_k,\ \left(\frac{1}{n_i} + \frac{1}{n_k}\right)\sigma^2\right)$，故

$$\frac{\bar{X}_i - \bar{X}_k - (\mu_i - \mu_k)}{\sqrt{\frac{1}{n_i} + \frac{1}{n_k}}\sigma}$$

服从标准正态分布 $N(0,1)$。又考察

$$\frac{1}{\sigma^2}Q_E = \frac{1}{\sigma^2}\sum_{i=1}^{r}\sum_{j=1}^{n_i}(\varepsilon_{ij} - \bar{\varepsilon}_i)^2$$

由 χ^2 变量的可加性，它服从自由度为 $n-r$ 的 χ^2 分布。不难说明，$\bar{\varepsilon}_i - \bar{\varepsilon}_k$ 与 Q_E 是相互独立的，所以

$$T = \frac{\bar{X}_i - \bar{X}_k - (\mu_i - \mu_k)}{\sqrt{\frac{1}{n_i} + \frac{1}{n_k}}S_E}$$

服从自由度为 $n-r$ 的 t 分布。给定置信概率 $1-\alpha$，查附表 2 可得 $t_{\frac{\alpha}{2}}(n-r)$，使

$$P\{|T| < t_{\frac{\alpha}{2}}(n-r)\} = 1-\alpha$$

即
$$P\{\bar{X}_i - \bar{X}_k - t_{\frac{\alpha}{2}}(n-r)\sqrt{\frac{1}{n_i} + \frac{1}{n_k}}S_E < \mu_i - \mu <$$
$$\bar{X}_i - \bar{X}_k + t_{\frac{\alpha}{2}}(n-r)\sqrt{\frac{1}{n_i} + \frac{1}{n_k}}S_E\} = 1-\alpha$$

故 $\mu_i - \mu_k$ 的置信概率为 $1-\alpha$ 的置信区间是

$$\left(\bar{X}_i - \bar{X}_k - t_{\frac{\alpha}{2}}(n-r)\sqrt{\frac{1}{n_i}+\frac{1}{n_k}}S_E,\right.$$

$$\left.\bar{X}_i - \bar{X}_k + t_{\frac{\alpha}{2}}(n-r)\sqrt{\frac{1}{n_i}+\frac{1}{n_k}}S_E\right)$$

方差分析表中离差平方和亦可用下面方法进行计算。令

$$S_i = \sum_{j=1}^{n_i} x_{ij}, \qquad SS_i = \sum_{j=1}^{n_i} x_{ij}^2$$

它们分别为第 i 个子样观察值之和及平方和，那末

$$Q_A = \sum_{i=1}^{r}\frac{S_i^2}{n_i} - \frac{1}{n}\left(\sum_{i=1}^{r}S_i\right)^2$$

$$Q_E = \sum_{i=1}^{r}SS_i - \sum_{i=1}^{r}\frac{S_i^2}{n_i}$$

$$Q_T = \sum_{i=1}^{r}SS_i - \frac{1}{n}\left(\sum_{i=1}^{r}S_i\right)^2$$

例 3 在上面例 2 中给定 $\alpha=5\%$，问灯丝配料方案对灯泡寿命有无显著影响。

解 按题意 $r=4$，$n_1=7$，$n_2=5$，$n_3=8$，$n_4=6$，$n=26$，经计算可得下列方差分析表，见表 4-5。

表 4-5

来源	离差平方和	自由度	均方离差	F 值
组间	44 374.6	3	14 791.5	$F=\frac{14\,791.5}{6\,816.8}$
组内	149 970.8	22	6 816.8	$=2.17$
总和	194 345.4	25		

查附表 4 得 $F_{0.05}(3,22)=3.05$，因为 $F<F_{0.05}(3,22)$，故接受 H_0，即可认为灯丝不同配料方案对灯泡寿命无显著影响。

§2 二元方差分析

二元方差分析讨论二个因素对试验结果的影响是否显著，分非重复试验和重复试验两种情形进行讨论。

2.1 非重复试验二元方差分析

例 1 在某种橡胶的配方中，考虑了三种不同的促进剂，四种不同份量的氧化锌。各种配方试验一次，测得 300% 定强如下：

表 4－6

促进剂 A \ 氧化锌 B	B_1	B_2	B_3	B_4
A_1	32	35	35.5	38.5
A_2	33.5	36.5	38	39.5
A_3	36	37.5	39.5	43

问不同促进剂、不同份量氧化锌分别对定强有无显著影响？

此例中有 A、B 二个因子，而因子 A 有三种水平 A_1, A_2, A_3，因子 B 有四种水平 B_1, B_2, B_3, B_4，在每种组合水平 $A_i \times B_j$ 上作一次试验获得了试验值。问因子 A、B 分别对试验结果有无显著影响？下面介绍一般模型。

设有二个因子 A、B，因子 A 有 r 种水平 $A_1, A_2, \cdots, A_r$，因子 B 有 s 种水平 $B_1, B_2, \cdots, B_s$。在 A、B 的每一种组合水平 $A_i \times B_j$ 上作一次试验，试验结果为 X_{ij}，$i=1,2,\cdots,r$；$j=1,2,\cdots,s$，所有 X_{ij} 相互独立，列于表 4－7 中。

表 4－7

因子 A \ 因子 B	B_1	B_2	$\cdots$	B_s	$\bar{X}_{i\cdot}$
A_1	X_{11}	X_{12}	$\cdots$	X_{1s}	$\bar{X}_{1\cdot}$
A_2	X_{21}	X_{22}	$\cdots$	X_{2s}	$\bar{X}_{2\cdot}$

续表 4-7

因子 B / 因子 A	B_1	B_2	…	B_s	$\bar{X}_{i\cdot}$
⋮	⋮	⋮		⋮	
A_r	X_{r1}	X_{r2}	…	X_{rs}	$\bar{X}_{r\cdot}$
$\bar{X}_{\cdot j}$	$\bar{X}_{\cdot 1}$	$\bar{X}_{\cdot 2}$	…	$\bar{X}_{\cdot s}$	$\bar{X}$

假定母体 X_{ij}具有正态分布$N(\mu_{ij},\sigma^2)$,其中

$$\mu_{ij} = \mu + \alpha_i + \beta_j,\ i = 1,2,\cdots,r;\ j = 1,2,\cdots,s \quad (2.1)$$

而

$$\sum_{i=1}^{r}\alpha_i = 0,\quad \sum_{j=1}^{s}\beta_i = 0 \quad (2.2)$$

在(2.1)式中,α_i 称为**因子 A 在水平 A_i 的效应**,它表示水平 A_i 在母体平均数上引起的偏差;同样,β_j 称为**因子 B 在水平 B_j 的效应**,它表示水平 B_j 在母体平均数上引起的偏差。

在母体上作

假设 H_{01}:　　$\alpha_1 = \alpha_2 = \cdots = \alpha_r = 0$ (2.3)

如果 H_{01}成立,那末 μ_{ij}与 i 无关,这表明因子 A 对试验结果无显著影响。同样,在母体上作

假设 H_{02}:　　$\beta_1 = \beta_2 = \cdots = \beta_s = 0$ (2.4)

如果 H_{02}成立,那末 μ_{ij}与 j 无关,这表明因子 B 对试验结果无显著影响。

导出检验假设 H_{01} 与 H_{02}的方法与一元方差分析相类似,可采用离差分解法。

令平均数

$$\bar{X}_{i\cdot} = \frac{1}{s}\sum_{j=1}^{s}X_{ij},\ i = 1,2,\cdots,r$$

$$\bar{X}_{\cdot j} = \frac{1}{r}\sum_{i=1}^{r}X_{ij},\ j = 1,2,\cdots,s$$

$$\bar{X} = \frac{1}{rs}\sum_{i=1}^{r}\sum_{j=1}^{s}X_{ij}$$

因而

$$\overline{X} = \frac{1}{r}\sum_{i=1}^{r}\overline{X}_{i\cdot} = \frac{1}{s}\sum_{j=1}^{s}\overline{X}_{\cdot j}$$

于是，总离差

$$\begin{aligned}
Q_T = & \sum_{i=1}^{r}\sum_{j=1}^{s}(X_{ij} - \overline{X})^2 \\
= & \sum_{i=1}^{r}\sum_{j=1}^{s}[(X_{ij} - \overline{X}_{i\cdot} - \overline{X}_{\cdot j} + \overline{X}) + (\overline{X}_{i\cdot} - \overline{X}) \\
& + (\overline{X}_{\cdot j} - \overline{X})]^2 \\
= & \sum_{i=1}^{r}\sum_{j=1}^{s}(X_{ij} - \overline{X}_{i\cdot} - \overline{X}_{\cdot j} + \overline{X})^2 + \sum_{i=1}^{r}\sum_{j=1}^{s}(\overline{X}_{i\cdot} - \overline{X})^2 \\
& + \sum_{i=1}^{r}\sum_{j=1}^{s}(\overline{X}_{\cdot j} - \overline{X})^2 \\
& + 2\sum_{i=1}^{r}\sum_{j=1}^{s}(X_{ij} - \overline{X}_{i\cdot} - \overline{X}_{\cdot j} + \overline{X})(\overline{X}_{i\cdot} - \overline{X}) \\
& + 2\sum_{i=1}^{r}\sum_{j=1}^{s}(X_{ij} - \overline{X}_{i\cdot} - \overline{X}_{\cdot j} + \overline{X})(\overline{X}_{\cdot j} - \overline{X}) \\
& + 2\sum_{i=1}^{r}\sum_{j=1}^{s}(\overline{X}_{i\cdot} - \overline{X})(\overline{X}_{\cdot j} - \overline{X}) \\
= & s\sum_{i=1}^{r}(\overline{X}_{i\cdot} - \overline{X})^2 + r\sum_{j=1}^{s}(\overline{X}_{\cdot j} - \overline{X})^2 \\
& + \sum_{i=1}^{r}\sum_{j=1}^{s}(X_{ij} - \overline{X}_{i\cdot} - \overline{X}_{\cdot j} + \overline{X})^2
\end{aligned}$$

记因子 $\boldsymbol{A}$ 引起的离差为

$$Q_A = s\sum_{i=1}^{r}(\overline{X}_{i\cdot} - \overline{X})^2 \tag{2.5}$$

因子 $\boldsymbol{B}$ 引起的离差为

$$Q_B = r\sum_{j=1}^{s}(\overline{X}_{\cdot j} - \overline{X})^2 \tag{2.6}$$

误差为

$$Q_E = \sum_{i=1}^{r}\sum_{j=1}^{s}(X_{ij} - \overline{X}_{i\cdot} - \overline{X}_{\cdot j} + \overline{X})^2 \tag{2.7}$$

则

$$Q_T = Q_A + Q_B + Q_E \tag{2.8}$$

从直观上看，Q_A 是由因子 A 的效应和 σ^2 引起的随机波动，Q_B 是由因子 B 的效应和 σ^2 引起的随机波动，而 Q_E 表示由 σ^2 引起的随机误差。因此，可用比较 Q_A 和 Q_E 的值来检验假设 H_{01} 是否成立，而用比较 Q_B 和 Q_E 的值来检验假设 H_{02} 是否成立。首先，分别计算 Q_A、Q_B 和 Q_E 的数学期望。为此，把 X_{ij} 表示为

$$X_{ij} = \mu_{ij} + \varepsilon_{ij} = \mu + \alpha_i + \beta_j + \varepsilon_{ij},\ i = 1,2,\cdots,r;\quad j = 1,2,\cdots,s \tag{2.9}$$

其中 ε_{ij} 服从正态分布 $N(0,\sigma^2)$。

$$\begin{aligned}
EQ_A &= E\Big[s\sum_{i=1}^{r}(\mu + \alpha_i + \bar{\varepsilon}_{i\cdot} - \mu - \bar{\varepsilon})^2\Big] \\
&= sE\Big[\sum_{i=1}^{r}(\alpha_i + \bar{\varepsilon}_{i\cdot} - \bar{\varepsilon})^2\Big] \\
&= s\sum_{i=1}^{r}\alpha_i^2 + sE\Big[\sum_{i=1}^{r}(\bar{\varepsilon}_{i\cdot} - \bar{\varepsilon})^2\Big] + 2s\sum_{i=1}^{r}\alpha_i E(\bar{\varepsilon}_{i\cdot} - \bar{\varepsilon}) \\
&= s\sum_{i=1}^{r}\alpha_i^2 + (r-1)\sigma^2
\end{aligned}$$

同理可得

$$EQ_B = r\sum_{j=1}^{s}\beta_j^2 + (s-1)\sigma^2$$

$$EQ_E = (r-1)(s-1)\sigma^2$$

令

$$S_A^2 = \frac{1}{r-1}Q_A$$

$$S_B^2 = \frac{1}{s-1} Q_B$$

$$S_E^2 = \frac{1}{(r-1)(s-1)} Q_E$$

故

$$ES_A^2 = \sigma^2 + \frac{s}{r-1} \sum_{i=1}^{r} \alpha_i^2$$

$$ES_B^2 = \sigma^2 + \frac{r}{s-1} \sum_{j=1}^{s} \beta_j^2$$

$$ES_E^2 = \sigma^2$$

当 H_{01} 成立时，$ES_A^2 = ES_E^2$；否则，$ES_A^2 > ES_E^2$。当 H_{02} 成立时，$ES_B^2 = ES_E^2$；否则，$ES_B^2 > ES_E^2$。这些结果在后面作拒绝区域时要用到。

下面在 H_{01} 和 H_{02} 都成立的前提下，导出由 Q_A 和 Q_E 作出的统计量的分布，以及由 Q_B 和 Q_E 作出的统计量的分布。此时，$\alpha_i = \beta_j = 0$，$i = 1,2,\cdots,r$；$j = 1,2,\cdots,s$，因而 $X_{ij} = \mu + \varepsilon_{ij}$。(2.5)、(2.6)、(2.7)、(2.8)式可改写为

$$Q_A = s \sum_{i=1}^{r} (\bar{\varepsilon}_{i\cdot} - \bar{\varepsilon})^2, \ Q_B = r \sum_{j=1}^{s} (\bar{\varepsilon}_{\cdot j} - \bar{\varepsilon})^2$$

$$Q_E = \sum_{i=1}^{r} \sum_{j=1}^{s} (\varepsilon_{ij} - \bar{\varepsilon}_{i\cdot} - \bar{\varepsilon}_{\cdot j} + \bar{\varepsilon})^2$$

$$Q_T = \sum_{i=1}^{r} \sum_{j=1}^{s} (\varepsilon_{ij} - \bar{\varepsilon})^2 = Q_A + Q_B + Q_E$$

于是有

$$\sum_{i=1}^{r} \sum_{j=1}^{s} \varepsilon_{ij}^2 = \sum_{i=1}^{r} \sum_{j=1}^{s} (\varepsilon_{ij} - \bar{\varepsilon})^2 + rs\bar{\varepsilon}^2$$

$$= Q_A + Q_B + Q_E + rs\bar{\varepsilon}^2$$

为了利用分解定理，等式两边除以 σ^2。于是，等式左边

$\frac{1}{\sigma^2}\sum_{i=1}^{r}\sum_{j=1}^{n_i}\varepsilon_{ij}^2$ 是自由度为 rs 的 χ^2 变量，而等式右边四项及其自由度分别为：

$\frac{1}{\sigma^2}Q_A$，具有约束条件 $\sum_{i=1}^{r}(\bar{\varepsilon}_{i\cdot}-\bar{\varepsilon})=0$，它的自由度为 $r-1$；

$\frac{1}{\sigma^2}Q_B$，具有约束条件 $\sum_{j=1}^{s}(\bar{\varepsilon}_{\cdot j}-\bar{\varepsilon})=0$，它的自由度为 $s-1$；

$\frac{1}{\sigma^2}Q_E$，具有约束条件 $\sum_{i=1}^{r}(\varepsilon_{ij}-\bar{\varepsilon}_{i\cdot}-\bar{\varepsilon}_{\cdot j}+\bar{\varepsilon})=0$，

$$j=1,2,\cdots,s$$

$$\sum_{j=1}^{s}(\varepsilon_{ij}-\bar{\varepsilon}_{i\cdot}-\bar{\varepsilon}_{\cdot j}+\bar{\varepsilon})=0,$$

$$i=1,2,\cdots,r$$

其中最后一个等式可由前面 $r+s-1$ 个获得，独立的约束条件有 $r+s-1$ 个，故自由度为 $rs-r-s+1$；

$\frac{1}{\sigma^2}rs\bar{\varepsilon}^2$，它的自由度为 1；

而右边各项自由度之和等于 rs。因此，

$\frac{1}{\sigma^2}Q_A$ 服从自由度为 $r-1$ 的 χ^2 分布，

$\frac{1}{\sigma^2}Q_B$ 服从自由度为 $s-1$ 的 χ^2 分布，

$\frac{1}{\sigma^2}Q_E$ 服从自由度为 $(r-1)(s-1)$ 的 χ^2 分布，

且 Q_A，Q_B 和 Q_E 相互独立。由 F 分布的定义，

$$F_A=\frac{Q_A/\sigma^2(r-1)}{Q_E/\sigma^2(r-1)(s-1)}=\frac{S_A^2}{S_E^2}$$

服从自由度为 $(r-1,\ (r-1)(s-1))$ 的 F 分布，而

$$F_B=\frac{Q_B/\sigma^2(s-1)}{Q_E/\sigma^2(r-1)(s-1)}=\frac{S_B^2}{S_E^2}$$

服从自由度为$(s-1,\ (r-1)(s-1))$的 F 分布。这里

$$S_A^2 = \frac{Q_A}{r-1},\ S_B^2 = \frac{Q_B}{s-1},\ S_E^2 = \frac{Q_E}{(r-1)(s-1)}$$

称 S_A^2 为**因子 $\boldsymbol{A}$ 引起的均方离差**，S_B^2 为**因子 $\boldsymbol{B}$ 引起的均方离差**，S_E^2 为**均方误差**。

我们不加证明地指出：当 H_{01} 成立时，F_A 服从自由度为$(r-1,(r-1)(s-1))$的 F 分布。当 H_{02}成立时，F_B 服从自由度为$(s-1,(r-1)(s-1))$的 F 分布。

为了检验假设 H_{01}，给定显著水平 α，查表可得 $F_\alpha(r-1,(r-1)(s-1))$的值，使

$$P\{F_A \geqslant F_\alpha(r-1,(r-1)(s-1))\} = \alpha$$

由一次抽样后所得子样值计算得 F_A 的值，若

$$F_A \geqslant F_\alpha(r-1,(r-1)(s-1))$$

则拒绝 H_{01}，即认为因子 A 对试验结果有显著影响；若

$$F_A < F_\alpha(r-1,(r-1)(s-1))$$

则接受 H_{01}，即认为因子 B 对试验结果无显著影响。

同样，为了检验假设 H_{02}，给定显著水平 α，查表可得 $F_\alpha(s-1,(r-1)(s-1))$的值，使

$$P\{F_B \geqslant F_\alpha(s-1,(r-1)(s-1))\} = \alpha$$

由一次抽样后所得子样值计算得 F_B 的值，若

$$F_B \geqslant F_\alpha(s-1,(r-1)(s-1))$$

则拒绝 H_{02}，即认为因子 B 对试验结果有显著影响；若

$$F_B < F_\alpha(s-1,(r-1)(s-1))$$

则接受 H_{02}，即认为因子 B 对试验结果无显著影响。

计算 F_A 与 F_B 的数值时可用下面**二元方差分析表**（见表 4－8）。表 4－8 中 Q_T 项在计算 F_A 和 F_B 的值时并没有用到，它仅起校核作用。

方差分析表中的离差亦可用下面方法计算：

令

表 4－8

来源	离 差 平 方 和	自由度	均方离差	F 值
因子 A	$Q_A = s\sum_{i=1}^{r}(\overline{X}_{i\cdot} - \overline{X})^2$	$r-1$	$S_A^2 = \frac{Q_A}{r-1}$	$F_A = \frac{S_A^2}{S_E^2}$
因子 B	$Q_B = r\sum_{j=1}^{s}(\overline{X}_{\cdot j} - \overline{X})^2$	$s-1$	$S_B^2 = \frac{Q_B}{s-1}$	$F_B = \frac{S_B^2}{S_E^2}$
误差	$Q_E = \sum_{i=1}^{r}\sum_{j=1}^{s}(X_{ij} - \overline{X}_{i\cdot} - \overline{X}_{\cdot j} + \overline{X})^2$	$(r-1)(s-1)$	$S_E^2 = \frac{Q_E}{(r-1)(s-1)}$	
总和	$Q_T = \sum_{i=1}^{r}\sum_{j=1}^{s}(\overline{X}_{ij} - \overline{X})^2$	$rs-1$		

$$S_{i\cdot} = \sum_{j=1}^{s} x_{ij}, \qquad S_{\cdot j} = \sum_{i=1}^{r} x_{ij}$$

$$SS_{i\cdot} = \sum_{j=1}^{s} x_{ij}^2, \qquad SS_{\cdot j} = \sum_{i=1}^{r} x_{ij}^2$$

$$S = \sum_{i=1}^{r} S_{i\cdot} = \sum_{j=1}^{s} S_{\cdot j} = \sum_{i=1}^{r}\sum_{j=1}^{s} x_{ij}$$

$$SS = \sum_{i=1}^{r} SS_{i\cdot} = \sum_{j=1}^{s} SS_{\cdot j} = \sum_{i=1}^{r}\sum_{j=1}^{s} x_{ij}^2$$

所以

$$Q_A = \frac{1}{s}\sum_{i=1}^{r} S_{i\cdot}^2 - \frac{1}{rs}S^2, \qquad Q_B = \frac{1}{r}\sum_{j=1}^{s} S_{\cdot j}^2 - \frac{1}{rs}S^2$$

$$Q_E = SS - \frac{1}{s}\sum_{i=1}^{r} S_{i\cdot}^2 - \frac{1}{r}\sum_{j=1}^{s} S_{\cdot j}^2 + \frac{1}{rs}S^2 = Q_T - Q_A - Q_B$$

$$Q_T = SS - \frac{1}{rs}S^2$$

例 2　在例 1 中,按题意 $r=3, s=4$, F_A 与 F_B 可利用二元方差分析表算得

表 4－9

来源	离差	自由度	均方离差	F 值
因子 A	28.3	2	14.15	$F_A=36.3$
因子 B	66.1	3	22.03	$F_B=56.5$
误差	2.35	6	0.39	
总和	96.75	11		

给定 $\alpha=5\%$,查表得 $F_{0.05}(2,6)=5.14$, $F_{0.05}(3,6)=4.76$,比较得 $F_A>5.14$, $F_B>4.76$,所以不同促进剂和氧化锌的不同份量对橡胶定强都有显著影响。

2.2　重复试验二元方差分析

前面所介绍的二元方差分析中在每一种组合水平上仅试验一

次，现在讨论在每一种组合水平上重复试验多次，并且重复试验次数相同的情形。

设有二个因子 A 和 B，因子 A 有 r 个水平 $A_1, A_2, \cdots, A_r$，因子 B 有 s 个水平 $B_1, B_2, \cdots, B_s$，在每一种组合水平 $A_i \times B_j$ 上重复试验 $c(c>1)$ 次得试验值

$$X_{ijk},\ i = 1,2,\cdots,r;\ j = 1,2,\cdots,s;\ k = 1,2,\cdots,c$$

将它们列成表 4 - 10。

假定 X_{ijk} 服从正态分布 $N(\mu_{ij}, \sigma^2)$，$i=1,2,\cdots,r$；$j=1,2,\cdots,s$；$k=1,2,\cdots,c$；且所有 X_{ijk} 相互独立。

我们指出，μ_{ij} 可表示为

$$\mu_{ij} = \mu + \alpha_i + \beta_j + \gamma_{ij} \tag{2.10}$$

其中 α_i, β_j 和 γ_{ij} 满足

$$\sum_{i=1}^{r} \alpha_i = 0, \qquad \sum_{j=1}^{s} \beta_j = 0$$

$$\sum_{i=1}^{r} \gamma_{ij} = 0, \qquad \sum_{j=1}^{s} \gamma_{ij} = 0 \tag{2.11}$$

事实上，令 $\mu = \dfrac{1}{rs}\sum_{i=1}^{r}\sum_{j=1}^{s}\mu_{ij}$，于是 $\mu_{ij} = \mu + (\mu_{ij} - \mu)$。再令

$$\alpha_i = \frac{1}{s}\sum_{j=1}^{s}(\mu_{ij} - \mu)$$

$$\beta_j = \frac{1}{r}\sum_{i=1}^{r}(\mu_{ij} - \mu)$$

$$\gamma_{ij} = (\mu_{ij} - \mu) - \alpha_i - \beta_j$$

从而可得(2.10)式，且易验证(2.11)四个等式成立。

α_i 称为因子 A 在水平 A_i 的效应，β_j 称为因子 B 在水平 B_j 的效应，γ_{ij} 称为**因子 $\boldsymbol{A}$、$\boldsymbol{B}$ 在组合水平 $\boldsymbol{A_i \times B_j}$ 的交互作用**，即因子 A 与 B 组合起来在此水平的作用。

下面对交互作用作一些直观解释。在非重复试验情形，仅考虑二个因子中各个因子的单独作用，即仅有因子 A 的效应与因子

表 4-10

因子 B / 因子 A	B_1	B_2	…	B_s
A_1	$X_{111}, X_{112}, \cdots, X_{11c}$	$X_{121}, X_{122}, \cdots, X_{12c}$	…	$X_{1s1}, X_{1s2}, \cdots, X_{1sc}$
A_2	$X_{211}, X_{212}, \cdots, X_{21c}$	$X_{221}, X_{222}, \cdots, X_{22c}$	…	$X_{2s1}, X_{2s2}, \cdots, X_{2sc}$
⋮	⋮	⋮	⋮	⋮
A_r	$X_{r11}, X_{r12}, \cdots, X_{r1c}$	$X_{r21}, X_{r22}, \cdots, X_{r2c}$	…	$X_{rs1}, X_{rs2}, \cdots, X_{rsc}$

B 的效应。一般情形，不仅各个因子在起作用，而且因子之间的组合有时会影响试验结果，这种作用就是交互作用。

例 在土地情况大体相同的四块大豆试验田上作试验，考察磷肥(P)、氮肥(N)对于平均亩产量的作用。对磷肥分不施与施 4 斤两种情形，对氮肥分不施与施 6 斤两种情形，并且在四块田上分别采用不施肥，单独施磷肥，单独施氮肥，同时施磷肥和氮肥等四种方法作试验，结果所得平均亩产(单位：斤)如下：

表 4－11

氮肥(N) 磷肥(P)	0 斤	6 斤
0 斤	400	430
4 斤	450	560

此表表明，单独施磷肥时平均亩产增加 50 斤，单独施氮肥时平均亩产增加 30 斤，而同时施两种肥料时平均亩产增加 160 斤。因此，两种肥料组合起来的作用是增加平均亩产 $160-50-30=80$ 斤，这就是两种肥料的交互作用。它恰好等于表 4－11 中主对角线上数字之和$(400+560)$减去次对角线上数字之和$(430+450)$。

在母体上作

$$\text{假设 } H_{01}: \alpha_1=\alpha_2=\cdots=\alpha_r=0$$

若 H_{01}成立，则表明因子 A 对试验结果无显著影响；否则，因子 A 对试验结果有显著影响。作

$$\text{假设 } H_{02}: \beta_1=\beta_2=\cdots=\beta_s=0$$

若 H_{02}成立，则表明因子 B 对试验结果无显著影响；否则，因子 B 对试验结果有显著影响。作

$$\text{假设 } H_{03}: \gamma_{ij}=0,\ i=1,2,\cdots,r;\ j=1,2,\cdots,s$$

若 H_{03}成立，则表明因子 A、B 无显著的交互作用；否则，因子 A、B 有显著的交互作用。

需要强调指出，对于具有重复试验的情形，可以检验两个因子

的交互作用是否显著。为了导出检验这三个假设的方法,可采用离差分解法。

令
$$\bar{X} = \frac{1}{rsc}\sum_{i=1}^{r}\sum_{j=1}^{s}\sum_{k=1}^{c} X_{ijk}$$

$$\bar{X}_{ij\cdot} = \frac{1}{c}\sum_{k=1}^{c} X_{ijk}$$

$$\bar{X}_{i\cdot\cdot} = \frac{1}{s}\sum_{j=1}^{s}\bar{X}_{ij\cdot}, \qquad \bar{X}_{\cdot j\cdot} = \frac{1}{r}\sum_{i=1}^{r}\bar{X}_{ij\cdot}$$

将它们列成表 4 - 12。

表 4 - 12

因子 B / 因子 A	B_1	B_2	…	B_r	
A_1	$\bar{X}_{11\cdot}$	$\bar{X}_{12\cdot}$	…	$\bar{X}_{1s\cdot}$	$\bar{X}_{1\cdot\cdot}$
A_2	$\bar{X}_{21\cdot}$	$\bar{X}_{22\cdot}$	…	$\bar{X}_{2s\cdot}$	$\bar{X}_{2\cdot\cdot}$
⋮	⋮	⋮	⋮	⋮	⋮
A_r	$\bar{X}_{r1\cdot}$	$\bar{X}_{r2\cdot}$	…	$\bar{X}_{rs\cdot}$	$\bar{X}_{r\cdot\cdot}$
	$\bar{X}_{\cdot 1\cdot}$	$\bar{X}_{\cdot 2\cdot}$	…	$\bar{X}_{\cdot s\cdot}$	$\bar{X}$

表 4 - 12 中最右面一列是左面 s 列取平均得到的,最下面一行是上面 r 行取平均得到的。

总离差

$$Q_T = \sum_{i=1}^{r}\sum_{j=1}^{s}\sum_{k=1}^{c}(X_{ijk} - \bar{X})^2 = Q_A + Q_B + Q_I + Q_E \tag{2.12}$$

其中

$$Q_A = sc\sum_{i=1}^{r}(\bar{X}_{i\cdot\cdot} - \bar{X})^2$$

$$Q_B = rc\sum_{j=1}^{s}(\bar{X}_{\cdot j\cdot} - \bar{X})^2$$

$$Q_I = c\sum_{i=1}^{r}\sum_{j=1}^{s}(\overline{X}_{ij\cdot} - \overline{X}_{i\cdot\cdot} - \overline{X}_{\cdot j\cdot} + \overline{X})^2$$

$$Q_E = \sum_{i=1}^{r}\sum_{j=1}^{s}\sum_{k=1}^{c}(X_{ijk} - \overline{X}_{ij\cdot})^2$$

称 Q_A 为因子 $\boldsymbol{A}$ 引起的离差，Q_B 为因子 $\boldsymbol{B}$ 引起的离差，Q_I 为因子 $\boldsymbol{A}$、$\boldsymbol{B}$ 交互作用引起的离差，Q_E 为误差。

X_{ijk} 表示为

$$X_{ijk} = \mu_{ij} + \varepsilon_{ijk} = \mu + \alpha_i + \beta_i + \gamma_{ij} + \varepsilon_{ijk}$$

其中 ε_{ijk} 服从正态分布 $N(0,\sigma^2)$，而所有 ε_{ijk} 相互独立。代入 Q_A，Q_B，Q_I 和 Q_E 的表示式，可算得它们的期望值：

$$EQ_A = (r-1)\sigma^2 + sc\sum_{i=1}^{r}\alpha_i^2$$

$$EQ_B = (s-1)\sigma^2 + rc\sum_{j=1}^{s}\beta_j^2$$

$$EQ_I = (r-1)(s-1)\sigma^2 + c\sum_{i=1}^{r}\sum_{j=1}^{s}\gamma_{ij}^2$$

$$EQ_E = rs(c-1)\sigma^2$$

令

$S_A^2 = \dfrac{Q_A}{r-1}$，称为因子 $\boldsymbol{A}$ 引起的均方离差；

$S_B^2 = \dfrac{Q_B}{s-1}$，称为因子 $\boldsymbol{B}$ 引起的均方离差；

$S_I^2 = \dfrac{Q_I}{(r-1)(s-1)}$，称为因子 $\boldsymbol{A}$、$\boldsymbol{B}$ 交互作用引起的均方离差；

$S_E^2 = \dfrac{Q_E}{rs(c-1)}$，称为均方离差。

于是

$$ES_A^2 = \sigma^2 + \frac{sc}{r-1}\sum_{i=1}^{r}\alpha_i^2$$

$$ES_B^2 = \sigma^2 + \frac{rc}{s-1}\sum_{j=1}^{s}\beta_j^2$$

$$ES_I^2 = \sigma^2 + \frac{c}{(r-1)(s-1)}\sum_{i=1}^{r}\sum_{j=1}^{s}\gamma_{ij}^2$$

$$ES_E^2 = \sigma^2$$

一般有 $ES_A^2 \geqslant ES_E^2, ES_B^2 \geqslant ES_E^2, ES_I^2 \geqslant ES_E^2$，而在假设 H_{01}, H_{02}, H_{03} 分别成立时各有等式成立。

在 H_{01}, H_{02}, H_{03} 都成立的前提下，可用分解定理得到 Q_A、Q_B、Q_I 和 Q_E 的分布。事实上，(2.12)式可改写为

$$\sum_{i=1}^{r}\sum_{j=1}^{s}\sum_{k=1}^{c}(\varepsilon_{ijk} - \bar{\varepsilon})^2 = sc\sum_{i=1}^{r}(\bar{\varepsilon}_{i\cdot\cdot} - \bar{\varepsilon})^2 + rc\sum_{j=1}^{s}(\bar{\varepsilon}_{\cdot j\cdot} - \bar{\varepsilon})^2$$

$$+ c\sum_{i=1}^{r}\sum_{j=1}^{s}(\bar{\varepsilon}_{ij\cdot} - \bar{\varepsilon}_{i\cdot\cdot} - \bar{\varepsilon}_{\cdot j\cdot} + \bar{\varepsilon})^2$$

$$+ \sum_{i=1}^{r}\sum_{j=1}^{s}\sum_{k=1}^{c}(\varepsilon_{ijk} - \bar{\varepsilon}_{ij\cdot})^2$$

等式两边除以 σ^2 后，左边 $\frac{1}{\sigma^2}Q_T$ 是自由度为 $rsc-1$ 的 χ^2 变量，而右边各项的自由度分别是：$\frac{1}{\sigma^2}Q_A$ 的自由度为 $r-1$；$\frac{1}{\sigma^2}Q_B$ 的自由度为 $s-1$；$\frac{1}{\sigma^2}Q_I$ 的自由度为 $(r-1)(s-1)$；$\frac{1}{\sigma^2}Q_E$ 的自由度为 $rs(c-1)$。由于右边各项自由度之和等于左边 χ^2 变量的自由度，故知 $\frac{1}{\sigma^2}Q_A, \frac{1}{\sigma^2}Q_B, \frac{1}{\sigma^2}Q_I, \frac{1}{\sigma^2}Q_E$ 分别服从自由度为 $r-1, s-1, (r-1)(s-1), rs(c-1)$ 的 χ^2 分布，且相互独立。进一步可得

$F_A = \frac{S_A^2}{S_E^2}$ 服从自由度为 $(r-1, rs(c-1))$ 的 F 分布；

$F_B = \frac{S_B^2}{S_E^2}$ 服从自由度为 $(s-1, rs(c-1))$ 的 F 分布；

$F_I = \frac{S_I^2}{S_E^2}$ 服从自由度为 $((r-1)(s-1), rs(c-1))$ 的 F 分布。

我们不加证明地指出：当 H_{01} 成立时，F_A 服从自由度为 $(r-1, rs(c-1))$ 的 F 分布；当 H_{02} 成立时，F_B 服从自由度为 $(s-1, rs(c-1))$ 的 F 分布；当 H_{03} 成立时，F_I 服从自由度为 $((r-1)(s-1), \cdot rs(c-1))$ 的 F 分布。

给定显著水平 α，查表可得 $F_\alpha(r-1, rs(c-1))$，$F_\alpha(s-1, rs(c-1))$ 和 $F_\alpha((r-1)(s-1), rs(c-1))$ 的值。由一次抽样后所得子样值算得 F_A，F_B 和 F_I 的值。若

$$F_A \geqslant F_\alpha(r-1, rs(c-1))$$

则拒绝 H_{01}，即认为因子 A 对试验结果有显著影响；否则，接受 H_{01}，即认为因子 A 对试验结果无显著影响。若

$$F_B \geqslant F_\alpha(s-1, rs(c-1))$$

即拒绝 H_{02}，即认为因子 B 对试验结果有显著影响；否则，接受 H_{02}，即认为因子 B 对试验结果无显著影响。若

$$F_I \geqslant F_\alpha((r-1)(s-1), rs(c-1))$$

则拒绝 H_{03}，即认为因子 A、B 的交互作用对试验结果有显著影响；否则，接受 H_{03}，即认为无显著影响。

计算 F_A、F_B 和 F_I 的数值可用下面二元方差分析表(见表 4-13)。

五个离差平方和 Q_A、Q_B、Q_I、Q_E、Q_T 也可以用如下公式计算。

令 $\quad S_{ij\cdot} = \sum_{k=1}^{c} x_{ijk}, \; S_{i\cdot\cdot} = \sum_{j=1}^{s}\sum_{k=1}^{c} x_{ijk}, \; S_{\cdot j\cdot} = \sum_{i=1}^{r}\sum_{k=1}^{c} x_{ijk}$

$$S = \sum_{i=1}^{r}\sum_{j=1}^{s}\sum_{k=1}^{c} x_{ijk}, \; SS = \sum_{i=1}^{r}\sum_{j=1}^{s}\sum_{k=1}^{c} x_{ijk}^2$$

那末

$$Q_A = \frac{1}{sc}\sum_{i=1}^{r} S_{i\cdot\cdot}^2 - \frac{1}{rsc}S^2$$

$$Q_B = \frac{1}{rc}\sum_{j=1}^{s} S_{\cdot j\cdot}^2 - \frac{1}{rsc}S^2$$

表 4 - 13

来源	离差平方和	自由度	均方离差	F 值
因子 A	$Q_A = sc\sum_{i=1}^{r}(\overline{X}_{i\cdot\cdot} - \overline{X})^2$	$r-1$	$S_A^2 = \frac{Q_A}{r-1}$	$F_A = \frac{S_A^2}{S_E^2}$
因子 B	$Q_B = rc\sum_{j=1}^{s}(\overline{X}_{\cdot j\cdot} - \overline{X})^2$	$s-1$	$S_B^2 = \frac{Q_B}{s-1}$	$F_B = \frac{S_B^2}{S_E^2}$
交互作用 I	$Q_I = c\sum_{i=1}^{r}\sum_{j=1}^{s}(\overline{X}_{ij\cdot} - \overline{X}_{i\cdot\cdot} - \overline{X}_{\cdot j\cdot} + \overline{X})^2$	$(r-1)(s-1)$	$S_I^2 = \frac{Q_I}{(r-1)(s-1)}$	$F_I = \frac{S_I^2}{S_E^2}$
误差	$Q_E = \sum_{i=1}^{r}\sum_{j=1}^{s}\sum_{k=1}^{c}(X_{ijk} - \overline{X}_{ij\cdot})^2$	$rs(c-1)$	$S_E^2 = \frac{Q_E}{rs(c-1)}$	
总和	$Q_T = \sum_{i=1}^{r}\sum_{j=1}^{s}\sum_{k=1}^{c}(X_{ijk} - \overline{X})^2$	$rsc-1$		

$$Q_I = \frac{1}{c}\sum_{i=1}^{r}\sum_{j=1}^{s} S_{ij\cdot}^2 - \frac{1}{sc}\sum_{i=1}^{r} S_{i\cdot\cdot}^2 - \frac{1}{rc}\sum_{j=1}^{s} S_{\cdot j\cdot}^2 + \frac{1}{rsc}S^2$$

$$= Q - (Q_A + Q_B + Q_E)$$

$$Q_E = SS - \frac{1}{c}\sum_{i=1}^{r}\sum_{j=1}^{s} S_{ij\cdot}^2$$

$$Q_T = SS - \frac{1}{rsc}S^2$$

例 3 考察合成纤维中对纤维弹性有影响的二个因素：收缩率 A 和总拉伸倍数 B。A 和 B 各取四种水平，整个试验重复一次，试验结果如下：

表 4-14

因子 B \ 因子 A	460 (B_1)	520 (B_2)	580 (B_3)	640 (B_4)
0(A_1)	71,73	72,73	75,73	77,75
4(A_2)	73,75	76,74	78,77	74,74
8(A_3)	76,73	79,77	74,75	74,73
12(A_4)	75,73	73,72	70,71	69,69

试问收缩率和总拉伸倍数分别对纤维弹性有无显著影响，并问两者对纤维弹性有无显著交互作用(给定显著水平 $\alpha = 5\%$)？

解 按题意 $r = s = 4$，$k = 2$。F_A，F_B 和 F_I 的值的计算可按如下二元方差分析表来进行(见表 4-15)。

表 4-15

来源	离差平方和	自由度	均方离差	F 值
收缩率 A	70.594	3	$\frac{70.594}{3} = 23.531$	$F_A = \frac{23.531}{1.344} = 17.5$
总拉伸倍数 B	8.594	3	$\frac{8.594}{3} = 2.865$	$F_B = \frac{2.865}{1.344} = 2.1$

续表 4-15

来源	离差平方和	自由度	均方离差	F 值
交互作用	79.531	9	$\frac{79.531}{9}=8.837$	$F_I=\frac{8.837}{1.344}=6.6$
误差	21.500	16	$\frac{21.500}{16}=1.344$	
总和	180.219	31		

由 $\alpha=5\%$，查附表 4 得 $F_{0.05}(3,16)=3.24$，$F_{0.05}(9,16)=2.54$。比较得知 $F_A>3.24$，$F_B<3.24$，$F_I>2.54$，故合成纤维收缩率对弹性有显著影响，总拉伸倍数对弹性无显著影响，而收缩率和总拉伸倍数对弹性有显著的交互作用。

*§3　正交试验设计

前面介绍了一元和二元方差分析。在实际问题中遇到的因素往往超过两个，需要考察各个因素对试验结果是否有显著作用。从理论上说可以像前两节那样导出多元（大于二元）方差分析法，但是公式将会变得很复杂，而且总试验次数也要增多。如果有 s 个因子，各因子分别有 $r_1,r_2,\cdots,r_s$ 种水平，共有 $r_1\cdot r_2\cdot\cdots\cdot r_r$ 种组合水平，在每一种组合水平上都作一次试验，总共要作 $r_1\cdot r_2\cdot\cdots\cdot r_s$ 次试验。例如，有 4 个因子，每个因子有 3 种水平，总共要作 $3^4=81$ 次试验。这里的试验指全面试验，即在每一种组合水平上都要作一次试验。为了减少试验次数，希望在所有组合水平中挑选一部分出来，在这些组合水平上作试验，即局部地进行试验。同样要分析每个因子对试验结果作用是否显著。因此，自然要求各因子水平的搭配比较匀称。在数理统计中安排试验方案称为**试验设计**。试验设计方法有很多种，这里仅介绍**正交试验设计**（简称**正交设计**）。所谓正交试验设计就是用正交表安排试验方案。下面按不考虑交互作用与考虑交互作用二种情况分别介绍。

3.1 不考虑交互作用的正交设计

在表 4－16 与 4－17 中分别列出了正交表 $L_8(2^7)$ 与 $L_9(3^4)$，其中 L 表示正交表。$L_8(2^7)$ 表示至多安排 7 个因子，每个因子有 2 种水平，共做 8 次试验的正交表，此表中数字 1、2（不包括列号和试验号中数字）表示水平。$L_9(3^4)$ 表示至多安排 4 个因子，每个因子有 3 种水平，共做 9 次试验的正交表，此表中数字 1、2、3（不包括列号和试验号中数字）表示水平。一般地，$L_n(S^r)$ 表示至多安排 r 个因子，每个因子有 S 种水平，共作 n 次试验的正交表。在附表 5 中列出了正交表 $L_4(2^3)$、$L_8(2^7)$、$L_{16}(2^{15})$、$L_{12}(2^{11})$、$L_9(3^4)$、$L_{27}(3^{13})$ 共六种。

$L_8(2^7)$

表 4－16

试验号 \ 列号	1	2	3	4	5	6	7
1	1	1	1	1	1	1	1
2	1	1	1	2	2	2	2
3	1	2	2	1	1	2	2
4	1	2	2	2	2	1	1
5	2	1	2	1	2	1	2
6	2	1	2	2	1	2	1
7	2	2	1	1	2	2	1
8	2	2	1	2	1	1	2

$L_9(3^4)$

表 4－17

试验号 \ 列号	1	2	3	4
1	1	1	1	1
2	1	2	2	2

续表 4-17

试验号 \ 列号	1	2	3	4
3	1	3	3	3
4	2	1	2	3
5	2	2	3	1
6	2	3	1	2
7	3	1	3	2
8	3	2	1	3
9	3	3	2	1

怎样选用正交表安排试验呢？先举一个例子说明。

例 1 为了考察影响某种化工产品转化率的因素，选择了三个有关因素：反应温度(A)、反应时间(B)、用碱量(C)，而每个因素取三种水平，列表如下：

表 4-18

因子 \ 水平	1	2	3
温度(A)	80℃(A_1)	85℃(A_2)	90℃(A_3)
时间(B)	90 分(B_1)	120 分(B_2)	150 分(B_3)
用碱量(C)	5%(C_1)	6%(C_2)	7%(C_3)

我们认为三个因素中的任意二个都没有交互作用。试问反应温度、反应时间和用碱量分别对转化率有无显著影响？

选择正交表时，首先要求正交表中水平数 S 与每个因子水平数一致，其次要求正交表中因子数 r 大于或等于实际因子数，然后适当选用试验次数 n 较小的正交表。

现对此例选择合适的正交表。在附表 5 中，三种水平的正交表列出了 $L_9(3^4)$，$L_{27}(3^{13})$二个。现选用 $L_9(3^4)$，因为试验次数少一些。将 A,B,C 三个因子任意放到表头“列号”的三列上，例如前三列，那末可在表 4-19 中的组合水平上作试验。实际上，表中组合水平的脚码是与正交表中相应行的数字一致的，如第 1 行 $A_1B_1C_1$ 由(1,1,1)而来，第 2 行 $A_1B_2C_2$ 由(1,2,2)而来。此表给出了一种试验方案，试验值用 $Y_i(i=1,2,\cdots,9)$表示。注意，表 4－19 中的组合水平可以不列出来，这里列出是为了初学者方便。

表 4－19

试验号 \ 列号	1 (A)	2 (B)	3 (C)	组合水平	试验值
1	1	1	1	$A_1\ B_1\ C_1$	Y_1
2	1	2	2	$A_1\ B_2\ C_2$	Y_2
3	1	3	3	$A_1\ B_3\ C_3$	Y_3
4	2	1	2	$A_2\ B_1\ C_2$	Y_4
5	2	2	3	$A_2\ B_2\ C_3$	Y_5
6	2	3	1	$A_2\ B_3\ C_1$	Y_6
7	3	1	3	$A_3\ B_1\ C_3$	Y_7
8	3	2	1	$A_3\ B_2\ C_1$	Y_8
9	3	3	2	$A_3\ B_3\ C_2$	Y_9

下面建立此例的数学模型并说明检验方法。假定因子 A,B,C 没有交互作用。设因子 A 在水平 A_1、A_2、A_3 上的效应分别为 a_1、a_2、a_3；因子 B 在水平 B_1、B_2、B_3 上的效应分别为 b_1、b_2、b_3；因子 C 在 C_1、C_2、C_3 水平上的效应分别为 c_1、c_2、c_3。效应表示一个因子在某种水平母体平均数的偏差。数学模型为

$$\begin{cases} Y_1=\mu+a_1+b_1+c_1+\varepsilon_1, & Y_2=\mu+a_1+b_2+c_2+\varepsilon_2 \\ Y_3=\mu+a_1+b_3+c_3+\varepsilon_3, & Y_4=\mu+a_2+b_1+c_2+\varepsilon_4 \\ Y_5=\mu+a_2+b_2+c_3+\varepsilon_5, & Y_6=\mu+a_2+b_3+c_1+\varepsilon_6 \\ Y_7=\mu+a_3+b_1+c_3+\varepsilon_7, & Y_8=\mu+a_3+b_2+c_1+\varepsilon_8 \\ Y_9=\mu+a_3+b_3+c_2+\varepsilon_9 & \end{cases} \tag{3.1}$$

它满足条件 $a_1+a_2+a_3=0, b_1+b_2+b_3=0, c_1+c_2+c_3=0$,其中 $\varepsilon_1,\varepsilon_2,\cdots,\varepsilon_9$ 是独立同分布正态变量,分布为 $N(0,\sigma^2)$。在母体上作

$$假设\ H_{01}: a_1 = a_2 = a_3 = 0$$

$$假设\ H_{02}: b_1 = b_2 = b_3 = 0$$

$$假设\ H_{03}: c_1 = c_2 = c_3 = 0$$

若假设 H_{01}成立,则表示因子 A 对试验结果无显著作用;否则,因子 A 对试验结果有显著作用。同理,H_{02}或 H_{03}成立分别表示因子 B 或 C 对试验结果无显著作用;否则,有显著作用。

从直观上看,应该怎样检验这些假设呢?由表 4-19 的第 1 列因子 A 分别计算每一种水平上的试验值的平均数。记

$$K_1^A = Y_1 + Y_2 + Y_3,\ K_2^A = Y_4 + Y_5 + Y_6,$$

$$K_3^A = Y_7 + Y_8 + Y_9$$

$$k_1^A = \frac{1}{3}K_1^A,\ k_2^A = \frac{1}{3}K_2^A,\ k_3^A = \frac{1}{3}K_3^A$$

这里 k_1^A, k_2^A, k_3^A 分别表示因子 A 在 1,2,3 水平上试验值的平均数。

同样地,由表 4-19 的第 2 列因子 B,作和

$$K_1^B = Y_1 + Y_4 + Y_7,\ K_2^B = Y_2 + Y_5 + Y_8$$

$$K_3^B = Y_3 + Y_6 + Y_9$$

因子 B 在 1,2,3 水平上试验值的平均数分别为

$$k_1^B = \frac{1}{3}K_1^B,\ k_2^B = \frac{1}{3}K_2^B,\ k_3^B = \frac{1}{3}K_3^B$$

再由表 4-19 的第 3 列因子 C,作和

$$K_1^C = Y_1 + Y_6 + Y_8,\ K_2^C = Y_2 + Y_4 + Y_9,$$

$$K_3^C = Y_3 + Y_5 + Y_7$$

因子 C 在 1,2,3 水平上试验值的平均数分别为

$$k_1^C = \frac{1}{3}K_1^C,\ k_2^C = \frac{1}{3}K_2^C,\ k_3^C = \frac{1}{3}K_3^C$$

利用这些平均数可以检验假设 H_{01}, H_{02}, H_{03} 是否成立。如例 1 中用表 4－19 安排试验，得化工产品转化率的试验值列于表 4－20。

表 4－20

试验号	A	B	C	转化率
1	1	1	1	31
2	1	2	2	54
3	1	3	3	38
4	2	1	2	53
5	2	2	3	49
6	2	3	1	42
7	3	1	3	57
8	3	2	1	62
9	3	3	2	64

由转化率试验值计算得

$$K_1^A = 123,\ K_2^A = 144,\ K_3^A = 183$$

$$K_1^B = 141,\ K_2^B = 165,\ K_3^B = 144$$

$$K_1^C = 135,\ K_2^C = 171,\ K_3^C = 144$$

进一步算得平均数

$$k_1^A = 41,\ k_2^A = 48,\ k_3^A = 61$$

$$k_1^B = 47,\ k_2^B = 55,\ k_3^B = 48$$

$$k_1^C = 45,\ k_2^C = 57,\ k_3^C = 48$$

因子 A 表示反应温度，实际水平为 80℃，85℃，90℃。以实际水平为横坐标，平均转化率 k_1^A, k_2^A, k_3^A 为纵坐标，作图；对因子 B，因子 C 也同样地作图，见图 4－2。

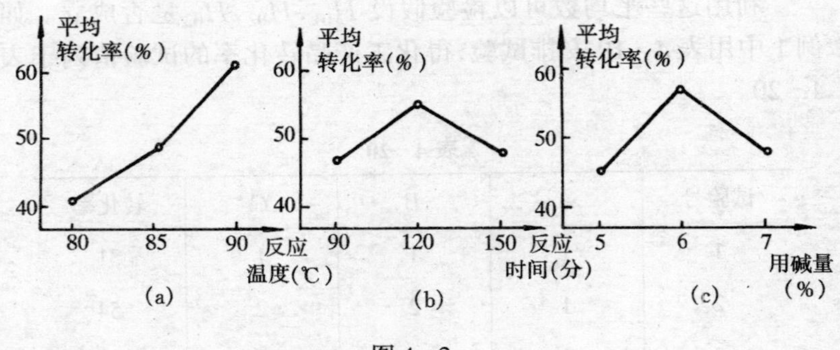

图 4-2

从图中看,(a)中平均转化率的极差为 20,(b)中平均转化率的极差为 8,(c)中平均转化率的极差为 12。由此说明反应温度 A 对转化率影响最大,用碱量的影响其次,反应时间的影响最小。有时,根据各个极差的大小和工程知识,可以判断这三个因子中哪些有显著影响,这就是直观分析法。但是,我们需要检验反应温度、反应时间、用碱量分别对转化率的影响是否显著的数学方法。一般地说,直观上可以用每一个因子在各个水平上试验值的平均数,考察此因子对试验结果的影响。怎样断定哪个因子对试验结果影响显著,哪个因子影响不显著,直观上有时无法确定,而要用方差分析法。

下面简要地介绍方差分析法的步骤与结果。

记总平均数为 $\overline{Y}=\frac{1}{9}\sum\limits_{i=1}^{9}Y_i$,显然有

$$\overline{Y} = \frac{1}{3}(k_1^A + k_2^A + k_3^A) = \frac{1}{3}(k_1^B + k_2^B + k_3^B) = \frac{1}{3}(k_1^C + k_2^C + k_3^C)$$

总离差平方和

$$Q_T = \sum_{i=1}^{9}(Y_i - \overline{Y})^2$$

我们可以把它分解为

$$Q_T = Q_A + Q_B + Q_C + Q_E \tag{3.2}$$

其中

$$Q_A = 3[(k_1^A - \overline{Y})^2 + (k_2^A - \overline{Y})^2 + (k_3^A - \overline{Y})^2]$$

$$Q_B = 3[(k_1^B - \overline{Y})^2 + (k_2^B - \overline{Y})^2 + (k_3^B - \overline{Y})^2]$$

$$Q_C = 3[(k_1^C - \overline{Y})^2 + (k_2^C - \overline{Y})^2 + (k_3^C - \overline{Y})^2]$$

称 Q_A 为因子 A 引起的离差平方和，Q_B 为因子 B 引起的离差平方和，Q_C 为因子 C 引起的离差平方和，Q_E 为试验误差。需要注意，Q_A, Q_B, Q_C 的表示式中的系数 3 是指每一种水平上的试验次数，即为 n/s。这里因子 A 引起离差平方和 Q_A 反映了因子 A 在三种水平上的试验平均值之间的差异；同样，Q_B 和 Q_C 分别反映了因子 B 和因子 C 在自身的三种水平上的试验平均值之间的差异。

式(3.2)中右边 Q_A 的自由度为 2，这是因为有一个约束条件 $(k_1^A - \overline{Y}) + (k_2^A - \overline{Y}) + (k_3^A - \overline{Y}) = 0$；同理，$Q_B$ 和 Q_C 的自由度都等于 2。左边 Q 的自由度为 8。为了使左边自由度等于右边各项自由度之和，可以取 Q_E 的自由度等于 2。利用分解定理可知，$\frac{Q_A}{\sigma^2}, \frac{Q_B}{\sigma^2}, \frac{Q_C}{\sigma^2}, \frac{Q_E}{\sigma^2}$ 相互独立，且分别服从自由度为 2 的 χ^2 分布。因此，

$$F_A = \frac{Q_A}{Q_E},\ F_B = \frac{Q_B}{Q_E},\ F_C = \frac{Q_C}{Q_E}$$

分别服从自由度为(2,2)的 F 分布。

给定显著水平 α，查表可得 $F_\alpha(2,2)$ 的值。由一次抽样后所得子样值算得 F_A、F_B、F_C 的值。若

$$F_A \geqslant F_\alpha(2,2)$$

则拒绝假设 H_{01}，即认为因子 A 对试验结果有显著作用；若

$$F_A < F_\alpha(2,2)$$

则接受假设 H_{01}，即认为因子 A 对试验结果无显著作用。同样，可以写出因子 B 和 C 分别对试验结果有无显著作用的检验方法。

我们不加证明地指出，可以采用下面公式计算 Q_A，Q_B，Q_C，Q_E，并将计算过程列成表 4－21 的格式。

表 4－21

试验号	A	B	C	试验值	平方
1	1	1	1	Y_1	Y_1^2
2	1	2	2	Y_2	Y_2^2
3	1	3	3	Y_3	Y_3^2
4	2	1	2	Y_4	Y_4^2
5	2	2	3	Y_5	Y_5^2
6	2	3	1	Y_6	Y_6^2
7	3	1	3	Y_7	Y_7^2
8	3	2	1	Y_8	Y_8^2
9	3	3	2	Y_9	Y_9^2
K_1	K_1^A	K_1^B	K_1^C	K	W
K_2	K_2^A	K_2^B	K_2^C		
K_3	K_3^A	K_3^B	K_3^C		
U	U_A	U_B	U_C	P	
Q	Q_A	Q_B	Q_C		

$$K = \sum_{i=1}^{9} Y_i,\ P = \frac{1}{9}K^2,\ W = \sum_{i=1}^{9} Y_i^2$$

$$U_A = \frac{1}{3}\sum_{i=1}^{3}(K_i^A)^2,\ U_B = \frac{1}{3}\sum_{i=1}^{3}(K_i^B)^2,\ U_C = \frac{1}{3}\sum_{i=1}^{3}(K_i^C)^2$$

$$Q_A = U_A - P,\ Q_B = U_B - P,\ Q_C = U_C - P,\ Q_T = W - P$$

需要注意，U_A，U_B，U_C 的系数分母 3 是指在每一种水平上的试验次数，即为 n/s。又

$$Q_E = Q_T - Q_A - Q_B - Q_C$$

计算 F_A、F_B、F_C 的值可用下面方差分析表（表 4－22）。

表 4 - 22

来源	离差	自由度	均方离差	F 值
A	Q_A	2	$S_A^2 = Q_A/2$	$F_A = S_A^2/S_E^2$
B	Q_B	2	$S_B^2 = Q_B/2$	$F_B = S_B^2/S_E^2$
C	Q_C	2	$S_C^2 = Q_C/2$	$F_C = S_C^2/S_E^2$
误差	Q_E	2	$S_E^2 = Q_E/2$	
总和	Q_T	8		

一般地说,方差分析表中各项离差的自由度可以这样确定。如果用 $L_n(S^r)$ 正交表安排试验,而实际上只有 r_1 个因子($r_1 \leqslant r$)。那末每一个因子引起的离差平方和的自由度为 $s-1$,而误差的自由度为 $n-1-r_1(s-1)$。

将例 1 中的转化率的试验方案与结果,以及计算 Q_A、Q_B、Q_C 的过程列于表 4 - 23 中,而将计算 F_A、F_B、F_C 值的方差分析表列于表 4 - 24 中。

表 4 - 23

试验号	A	B	C	转化率	平方
1	1	1	1	31	961
2	1	2	2	54	2 916
3	1	3	3	38	1 444
4	2	1	2	53	2 809
5	2	2	3	49	2 401
6	2	3	1	42	1 764
7	3	1	3	57	3 249
8	3	2	1	62	3 844
9	3	3	2	64	4 096
K_1	123	141	135	450	23 484
K_2	144	165	171		
K_3	183	144	144		
U	23118	22614	22 734	22 500	
Q	618	114	238		

表 4-24

来源	离差	自由度	均方离差	F 值
A	618	2	309	34.33
B	114	2	57	6.33
C	234	2	117	13.00
误差	18	2	9	
总和	984	8		

给定 $\alpha=5\%$,查表得 $F_\alpha(2,2)=19$。易见 $F_A>19$,这表明反应温度对转化率有显著影响;又 $F_B<19$,$F_C<19$,表明反应时间与用碱量对转化率无显著影响。

前面曾指出,对正交表水平的安排要求匀称。事实上,正交表有两条特性:(1)任意一列各种水平出现的个数相同。$L_n(S^r)$正交表任意一列各种水平出现$\frac{n}{s}$个。(2)任意二列各种组合水平(由二个水平构成)出现的个数相同。$L_n(S^r)$正交表任意二列各种组合水平出现 n/s^2 个。例如,在 $L_8(2^7)$正交表的任意一列中,水平1、2 各出现 4 个;在任意二列中,组合水平(1,1)、(1,2)、(2,1)、(2,2)各出现 2 个。又如,在 $L_9(3^4)$正交表的任意一列中,水平 1、2、3 各出现 3 个;在任意二列中,组合水平(1,1)、(1,2)、(1,3)、(2,1)、(2,2)、(2,3)、(3,1)、(3,2)、(3,3)各出现一个。读者如果有兴趣可对附表 5 中其它正交表一一验证。

3.2 考虑交互作用的正交设计

上面讨论的正交设计,假定因子之间没有交互作用。现在考虑因子之间的交互作用,此时应当怎样进行正交试验设计和作假设检验呢?

设有因子 $A,B,C,\cdots$等等,因子 A 和 B 的交互作用记为 $A\times B$,B 和 C 的交互作用记为 $B\times C$,等等。

先通过一个例子说明在这种情况下怎样用正交表进行试验设计。

例 2　某厂在梳棉机上纺粘锦混纺纱，要考察金属针布(A)，产量水平(B)，锡林速度(C)对棉结粒数有无显著作用。若每个因子取二种水平，列表如下：

表 4－25

因子＼水平	1	2
金属针布(A)	日本的	青岛的
产量水平(B)	6 公斤	8 公斤
锡林速度(C)	238 转/分	320 转/分

这里要考虑交互作用，选用正交表 $L_8(2^7)$ 比较合适。问题是因子 A、B、C 和交互作用分别在表头上怎样放？

如果在正交表的表头上已经放了一些因子，二个因子的交互作用的位置根据它们所处的列号而定。交互作用的放法可用 $L_8(2^7)$ 二列间交互作用表(见表 4－26)。此表用法如下：如果 A 放在横排列号"1"中，B 放在竖排列号"2"中，查此表第 1 列第 6 行("2"在第 6 行)元素得 3，交互作用 $A\times B$ 应放在第 3 列。如果 A 放在横排列号"3"中，B 放在竖排列号"6"中，查此表第 3 列第 2 行("6"在第 2 行)元素得 5，交互作用 $A\times B$ 应放在第 5 列。

表 4－26

列号＼列号	1	2	3	4	5	6
7	6	5	4	3	2	1
6	7	4	5	2	3	
5	4	7	6	1		
4	5	6	7			
3	2	1				
2	3					

考虑交互作用时用正交表可这样安排试验。先把因子 A、B 放在任意二列，如 A 放在第 1 列，B 放在第 2 列，查交互作用表，

$A\times B$ 放在第 3 列；此时 C 不能放在第 3 列，如放在第 4 列，再查交互作用表，$A\times C$ 和 $B\times C$ 应分别放在第 5 和第 6 列。这样设计出的表头如下：

表 4－27

列号	1	2	3	4	5	6	7
因子	A	B	$A\times B$	C	$A\times C$	$B\times C$	

为了使用方便，常用的表头设计附在有关正交表的下面，如附表 5 中 $L_8(2^7)$ 的表头设计，以供选用。

按表头设计安排试验，由试验结果怎样检验各因子和各交互作用的影响是否显著呢？以表 4－27 的表头设计为例，在正交表 $L_8(2^7)$ 中按第 1，2，4 列的组合水平进行试验，得试验结果。对 A、B、C 及交互作用 $A\times B$、$B\times C$、$A\times C$ 各列按前面表 4－21 的算法可得 Q_A，Q_B，Q_C，Q_{AB}，Q_{BC}，Q_{AC}，见表 4－28。

表 4－28

试验号	A	B	$A\times B$	C	$A\times C$	$B\times C$	试验值	平方
1	1	1	1	1	1	1	Y_1	Y_1^2
2	1	1	1	2	2	2	Y_2	Y_2^2
3	1	2	2	1	1	2	Y_3	Y_3^2
4	1	2	2	2	2	1	Y_4	Y_4^2
5	2	1	2	1	2	1	Y_5	Y_5^2
6	2	1	2	2	1	2	Y_6	Y_6^2
7	2	2	1	1	2	2	Y_7	Y_7^2
8	2	2	1	2	1	1	Y_8	Y_8^2
K_1	K_1^A	K_1^B	K_1^{AB}	K_1^C	K_1^{AC}	K_1^{BC}	K	W
K_2	K_2^A	K_2^B	K_2^{AB}	K_2^C	K_2^{AC}	K_2^{BC}		
U	U_A	U_B	U_{AB}	U_C	U_{AC}	U_{BC}	P	
Q	Q_A	Q_B	Q_{AB}	Q_C	Q_{AC}	Q_{BC}		

表中

$$K_1^A = Y_1 + Y_2 + Y_3 + Y_4,\ K_2^A = Y_5 + Y_6 + Y_7 + Y_8$$
$$K_1^B = Y_1 + Y_2 + Y_5 + Y_6,\ K_2^B = Y_3 + Y_4 + Y_7 + Y_8$$
$$K_1^C = Y_1 + Y_3 + Y_5 + Y_7,\ K_2^C = Y_2 + Y_4 + Y_6 + Y_8$$
$$K_1^{AB} = Y_1 + Y_2 + Y_7 + Y_8,\ K_2^{AB} = Y_3 + Y_4 + Y_5 + Y_6$$
$$K_1^{BC} = Y_1 + Y_4 + Y_5 + Y_8,\ K_2^{BC} = Y_2 + Y_3 + Y_6 + Y_7$$
$$K_1^{AC} = Y_1 + Y_3 + Y_6 + Y_8,\ K_2^{AC} = Y_2 + Y_4 + Y_5 + Y_7$$
$$K = \sum_{i=1}^{8} Y_i,\ P = \frac{1}{8}K,\ W = \sum_{i=1}^{8} Y_i^2$$
$$U_A = \frac{1}{4}\sum_{i=1}^{2}(K_i^A)^2,\ U_B = \frac{1}{4}\sum_{i=1}^{2}(K_i^B)^2,$$
$$U_C = \frac{1}{4}\sum_{i=1}^{2}(K_i^C)^2$$
$$U_{AB} = \frac{1}{4}\sum_{i=1}^{2}(K_i^{AB})^2,\ U_{AC} = \frac{1}{4}\sum_{i=1}^{2}(K_i^{AC})^2,$$
$$U_{BC} = \frac{1}{4}\sum_{i=1}^{2}(K_i^{BC})^2$$
$$Q_A = U_A - P,\ Q_B = U_B - P,\ Q_C = U_C - P$$
$$Q_{AB} = U_{AB} - P,\ Q_{AC} = U_{AC} - P,\ Q_{BC} = U_{BC} - P$$
$$Q_T = W - P$$

需要指出，在 U_A、U_B、U_C、U_{AB}、U_{AC}、U_{BC}的表示式中，系数的分母 4 是指在每一种水平上的试验次数，即为 n/s。又

$$Q_E = Q_T - Q_A - Q_B - Q_C - Q_{AB} - Q_{AC} - Q_{BC}$$

在二水平情形，计算 Q_A、Q_B、Q_C、Q_{AB}、Q_{AC}、Q_{BC}尚有简化公式

$$Q_A = \frac{1}{n}(K_1^A - K_2^A)^2,\ Q_B = \frac{1}{n}(K_1^B - K_2^B)^2,$$
$$Q_C = \frac{1}{n}(K_1^C - K_2^C)^2$$
$$Q_{AB} = \frac{1}{n}(K_1^{AB} - K_2^{AB})^2,\ Q_{AC} = \frac{1}{n}(K_1^{AC} - K_2^{AC})^2,$$

$$Q_{BC} = \frac{1}{n}(K_1^{BC} - K_2^{BC})^2$$

在不考虑交互作用情形也可用前三个简化公式。它的证明作为读者的练习。

计算 F_A、F_B、F_C、F_{AB}、F_{AC}、F_{BC}的值可用下列方差分析表。

表 4－29

来源	离差	自由度	均方离差	F 值
A	Q_A	1	$s_A^2 = Q_A/1$	$F_A = s_A^2/s_E^2$
B	Q_B	1	$s_B^2 = Q_B/1$	$F_B = s_B^2/s_E^2$
$A\times B$	Q_{AB}	1	$s_{AB}^2 = Q_{AB}/1$	$F_{AB} = s_{AB}^2/s_E^2$
C	Q_C	1	$s_C^2 = Q_C/1$	$F_C = s_C^2/s_E^2$
$A\times C$	Q_{AC}	1	$s_{AC}^2 = Q_{AC}/1$	$F_{AC} = s_{AC}^2/s_E^2$
$B\times C$	Q_{BC}	1	$s_{BC}^2 = Q_{BC}/1$	$F_{BC} = s_{BC}^2/s_E^2$
误差	Q_E	1	$s_E^2 = Q_E/1$	
总和	Q_T	7		

像前面一样，给定显著水平 α，可用此表中 F 值检验各因子和各交互作用对试验结果影响是否显著。下面用实例说明。

在例 2 中，按正交表(表 4－27)中 A、B、C 三列安排试验，测得棉结粒数：

$Y_1 = 0.30$，$Y_2 = 0.35$，$Y_3 = 0.20$，$Y_4 = 0.30$

$Y_5 = 0.15$，$Y_6 = 0.50$，$Y_7 = 0.15$，$Y_8 = 0.40$

经计算得下列方差分析表。

表 4－30

来源	离差	自由度	均方离差	F 值
B	78.125	1		
C	703.125			
$A\times C$	253.125	1		
A	3.125	1		
$A\times B$	3.125	1		
$B\times C$	3.125	1		
误差	28.125	1		
总和	1 071.875	7		

在表 4－30 中，A，$A\times B$，$B\times C$ 的离差平方和相对很小，这三项的作用很不显著。为了提高检验的效果，把 Q_A，Q_{AB}，Q_{BC}，并入 Q_E，并取 Q_E 的自由度为 4 项自由度之和，得到表 4－31。

表 4－31

来源	离差	自由度	均方离差	F 值
B	78.125	1	78.125	8.3
C	703.125	1	703.125	75
$A\times C$	253.125	1	253.125	27
误差	37.5	4	9.375	
总和	1 071.875	7		

给定 $\alpha=5\%$，查表得 $F_{0.05}(1,4)=7.71$。易见 $F_B>7.71$，$F_C>7.71$，$F_{AC}>7.71$，所以产量水平、锡林速度以及金属针针布与锡林速度的交互作用对棉结粒数都有显著影响。

例 3 为了考察影响某种化工产品产量的因素，考虑三个因素——反应温度、反应压力和溶液浓度。每个因子都取三种水平（见表 4－32）。

表 4－32

水平＼因子	温度(A)	压力(B)	浓度(C)
1	60℃	2 公斤	0.5
2	65℃	2.5 公斤	1.0
3	70℃	3 公斤	2.0

本例需要考虑交互作用，故选正交表 $L_{27}(3^{13})$ 较为合适，它的表头设计如下：

表 4－33

因子数＼列号	1	2	3	4	5	6
3	A	B	$(A\times B)_1$	$(A\times B)_2$	C	$(A\times C)_1$

因子数＼列号	7	8	9	10	11	12	13
3	$(A\times C)_2$	$(B\times C)_1$			$(B\times C)_2$		

需要指出，表 4－33 中共 13 列，每个因子占一列，而每一交互作用占两列，如交互作用 $A\times B$ 占第 3、第 4 列，这是因为取一列不足以表现此交互作用，而取二列才能较完整地表现它。

按正交表第 1,2,5 列的水平安排试验，结果如下：

表 4－34

$Y_i(i=1\sim5)$	1.30	4.63	7.23	0.50	3.67
$Y_i(i=10\sim14)$	0.47	3.47	6.13	0.33	3.40
$Y_i(i=19\sim23)$	0.03	3.40	6.80	0.57	3.97

$Y_i(i=6\sim9)$	6.23	1.37	4.73	7.07
$Y_i(i=15\sim18)$	5.80	0.63	3.97	6.50
$Y_i(i=24\sim27)$	6.83	1.07	3.97	6.57

仿照表 4－28 计算得

$$Q_A = 2.038\,9,\ Q_B = 1.166\,6,\ Q_C = 155.869\,5$$

$$Q_{(AB)_1} = 0.763\,5 \quad Q_{(AB)_2} = 0.555\,4 \quad Q_{(AC)_1} = 0.207\,1$$

$$Q_{(AC)_2} = 0.074\,9 \quad Q_{(BC)_1} = 0.091\,9 \quad Q_{(BC)_2} = 0.089\,1$$

$$Q_T = 161.201\,5$$

交互作用 $A \times B$ 的离差平方和 Q_{AB} 由 $Q_{(AB)_1}$ 和 $Q_{(AB)_2}$ 两部分合并而得，而对其它交互作用也是这样。于是

$$Q_{AB} = Q_{(AB)_1} + Q_{(AB)_2} = 1.318\,9$$

$$Q_{AC} = Q_{(AC)_1} + Q_{(AC)_2} = 0.282\,0$$

$$Q_{BC} = Q_{(BC)_1} + Q_{(BC)_2} = 0.181\,0$$

又

$$Q_E = Q_T - Q_A - Q_B - Q_C - Q_{AB} - Q_{AC} - Q_{BC} = 0.344\,6$$

然后，将它们列于方差分析表 4－35 中。

表 4－35

来源	离差	自由度	均方离差	F 值
A	2.038 9	2	1.019 5	20.2
B	1.166 6	2	0.583 3	11.6
C	155.869 5	2	77.934 8	1543.0
$A \times B$	1.318 9	4	0.330 0	6.5
$A \times C$	0.282 0	4		
$B \times C$	0.181 0	4	0.050 5	
误差	0.344 6	8		
总和	161.201 5	26		

在表 4－35 中，Q_{AC} 和 Q_{BC} 数值相对较小。为了提高检验效果，把它们与误差项 Q_E 合并，作为新的误差项，而相应的自由度亦进行合并。给定显著水平 $\alpha = 5\%$，查附表 4 得 $F_{0.05}(2,16) = 3.63$，$F_{0.05}(4,16) = 3.01$。作比较，F_A、F_B、F_C 都大于 3.63，又

F_{AB}亦大于 3.01,所以反应温度、反应压力、浓度以及温度与压力的交互作用的影响都是显著的。

正交设计的目的是对较多因子进行较少次数的试验,希望获得较好的检验效果。但是,在考虑交互作用并且交互作用的项数较多时,会产生混杂现象。例如,有 4 个因子,每个因子有 2 种水平,采用正交表 $L_8(2^7)$,选下列表头设计:

表 4-36

列号 因子数	1	2	3	4	5	6	7
4	A	B $C\times D$	$A\times B$	C $B\times D$	$A\times C$	D $B\times C$	$A\times D$

此表中因子 B 与交互作用 $C\times D$ 同在一列,混杂在一起,不易区分;同样,C 与 $B\times C$,D 与 $B\times C$ 也分别混杂在一起。在允许做试验次数较多的情形,为了避免混杂,可以取 n 较大的正交表。此例中,如果选用 $L_{16}(2^{15})$正交表的表头设计,这就没有混杂了。

正交设计的内容很多,如有混杂情形怎样进行分析检验,各因子水平数不等的正交表,有重复试验情形等有关内容,有兴趣的读者可看参考书[6]。

第四章　习　题

1. 为了对一元方差分析表作简化计算,对测定值 x_{ij} 作变换 $y_{ij}=b(x_{ij}-c)$,其中 b、c 是常数,且 $b\neq 0$。试用 y_{ij}表示组内离差和组间离差,并用它们表示 F 的值。

2. 有四个厂生产 1.5 伏的 3 号干电池。现从每个工厂产品中各取一子样,测量其寿命得到数值如下:

生产厂	干电池寿命(小时)
A	24.7, 24.3, 21.6, 19.3, 20.3
B	30.8, 19.0, 18.8, 29.7
C	17.9, 30.4, 34.9, 34.1, 15.9
D	23.1, 33.0, 23.0, 26.4, 18.1, 25.1

问四个厂干电池寿命有无显著差异($\alpha=5\%$)?

3. 抽查某地区三所小学五年级男学生的身高,得数据如下:

小　学	身高数据(厘米)
第一小学	128.1, 134.1, 133.1, 138.9, 140.8, 127.4
第二小学	150.3, 147.9, 136.8,126.0, 150.7, 155.8
第三小学	140.6, 143.1, 144.5, 143.7, 148.5, 146.4

试问该地区三所小学五年级男学生的平均身高是否有显著差异($\alpha=5\%$)?

4. 一实验室里有一批伏特计,它们经常被轮流用来测量电压。现在取 4 只,每只伏特计用来测量电压为 100 伏的恒定电动势各 5 次,得下列结果:

伏特计	测　定　值
A	100.9, 101.1, 100.8, 100.9, 100.4
B	100.2, 100.9, 101.0, 100.6, 100.3
C	100.8, 100.7, 100.7, 100.4, 100.0
D	100.4, 100.1, 100.3, 100.2, 100.0

问这几只伏特计之间有无显著差异($\alpha=0.05$)?

5. 为考察温度对某一化工产品得率的影响,选了五种不同的温度,在同一温度下各做三次试验,测得结果如下:

温度(℃)	60	65	70	75	80
得率(%)	90	97	96	84	84
	92	93	96	83	86
	88	92	93	88	82

试问温度对得率有无显著影响($\alpha=0.05$)？并求 60℃ 与 80℃ 时平均得率之差的置信区间，以及 70℃ 与 75℃ 时平均得率之差的置信区间($1-\alpha=0.95$)。

6. 在一元方差分析中，$X_{ij}=\mu+\alpha_i+\varepsilon_{ij}$($j=1,2,\cdots,n_i$；$i=1,2,\cdots,r$)，而$\sum\limits_{i=1}^{r}n_i\alpha_i=0$，试求 α_i 的无偏估计量及其方差。

7. 为了对二元方差分析表(非重复试验)作简化计算，作变换 $y_{ij}=b(x_{ij}-c)$。这里 b 与 c 是常数，而 $b\neq0$。试用 y_{ij} 表示由因子 A、B 分别引起的离差以及误差，并用 y_{ij} 表示 F_A 与 F_B 的值。

8. 在 B_1,B_2,B_3,B_4 四台不同的纺织机器中，采用三种不同的加压水平 A_1,A_2,A_3。在每种加压水平和每台机器中各取一个试样测量，得纱支强度如下表：

加压	机器			
	B_1	B_2	B_3	B_4
A_1	1 577	1 692	1 800	1 642
A_2	1 535	1 640	1 783	1 621
A_3	1 592	1 652	1 810	1 663

问不同加压水平和不同机器之间纱支强度有无显著差异($\alpha=0.01$)？

9. 下面记录了三位操作工分别在四台不同机器上操作三天的日产量：

机器	操作工		
	甲	乙	丙
A_1	15, 15, 17	19, 19, 16	16, 18, 21
A_2	17, 17, 17	15, 15, 15	19, 22, 22
A_3	15, 17, 16	18, 17, 16	18, 18, 18
A_4	18, 20, 22	15, 16, 17	17, 17, 17

在显著水平 $\alpha=0.05$ 下检验操作工人之间的差异是否显著？机器之间的差异是否显著？交互作用的影响是否显著？

10. 下表给出某种化工过程在三种浓度、四种温度水平下得率的数据：

浓度(%)	温度(℃)			
	10	24	38	52
2	14,10	11,11	13,9	10,12
4	9, 7	10, 8	7, 11	6, 10
6	5, 11	13, 14	12, 13	14,10

试在显著水平 0.05 下，检验各因子的效应与交互作用对得率的影响是否显著？

11. 一化工厂生产某种产品，需要找出影响收率的因素。根据经验和分析，认为反应温度的高低，加碱量的多少和催化剂种类的不同，可能是造成收率波动的较主要原因。对这三个因素各取三种水平，列于下表：

因素	温度(℃)	加碱量(公斤)	催化剂种类
1 水平	80	35	甲
2 水平	85	48	乙
3 水平	90	55	丙

用 $L_9(3^4)$ 表安排 9 次试验，试验结果如下：

试验号＼列号	1 温度	2 加碱量	3 催化剂种类	收率 （%）
1	1	1	1	51
2	1	2	2	71
3	1	3	3	58
4	2	1	2	82
5	2	2	3	69
6	2	3	1	59
7	3	1	3	77
8	3	2	1	85
9	3	3	2	84

假定没有交互作用。在 $\alpha=0.05$ 下检验各个因素对收率有无显著影响？

12．某厂为考察铁损情况，考虑四个因素，而每个因素取两种水平列于下表：

因素	退火温度 （℃）	退火时间 （小时）	原料产地	轧程分配 （毫米）
1 水平	800	10	甲地	0.3
2 水平	1 000	13	乙地	0.35

假定任意二个因素没有交互作用。现用 $L_8(2^7)$ 表安排试验，且把退火温度、退火时间、原料产地、轧程分配分别放在第 1、2、4、7 列，经试验所得结果如下：

试验号＼列号	1 退火温度	2 退火时间	4 原料产地	7 轧程	铁损 (%)
1	1	1	1	1	0.82
2	1	1	2	2	0.85
3	1	2	1	2	0.70
4	1	2	2	1	0.75
5	2	1	1	2	0.74
6	2	1	2	1	0.79
7	2	2	1	1	0.80
8	2	2	2	2	0.87

给定 $\alpha=0.05$，试检验每一个因素对铁损有无显著影响?

13. 作水稻栽培试验,考虑三个因素:秧龄、插植基本苗数、肥料。为了检验它们对产量的影响,每个因素取二种水平,具体水平见下表:

因素	秧龄	苗数	氮肥
1水平	小苗	15万株/亩	8斤/亩
2水平	大苗	25万株/亩	12斤/亩

用 $L_8(2^7)$表安排8次试验。试验结果如下:

试验号＼列号	1 秧龄	2 苗数	4 氮肥	亩产量 (斤)
1	1	1	1	600
2	1	1	2	613.3
3	1	2	1	600.6
4	1	2	2	606.6
5	2	1	1	674
6	2	1	2	746.6
7	2	2	1	688
8	2	2	2	686.6

在 $\alpha=0.05$ 下检验各因素及每二个因素交互作用对亩产量有无显著影响?

第五章　回归分析

本章讨论变量之间的相关关系，主要包括一元线性回归与多元线性回归。介绍回归分析中的参数估计、假设检验以及预测等方面的内容。鉴于应用的需要，也将介绍一些可线性化的一元及多元非线性回归。

§1 一元线性回归中的参数估计

在客观世界中变量之间的关系可分为两大类：一类是变量间有确定性关系，即当自变量取确定的值时因变量的值随之而确定。这就是高等数学所研究的函数关系。例如，质点作匀速直线运动时路程与时间的关系为 $s = s_0 + vt$；气体体积 V 一定时，压力 P 与温度 T 的关系为 $P = \frac{RT}{V}$，其中 R 是常量；电路中电压 V 一定时，电流 I 与电阻 R 的关系为 $I = \frac{V}{R}$。它们都是一元函数关系。在后两个例子中，若体积 V 以及电压 V 也变化，并把它们看作自变量，则是二元函数关系。另一类是变量间有非确定性关系，且有统计规律。下面举一些例子来说明。

(1)质点作匀速直线运动时，路程的测量常有随机误差，路程与时间的关系为 $s = s_0 + vt + \varepsilon$，其中 ε 是随机误差，它的分布是正态分布 $N(0, \sigma^2)$。当时间 t 取一定值时，s 的值并不确定，但二者有联系。

(2)某种农作物亩产量 Y 与施某种肥料量 x 间的关系。在一些主要条件如土壤的肥沃程度、水利灌溉、耕作情况、种子品种和数量等基本相同的情况下,施肥数量相同亩产可以不同,但亩产与施肥量有一定联系。

(3)人的血压 Y 与年龄 x 的关系。一般地说,年龄愈大的人血压愈高。但相同年龄的人血压可以不同。

(4)纺织厂纺出某种细纱的断裂伸长率 Y 与强力 x 的关系。即使两根纱的强力相同,它们的断裂伸长率亦常常不相等。一般地说,强力愈高的纱的断裂伸长率亦大,两者之间有联系。

(5)在平炉炼钢过程中,由于矿石及炉气的氧化作用,铁水的总含碳量不断降低。一炉钢在冶炼初期(熔化期)中总的去碳量 Y 与天然矿石加入量 x_1,烧结矿石加入量 x_2 以及熔化时间 x_3 有关,但 x_1、x_2 和 x_3 即使相同,Y 的值也可以不同,而它们之间有联系。

(6)纺织厂细纱车间纺出来细纱的强力 Y 与原棉的一些品质指标有关,如原棉的纤维长度 x_1,纤维强力 x_2,纤维不匀率 x_3,纤维细度 x_4 等。

在上面一些例子中,自变量取确定值时,因变量的值是不确定的,但两者有一定联系。这种变量间的非确定关系称为**相关关系**。在例 1 至例 4 中自变量只有一个,而例 5 和例 6 中自变量有几个。再考察各例中自变量的性质,例 1 中的时间 t,例 2 中的施肥量 x,例 3 中的年龄 x,例 5 中的天然矿石加入量 x_1,烧结矿石加入量 x_2,熔化时间 x_3 都是可以在某个范围中随意地取指定值的变量,称为**可控变量**。例 4 中细纱的强力和例 6 中原棉品质指标都是随机的,本身的值具有一定概率分布,称为**不可控变量**。严格地说,自变量是可控变量时,变量间关系的分析称为**回归分析**。这是本章将要讲述的主要内容。自变量是随机变量或不可控变量时,变量间关系的分析属于数理统计中相关分析的内容,可看参考书[5]。但一些应用工作者,对自变量常不严加区分,通常都按可控变量处理。只有一个自变量的回归分析称为**一元回归分析**,有多于一个自变量的回归分析称为**多元回归分析**。

1.1 一元线性回归的模型

设 x 是可控变量，Y 是依赖于 x 的随机变量，它们的关系是

$$Y = \alpha + \beta x + \varepsilon \tag{1.1}$$

其中 α、β 是常数，ε 服从正态分析 $N(0,\sigma^2)$。x 与 Y 的这种关系称为**一元线性回归(模型)**。当 x 取固定值时，Y 服从正态分布 $N(\alpha+\beta x,\sigma^2)$。上式两边取数学期望得

$$EY = \alpha + \beta x \tag{1.2}$$

若记 $\mathscr{Y}=EY$，则可改写为

$$\mathscr{Y} = \alpha + \beta x \tag{1.3}$$

称之为 **Y 对 x 的回归直线方程**，其中 β 称为**回归系数**。在图 5-1 中画出了回归直线及 x 固定时 Y 的分布密度曲线，其中回归直线画在 xOy 坐标平面上，当 $x=x_i$ 时 Y(即 Y_i)的正态分布密度曲线画在平面 $x=x_i$ 上，也就是条件分布密度曲线 $f(y|x_i)$，$i=1,2,3$。

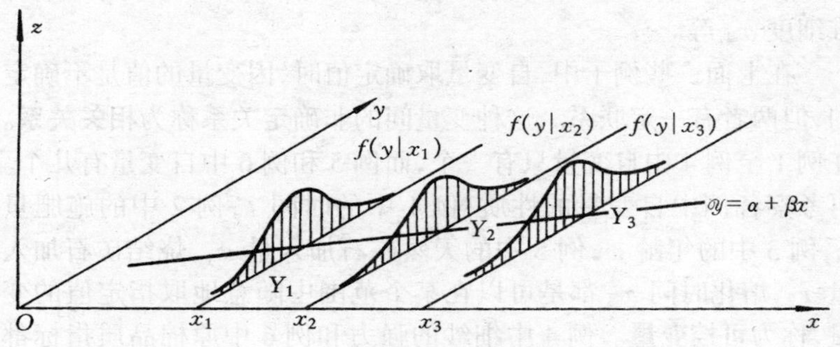

图 5-1

在实际试验中，对变量 x 和 Y 作 n 次试验观察，并且假定在 x 的各个值上对 Y 的观察是相互独立的，得到 n 对试验值如下：

x	x_1	x_2	$\cdots$	x_n
Y	y_1	y_2	$\cdots$	y_n

在平面直角坐标系中，画出坐标为 (x_i, y_i)，$i=1,2,\cdots,n$ 的 n 个

点，它们所构成的图形称为点图。如果 n 很大时，点图中的 n 个点分布在一条直线附近（如图 5-2），直观上可以认为 x 与 Y 的关系具有(1.1)式模型。Y 相应于 $x_1,x_2,\cdots,x_n$ 的 n 个观察值 $y_1,y_2,\cdots,y_n$ 可看成 $Y_1,Y_2,\cdots,Y_n$ 的试验值，而

$$Y_i = \alpha + \beta x_i + \varepsilon_i, \quad i = 1,2,\cdots,n \tag{1.4}$$

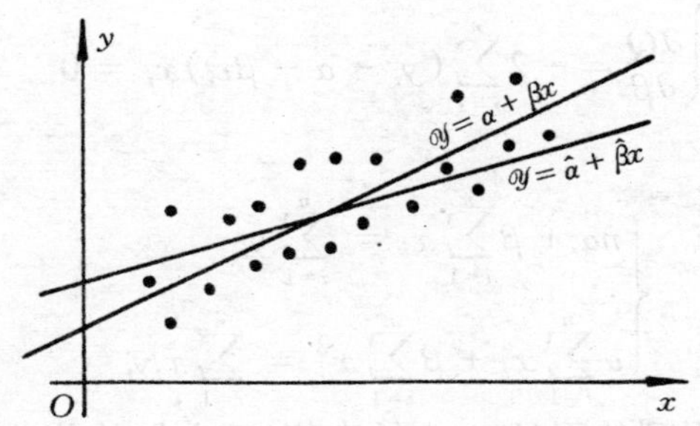

图 5-2

其中 ε_i 服从正态分布 $N(0,\sigma^2)$，且 $\varepsilon_1,\varepsilon_2,\cdots,\varepsilon_n$ 相互独立，此式通常称为**线性模型**。显然，Y_i 服从正态分布 $N(\alpha+\beta x_i,\sigma^2)$，且 $Y_1,Y_2,\cdots,Y_n$ 相互独立。$Y_1,Y_2,\cdots,Y_n$ 的独立性意味着在 x 的各个值上对 Y 的观察是相互独立的。

在一元线性回归中主要解决下列一些问题：(1)用试验值 (x_i,y_i)，$i=1,2,\cdots,n$ 对未知参数 α，β 和 σ^2 作点估计；(2)对回归系数 β 作假设检验；(3)在 $x=x_0$ 处对 Y 作预测，即对 Y 作区间估计。

1.2 对 α、β 和 σ^2 的估计

已知变量 x，Y 的 n 对试验值 $(x_i,y_i)(i=1,2,\cdots,n)$，我们先用最小二乘法求出 α、β 的估计值。

作离差平方和

$$Q = \sum_{i=1}^{n}(y_i - \mathscr{Y}_i)^2 = \sum_{i=1}^{n}(y_i - \alpha - \beta x_i)^2 \tag{1.5}$$

选择参数 α、β 使 Q 达到最小,即

$$Q = \sum_{i=1}^{n}(y_i - \alpha - \beta x_i)^2 = \min$$

为此,令 Q 分别对 α 和 β 的两个一阶偏导数等于零,即

$$\begin{cases} \dfrac{\partial Q}{\partial \alpha} = -2\sum_{i=1}^{n}(y_i - \alpha - \beta x_i) = 0 \\ \dfrac{\partial Q}{\partial \beta} = -2\sum_{i=1}^{n}(y_i - \alpha - \beta x_i)x_i = 0 \end{cases}$$

变形得

$$\begin{cases} n\alpha + \beta\sum_{i=1}^{n}x_i = \sum_{i=1}^{n}y_i \\ \alpha\sum_{i=1}^{n}x_i + \beta\sum_{i=1}^{n}x_i^2 = \sum_{i=1}^{n}x_iy_i \end{cases} \tag{1.6}$$

因为解方程组得到的不是 α,β 的真值,而它们的估计值,所以可把方程组中 α,β 分别用估计值 $\hat{\alpha}$,$\hat{\beta}$ 代替,得到

$$\begin{cases} n\hat{\alpha} + \hat{\beta}\sum_{i=1}^{n}x_i = \sum_{i=1}^{n}y_i \\ \hat{\alpha}\sum_{i=1}^{n}x_i + \hat{\beta}\sum_{i=1}^{n}x_i^2 = \sum_{i=1}^{n}x_iy_i \end{cases} \tag{1.7}$$

记

$$\bar{x} = \frac{1}{n}\sum_{i=1}^{n}x_i,\ \bar{y} = \frac{1}{n}\sum_{i=1}^{n}y_i,\ \overline{x^2} = \frac{1}{n}\sum_{i=1}^{n}x_i^2,\ \overline{xy} = \frac{1}{n}\sum_{i=1}^{n}x_iy_i$$

并将上面方程组中每个方程的两边除以 n 得

$$\begin{cases} \hat{\alpha} + \hat{\beta}\bar{x} = \bar{y} \\ \hat{\alpha}\bar{x} + \hat{\beta}\overline{x^2} = \overline{xy} \end{cases}$$

解此方程组得

$$\hat{\beta} = \frac{\overline{xy} - \bar{x}\,\bar{y}}{\overline{x^2} - \bar{x}^2}$$

或

$$\hat{\beta} = \frac{n\sum_{i=1}^{n} x_i y_i - \left(\sum_{i=1}^{n} x_i\right)\left(\sum_{i=1}^{n} y_i\right)}{n\sum_{i=1}^{n} x_i^2 - \left(\sum_{i=1}^{n} x_i\right)^2} \tag{1.8}$$

及

$$\hat{\alpha} = \bar{y} - \hat{\beta}\bar{x} \tag{1.9}$$

众所周知

$$\overline{x^2} - \bar{x}^2 = \frac{1}{n}\sum_{i=1}^{n} x_i^2 - \bar{x}^2 = \frac{1}{n}\sum_{i=1}^{n}(x_i - \bar{x})^2$$

又

$$\frac{1}{n}\sum_{i=1}^{n}(x_i - \bar{x})(y_i - \bar{y}) = \frac{1}{n}\sum_{i=1}^{n} x_i y_i - \bar{x}\,\bar{y} = \overline{xy} - \bar{x}\,\bar{y}$$

代入(1.8)式可得 $\hat{\beta}$ 的另一种表示形式

$$\beta = \frac{\sum_{i=1}^{n}(x_i - \bar{x})(y_i - \bar{y})}{\sum_{i=1}^{n}(x_i - \bar{x})^2} \tag{1.10}$$

需要指出,方程组(1.7)称为**正规方程(组)**。

把 $\hat{\alpha}$、$\hat{\beta}$ 代入回归直线方程(1.3),并把 $\mathscr{Y}$ 换成它的估计值 $\hat{\mathscr{Y}}$ 得到

$$\hat{\mathscr{Y}} = \hat{\alpha} + \hat{\beta}x \tag{1.11}$$

称之为 Y 对 x 的**经验回归直线方程**(见图 5-2),其中 $\hat{\beta}$ 称为**经验回归系数**。此式可作为对回归直线的估计。用(1.9)式,(1.11)式又可改写为

$$\hat{\mathscr{Y}} = \bar{y} + \hat{\beta}(x - \bar{x}) \tag{1.12}$$

此式表明经验回归直线始终是通过点$(\bar{x}, \bar{y})$的。

应当指出,在上面计算 $\hat{\alpha}$,$\hat{\beta}$ 的公式(1.8),(1.9),(1.10)中,y_i 和 $\bar{y}$ 亦可分别换成 Y_i 和 $\bar{Y}$。

下面再用矩法求 σ^2 的估计。由于 $\sigma^2 = D\varepsilon = E\varepsilon^2$,它可用 $\frac{1}{n}$ ·

$\sum_{i=1}^{n} \varepsilon_i^2$ 作估计，而 $\varepsilon_i = Y_i - \alpha - \beta x_i$，这里的 α、β 分别可用相应的估计量代入，故 σ^2 可用

$$\hat{\sigma}^2 = \frac{1}{n}\sum_{i=1}^{n}(Y_i - \hat{\alpha} - \hat{\beta}x_i)^2 \tag{1.13}$$

作估计。

为使计算 $\hat{\sigma}^2$ 的数值更方便，下面导出它的另一种表达形式。利用(1.9)式和(1.10)式计算

$$\begin{aligned} Q_{\min} &= \sum_{i=1}^{n}(Y_i - \hat{y}_i)^2 = \sum_{i=1}^{n}(Y_i - \hat{\alpha} - \hat{\beta}x_i)^2 \\ &= \sum_{i=1}^{n}(Y_i - \overline{Y} + \hat{\beta}\bar{x} - \hat{\beta}x_i)^2 \\ &= \sum_{i=1}^{n}[(Y_i - \overline{Y}) - \hat{\beta}(x_i - \bar{x})]^2 \\ &= \sum_{i=1}^{n}(Y_i - \overline{Y})^2 - 2\hat{\beta}\sum_{i=1}^{n}(x_i - \bar{x})(Y_i - \overline{Y}) + \hat{\beta}^2\sum_{i=1}^{n}(x_i - \bar{x})^2 \\ &= \sum_{i=1}^{n}(Y_i - \overline{Y})^2 - \hat{\beta}^2\sum_{i=1}^{n}(x_i - \bar{x})^2 \end{aligned}$$

即得

$$Q_{\min} = \sum_{i=1}^{n}(Y_i - \overline{Y})^2 - \hat{\beta}^2\sum_{i=1}^{n}(x_i - \bar{x})^2 \tag{1.14}$$

于是

$$\hat{\sigma}^2 = \frac{1}{n}Q_{\min} = \frac{1}{n}\sum_{i=1}^{n}(Y_i - \overline{Y})^2 - \hat{\beta}^2\frac{1}{n}\sum_{i=1}^{n}(x_i - \bar{x})^2 \tag{1.15}$$

或写成

$$\hat{\sigma}^2 = \left(\frac{1}{n}\sum_{i=1}^{n}Y_i^2 - \overline{Y}^2\right) - \hat{\beta}^2\left(\frac{1}{n}\sum_{i=1}^{n}x_i^2 - \bar{x}^2\right)$$

例 1 钢的强度和硬度都是反映钢质量的指标。现在炼 20 炉中碳钢，它们的抗拉强度 Y 与硬度 x 的 20 对试验值列于表 5－

1，并绘出点图(见图 5-3)。试求 Y 对 x 的经验回归直线方程，并计算 σ^2 的估计量 $\hat{\sigma}^2$。

表 5-1

编号	x_i	y_i	编号	x_i	y_i	编号	x_i	y_i	编号	x_i	y_i
1	277	103	6	268	98	11	286	108	16	255	94
2	257	99.5	7	285	103.5	12	269	100	17	269	99
3	255	93	8	286	103	13	246	96.5	18	297	109
4	278	105	9	272	104	14	255	92	19	257	95.5
5	306	110	10	285	103	15	253	94	20	250	91

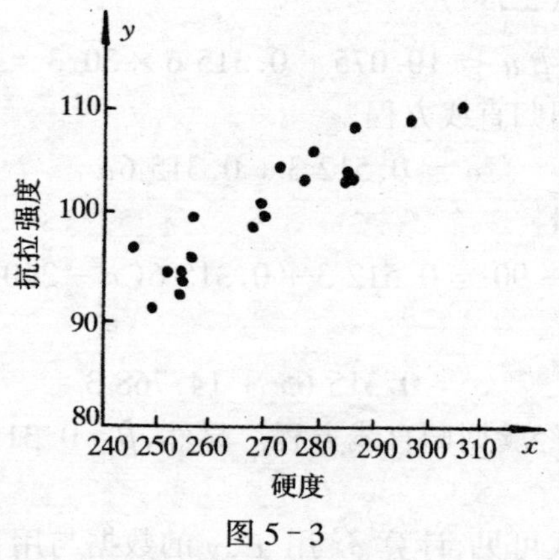

图 5-3

解 从试验值的点图上看，一些点分布在直线附近，看作一元线性回归比较合适。

为计算简单起见，作变量替换

$$u = x - 240, \quad v = y - 90$$

于是

$$u_i = x_i - 240, \quad v_i = y_i - 90$$

按题意 $n = 20$，计算可得

$$\sum_{i=1}^{n} u_i = 606, \quad \sum_{i=1}^{n} v_i = 201.5$$

$$\sum_{i=1}^{n} u_i^2 = 23\ 748, \quad \sum_{i=1}^{n} v_i^2 = 2\ 664.25, \quad \sum_{i=1}^{n} u_i v_i = 7\ 805.5$$

进而

$$\bar{u} = \frac{1}{20} \times 606 = 30.3, \quad \bar{v} = \frac{1}{20} \times 201.5 = 10.075$$

对变量 u, v 用最小二乘法配直线 $v = \hat{\alpha}' + \hat{\beta}' u$，由式(1.8)与(1.9)

$$\hat{\beta}' = \frac{n\sum_{i=1}^{n} u_i v_i - \sum_{i=1}^{n} u_i \sum_{i=1}^{n} v_i}{n\sum_{i=1}^{n} u_i^2 - \left(\sum_{i=1}^{n} u_i\right)^2} = \frac{20 \times 7\ 805.5 - 606 \times 201.5}{20 \times 23\ 748 - (606)^2} = 0.315\ 6$$

$$\hat{\alpha}' = \bar{v} - \hat{\beta}' \bar{u} = 10.075 - 0.315\ 6 \times 30.3 = 0.512\ 3$$

于是得到经验回归直线方程

$$\bar{v} = 0.512\ 3 + 0.315\ 6u$$

换成原来的变量

$$\hat{y} - 90 = 0.512\ 3 + 0.315\ 6(x - 240)$$

即

$$\hat{y} = 0.315\ 6x + 14.768\ 3$$

这是 Y 对 x 的经验回归直线方程。显然，$\hat{\beta} = 0.315\ 6$，与 $\hat{\beta}'$ 的值相同。

由(1.15)式可见，计算 σ^2 用 x、y 的数据与用 u、v 的数据结果应当相同。为了简单起见，采用 u、v 的数据进行计算，于是

$$\hat{\sigma}^2 = \left(\frac{1}{n}\sum_{i=1}^{n} v_i^2 - \bar{v}^2\right) - \hat{\beta}'\left(\frac{1}{n}\sum_{i=1}^{n} u_i^2 - \bar{u}^2\right)$$

$$= \left(\frac{1}{20} \times 2\ 664.25 - 10.075^2\right) - 0.315\ 6^2 \times \left(\frac{1}{20} \times 23\ 748 - 30.3^2\right)$$

$$= 4.882\ 7$$

1.3 估计量的分布

为了后面的需要，下面求一些估计量的分布。

先考察经验回归系数 $\hat{\beta}$ 的分布。由(1.10)式，

$$\hat{\beta}=\frac{\sum_{i=1}^{n}(x_i-\bar{x})(Y_i-\bar{Y})}{\sum_{i=1}^{n}(x_i-\bar{x})^2}=\frac{\sum_{i=1}^{n}(x_i-\bar{x})Y_i}{\sum_{i=1}^{n}(x_i-\bar{x})^2} \tag{1.16}$$

它是 $Y_1,Y_2,\cdots,Y_n$ 的线性组合，而 $Y_1,Y_2,\cdots,Y_n$ 是独立的正态变量，所以 $\hat{\beta}$ 服从正态分布。算

$$E\hat{\beta}=\frac{\sum_{i=1}^{n}(x_i-\bar{x})EY_i}{\sum_{i=1}^{n}(x_i-\bar{x})^2}=\frac{\sum_{i=1}^{n}(x_i-\bar{x})(\alpha+\beta x_i)}{\sum_{i=1}^{n}(x_i-\bar{x})^2}$$

$$=\frac{\beta\sum_{i=1}^{n}(x_i-\bar{x})x_i}{\sum_{i=1}^{n}(x_i-\bar{x})^2}=\beta$$

故 $\hat{\beta}$ 是 β 的无偏估计；又由 $DY_i=\sigma^2$ 可得

$$D\hat{\beta}=\frac{\sum_{i=1}^{n}(x_i-\bar{x})^2DY_i}{\left[\sum_{i=1}^{n}(x_i-\bar{x})^2\right]^2}=\frac{\sigma^2}{\sum_{i=1}^{n}(x_i-\bar{x})^2}$$

因此，$\hat{\beta}$ 服从正态分布 $N\left(\beta,\dfrac{\sigma^2}{\sum_{i=1}^{n}(x_i-\bar{x})^2}\right)$。

考察 σ^2 的估计量 $\hat{\sigma}^2$，$\hat{\sigma}^2$ 由(1.15)式给出。它是不是 σ^2 的无偏估计量呢？为此，计算 $E\hat{\sigma}^2$。因为

$$E\left[\sum_{i=1}^{n}(Y_i-\bar{Y})^2\right]=E\left[\sum_{i=1}^{n}(\alpha+\beta x_i+\varepsilon_i-\alpha-\beta\bar{x}-\bar{\varepsilon})^2\right]$$

$$=E\left\{\sum_{i=1}^{n}[\beta(x_i-\bar{x})+(\varepsilon_i-\bar{\varepsilon})]^2\right\}$$

$$= \beta^2 \sum_{i=1}^{n} (x_i - \bar{x})^2 + E\left[\sum_{i=1}^{n} (\varepsilon_i - \bar{\varepsilon})^2\right]$$

$$= \beta^2 \sum_{i=1}^{n} (x_i - \bar{x})^2 + (n-1)\sigma^2 \tag{1.17}$$

又 $$E\left[\hat{\beta}^2 \sum_{i=1}^{n} (x_i - \bar{x})^2\right] = \left[D\hat{\beta} + (E\hat{\beta})^2\right] \sum_{i=1}^{n} (x_i - \bar{x})^2$$

$$= \left(\frac{\sigma^2}{\sum_{i=1}^{n} (x_i - \bar{x})^2} + \beta^2\right) \sum_{i=1}^{n} (x_i - \bar{x})^2$$

$$= \sigma^2 + \beta^2 \sum_{i=1}^{n} (x_i - \bar{x})^2 \tag{1.18}$$

综合(1.14),(1.17),(1.18)三式得

$$EQ_{\min} = (n-2)\sigma^2 \tag{1.19}$$

故 $$E\hat{\sigma}^2 = E\left[\frac{1}{n} Q_{\min}\right] = \frac{n-2}{n}\sigma^2$$

这表明 $\hat{\sigma}^2$ 不是 σ^2 的无偏估计量。然而

$$E\left[\frac{1}{n-2} Q_{\min}\right] = \sigma^2$$

若记

$$\hat{\sigma}^{*2} = \frac{1}{n-2} Q_{\min} = \frac{1}{n-2} \sum_{i=1}^{n} (Y_i - \hat{\alpha} - \hat{\beta} x_i)^2 \tag{1.20}$$

则有

$$E\hat{\sigma}^{*2} = \sigma^2 \tag{1.21}$$

所以 $\hat{\sigma}^{*2}$是 σ^2 的无偏估计量。显然,$\hat{\sigma}^{*2}$与 $\hat{\sigma}^2$ 的关系是

$$\hat{\sigma}^{*2} = \frac{n}{n-2} \hat{\sigma}^2$$

当 n 很大时二者近似相等。由(1.14)式,$\hat{\sigma}^{*2}$可以表示为

$$\hat{\sigma}^{*2} = \frac{1}{n-2}\left[\sum_{i=1}^{n} (Y_i - \bar{Y})^2 - \hat{\beta}^2 \sum_{i=1}^{n} (x_i - \bar{x})^2\right] \tag{1.22}$$

下面定理给出 $\hat{\sigma}^{*2}$的概率分布。

定理 对于一元线性回归,有

(1) $\frac{1}{\sigma^2}Q_{\min}$服从自由度为 $n-2$ 的 χ^2 分布，即$\frac{(n-2)\hat{\sigma}^{*2}}{\sigma^2}$服从自由度为 $n-2$ 的 χ^2 分布；

(2) $\hat{\sigma}^{*2}$分别与 $\hat{\beta},\hat{\alpha}$ 独立。

定理的证明略去，仅对定理中结论(1)作些解释。由于二次型

$$Q_{\min}=\sum_{i=1}^{n}(Y_i-\hat{\alpha}-\hat{\beta}x_i)^2$$

满足约束条件

$$\sum_{i=1}^{n}(Y_i-\hat{\alpha}-\hat{\beta}x_i)=0$$

$$\sum_{i=1}^{n}x_i(Y_i-\hat{\alpha}-\hat{\beta}x_i)=0$$

事实上，这就是正规方程(1.7)；所以 $Q_{\min}$的自由度为 $n-2$，而$\frac{1}{\sigma^2}Q_{\min}$服从自由度为 $n-2$ 的 χ^2 分布。

§2 一元线性回归中的假设检验和预测

2.1 一元线性回归中的假设检验

一元线性回归的模型为

$$Y=\alpha+\beta x+\varepsilon$$

其中 α,β 是未知参数，ε 服从正态分布 $N(0,\sigma^2)$。先介绍**回归系数假设检验**。

对回归系数 β 作

$$\text{假设 } H_0:\beta=\beta_0$$

其中 β_0 是已知数。如何用 x,Y 的n 对观察值检验此假设呢？由于 β 的估计量是$\hat{\beta}$，要求由 $\hat{\beta}$ 作出统计量，并在假设成立的前提下导出它的分布，用以检验假设 H_0。

定理 设一元线性回归中 $\beta=\beta_0$，则

$$T=\frac{\hat{\beta}-\beta_0}{\sigma^*}\sqrt{\sum_{i=1}^{n}(x_i-\bar{x})^2}\text{，其中 }\hat{\sigma}^*=\sqrt{\hat{\sigma}^{*2}} \qquad (2.1)$$

服从自由度为 $n-2$ 的 t 分布。

证 由上节知 $\hat{\beta}$ 服从正态分布 $N(\beta_0,\sigma^2/\sum_{i=1}^{n}((x_i-\bar{x})^2)$，因而

$$U=\frac{\hat{\beta}-\beta_0}{\sigma\Big/\sqrt{\sum_{i=1}^{n}(x_i-\bar{x})^2}}$$

服从标准正态分布 $N(0,1)$。又由上节定理知

$$\chi^2=\frac{(n-2)\hat{\sigma}^{*2}}{\sigma^2}$$

服从自由度为 $n-2$ 的 χ^2 分布，且 $\hat{\sigma}^{*2}$ 与 $\hat{\beta}$ 独立。再用 t 分布的定义可得定理结论。

有了变量 T 的分布，容易得到检验假设 H_0 的方法。给定显著水平 α①。一次抽样得 x，Y 的 n 对观察值，用(2.1)式计算得 T 的数值。若

$$|T|\geqslant t_{\frac{\alpha}{2}}(n-2)$$

则拒绝 H_0，即认为回归系数与 β_0 有显著差异；若

$$|T|< t_{\frac{\alpha}{2}}(n-2)$$

则接受 H_0，即认为回归系数与 β_0 无显著差异。

下面介绍另一种假设检验问题，就是要**检验一元线性回归模型是否成立**。严格地说，这需要检验下列三点：(1)在 x 取各个固定值时，Y 都服从正态分布，而分布依赖于 x，且方差相同；(2)对各个 x 的值，Y 的数学期望是 x 的线性函数；(3)在 x 取各个值时，相应 Y 的值是相互独立的。可见，要严格地检验线性回归这一假设确实是不容易的。粗糙地说，要检验线性回归模型是否成

① 显著水平 α 与一元线性回归中未知参数 α 记号相重，但此处是容易分辨的。

立，可以认为检验 x 与 Y 是否有线性联系，也可认为检验

$$\text{假设 } H_0: \beta = 0$$

是否成立。如果 H_0 成立，认为线性回归不显著；否则，认为线性回归显著。这是因为引起线性回归不显著通常有如下一些原因：(1)影响 Y 的数值除了变量 x 外还有其它重要因素（或变量），这样当 x 固定时 Y 不能服从正态分布；(2) Y 与 x 不是线性联系，而是某种非线性联系，例如二次抛物线（它的对称轴平行于 y 轴）形式的联系；(3) Y 的值与 x 无关。如果要对这三种情形配线性回归模型，都有 $\beta=0$，即 $Y=\alpha+\varepsilon$。

由于检验线性回归假设相当于检验 $\beta=0$，而检验回归系数假设的方法上面已经导出，所以检验线性回归的方法如下：

给定显著水平 α，一次抽样后计算得

$$T = \frac{\hat{\beta}\sqrt{\sum_{i=1}^{n}(x_i - \bar{x})^2}}{\sigma^*} \tag{2.2}$$

的数值。若

$$|T| \geqslant t_{\frac{\alpha}{2}}(n-2)$$

则认为线性回归显著；若

$$|T| < t_{\frac{\alpha}{2}}(n-2)$$

则认为线性回归不显著。

例 1 检验上一节例 1 中线性回归是否显著，取 $\alpha=5\%$。

解 先算

$$\hat{\sigma}^{*2} = \frac{n}{n-2}\hat{\sigma}^2 = \frac{20}{20-2} \times 4.8827 = 5.4252$$

$$\hat{\sigma}^* = \sqrt{5.4252} = 2.33$$

利用(2.2)式计算 T 的值，容易看出用 x、Y 数据与用 u、v 数据算得 T 的数值应当相同。于是，可用 u、v 数据计算

$$T=\frac{\hat{\beta}\sqrt{\sum_{i=1}^{n}u_i^2-n\bar{u}^2}}{\hat{\sigma}^*}=\frac{0.315\,6\times\sqrt{23\,748-20\times(30.3)^2}}{2.33}=9.94$$

查附表 2 得 $t_{0.025}(18)=2.100\,9$，而 $|T|>2.100\,9$，所以线性回归显著。

2.2 预测

所谓对 Y **预测**是当 $x=x_0$ 时对 Y 作区间估计。这个名称来自工程技术，例如由近几天的气温资料对明天气温作估计称为气温预报。

当 $x=x_0$ 时，Y 的值 Y_0 为

$$Y_0=\alpha+\beta x_0+\varepsilon_0$$

其中 ε_0 服从正态分布 $N(0,\sigma^2)$。对 Y_0 作区间估计不能用 $\alpha+\beta x_0$ 的值，这是因为 α 与 β 是未知的；但是，可以利用 $\hat{\alpha}+\hat{\beta}x_0$ 作区间估计。记 $\hat{\mathscr{Y}}_0=\hat{\alpha}+\hat{\beta}x_0$。考察

$$Y_0-\hat{\mathscr{Y}}_0=Y_0-(\hat{\alpha}+\hat{\beta}x_0)$$

的概率分布。这里假定 Y_0 与 $Y_1,Y_2,\cdots,Y_n$ 相互独立。显著 Y_0 是正态变量。又由 $\hat{\beta},\hat{\alpha}$（等于 $\overline{Y}-\hat{\beta}\bar{x}$）都是 $Y_1,Y_2,\cdots,Y_n$ 的线性组合，因而 $\hat{\alpha}+\hat{\beta}x_0$ 也是正态变量。因为独立正态变量之差仍为正态变量，所以 $Y_0-(\hat{\alpha}+\hat{\beta}x_0)$ 服从正态分布，亦即 $Y_0-\hat{\mathscr{Y}}_0$ 服从正态分布。又

$$\begin{aligned}E(Y_0-\hat{\mathscr{Y}})&=E[\alpha+\beta x_0+\varepsilon_0-\hat{\alpha}-\hat{\beta}x_0]\\&=\alpha+\beta x_0-E\hat{\alpha}-\beta x_0\\&=\alpha-E(\overline{Y}-\hat{\beta}\bar{x})=\alpha-(E\overline{Y}-E\hat{\beta}\bar{x})\\&=\alpha-(\alpha+\beta\bar{x}-\beta\bar{x})=0\end{aligned}$$

而

$$\begin{aligned}D(Y_0-\hat{\mathscr{Y}}_0)&=DY_0+D\hat{\mathscr{Y}}_0=\sigma^2+D[\hat{\alpha}+\hat{\beta}x_0]\\&=\sigma^2+D[\overline{Y}+\hat{\beta}(x_0-\bar{x})]\\&=\sigma^2+D\overline{Y}+D[\hat{\beta}(x_0-\bar{x})]+2\mathrm{cov}(\overline{Y},\hat{\beta}(x_0-\bar{x}))\end{aligned}$$

$$= \sigma^2 + \frac{\sigma^2}{n} + (x_0 - \bar{x})^2 \frac{\sigma^2}{\sum_{i=1}^{n}(x_i - x_0)^2}$$
$$+ 2(x_0 - \bar{x})E[(\bar{Y} - E\bar{Y})(\hat{\beta} - E\hat{\beta})]$$

利用式(1.16),上式中

$$E[(\bar{Y} - E\bar{Y})(\hat{\beta} - E\hat{\beta})] = E\left[\frac{1}{n}\sum_{i=1}^{n}(Y_i - EY_i)\frac{\sum_{i=1}^{n}(x_i - \bar{x})(Y_i - EY_i)}{\sum_{i=1}^{n}(x_i - \bar{x})^2}\right]$$

$$= \frac{\sum_{i=1}^{n}\sum_{j=1}^{n}(x_i - \bar{x})E[(Y_i - EY_i)(Y_j - EY_j)]}{n\sum_{i=1}^{n}(x_i - \bar{x})^2}$$

$$= \frac{\sum_{i=1}^{n}(x_i - \bar{x})\sigma^2}{n\sum_{i=1}^{n}(x_i - \bar{x})^2} = 0$$

所以

$$D(Y_0 - \hat{y}_0) = \left[1 + \frac{1}{n} + \frac{(x_0 - \bar{x})^2}{\sum_{i=1}^{n}(x_i - \bar{x})^2}\right]\sigma^2$$

综合上面得到 $Y_0 - \hat{y}_0$ 服从正态分布

$$N\left(0, \left[1 + \frac{1}{n} + \frac{(x_0 - \bar{x})^2}{\sum_{i=1}^{n}(x_i - \bar{x})^2}\right]\sigma^2\right),$$

$$U = \frac{Y_0 - \hat{\alpha} - \hat{\beta}x_0}{\sqrt{1 + \frac{1}{n} + \frac{(x_0 - \bar{x})^2}{\sum_{i=1}^{n}(x_i - \bar{x})^2}}\,\sigma}$$

服从标准正态分布 $N(0,1)$。又

$$\chi^2 = \frac{(n-1)\hat{\sigma}^{*2}}{\sigma^2}$$

服从自由度为 $n-2$ 的 χ^2 分布。根据本章§1中定理，$Y_0-\hat{\alpha}-\hat{\beta}x_0$ 与 $\hat{\sigma}^{*2}$ 相互独立。由 t 分布定义，

$$T = \frac{Y_0-\hat{\alpha}-\hat{\beta}x_0}{\sqrt{1+\frac{1}{n}+\frac{(x_0-\bar{x})^2}{\sum_{i=1}^{n}(x_i-\bar{x})^2}}\hat{\sigma}^*}$$

服从自由度为 $n-2$ 的 t 分布。

给定置信概率 $1-\alpha$，有

$$P\left\{\frac{|Y_0-\hat{\alpha}-\hat{\beta}x_0|}{\sqrt{1+\frac{1}{n}+\frac{(x_0-\bar{x})^2}{\sum_{i=1}^{n}(x_i-\bar{x})^2}}\hat{\sigma}^*} < t_{\frac{\alpha}{2}}(n-2)\right\} = 1-\alpha$$

即

$$P\left\{\hat{\alpha}+\hat{\beta}x_0-t_{\frac{\alpha}{2}}(n-2)\sqrt{1+\frac{1}{n}+\frac{(x_0-\bar{x})^2}{\sum_{i=1}^{n}(x_i-\bar{x})^2}}\hat{\sigma}^* < Y_0\right.$$

$$\left.< \hat{\alpha}+\hat{\beta}x_0+t_{\frac{\alpha}{2}}(n-2)\sqrt{1+\frac{1}{n}+\frac{(x_0-\bar{x})^2}{\sum_{i=1}^{n}(x_i-\bar{x})^2}}\hat{\sigma}^*\right\} = 1-\alpha$$

所以，Y_0 的置信区间是

$$\left(\hat{\alpha}+\hat{\beta}x_0-t_{\frac{\alpha}{2}}(n-2)\sqrt{1+\frac{1}{n}+\frac{(x_0-\bar{x})^2}{\sum_{i=1}^{n}(x_i-\bar{x})^2}}\hat{\sigma}^*,\right.$$

$$\left.\hat{\alpha}+\hat{\beta}x_0+t_{\frac{\alpha}{2}}(n-2)\sqrt{1+\frac{1}{n}+\frac{(x_0-\bar{x})^2}{\sum_{i=1}^{n}(x_i-\bar{x})^2}}\hat{\sigma}^*\right)$$

令

$$\delta(x) = t_{\frac{\alpha}{2}}(n-2)\sqrt{1+\frac{1}{n}+\frac{(x_0-\bar{x})^2}{\sum_{i=1}^{n}(x_i-\bar{x})^2}}\hat{\sigma}^*$$

又 $\hat{\mathscr{Y}}=\hat{\alpha}+\hat{\beta}x$。于是在 x 处，Y 的置信下限为

$$y_1(x) = \hat{\mathscr{Y}} - \delta(x)$$

而置信上限为

$$y_2(x) = \mathscr{Y} + \delta(x)$$

当 x 变化时，获得置信下限和置信上限两条曲线(图 5-4)。在 x 处的置信区间是横坐标为 x 平行于 y 轴的直线夹在两曲线之间的部分，它的长度为 $2\delta(x)$。当 $x=\bar{x}$ 时，置信区间最小，估计最精确。x 离 $\bar{x}$ 愈远，置信区间愈长，估计的精确性愈差。

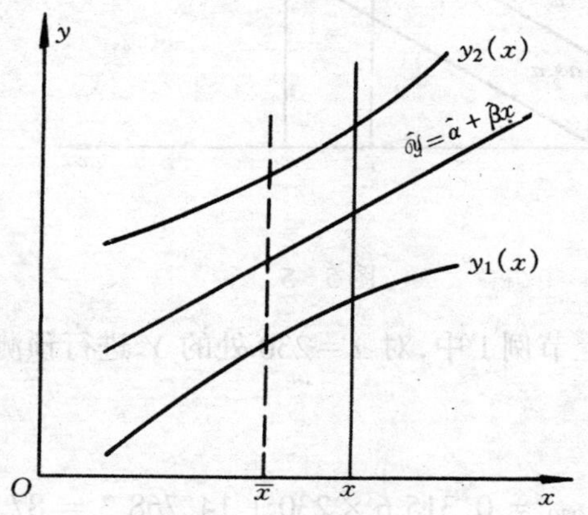

图 5-4

当 n 很大时，在 x 离 $\bar{x}$ 不太远处，亦即使 $|x-\bar{x}| \leqslant \sum_{i=1}^{n}(x_i-\bar{x})^2$ 的 x 处，有

$$\delta(x) \approx u_{\frac{\alpha}{2}}\hat{\sigma}^*$$

Y 的置信下限和上限分别近似于直线

$$y_1(x) \approx \hat{\alpha} + \hat{\beta}x - u_{\frac{\alpha}{2}}\hat{\sigma}^*$$

和

$$y_2(x) \approx \hat{\alpha} + \hat{\beta}x + u_{\frac{\alpha}{2}}\hat{\sigma}^*$$

它们的图形见图 5-5。

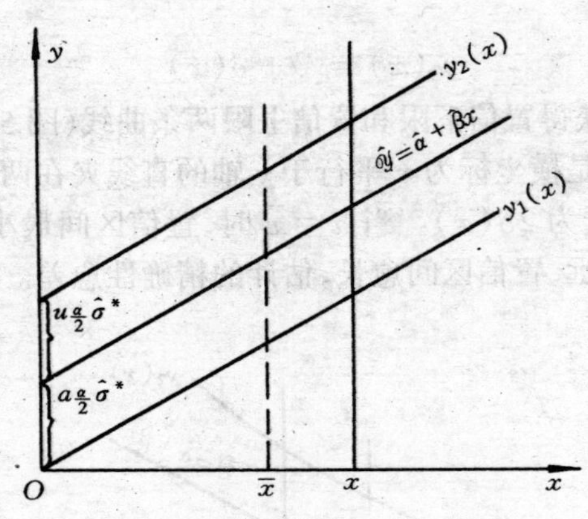

图 5-5

例 2 在上节例 1 中，对 $x=230$ 处的 Y 进行预测，取 $1-\alpha=95\%$。

解 先算

$$\hat{\mathscr{Y}}|_{x=230} = 0.315\,6 \times 230 + 14.768\,3 = 87.36$$

按题意 $n=20$。由 $\delta(x)$的表达式，易见

$$\delta(230) = t_{0.025}(18)\sqrt{1 + \frac{1}{20} + \frac{(230 - 240 - \bar{u})^2}{\sum_{i=1}^{n} u_i^2 - n\bar{u}^2}}\hat{\sigma}^*$$

$$= 2.100\,9 \times \sqrt{1 + \frac{1}{20} + \frac{(-10 - 30.3)^2}{23\,748 - 20 \times (30.3)^2}} \times 2.33$$

$$= 5.70$$

Y 的置信下限是

$$y_1 = 87.36 - 5.70 = 81.66$$

而置信上限是

$$y_2 = 87.36 + 5.70 = 93.06$$

预测区间是(81.66,93.06)。

§3 可线性化的一元非线性回归

在工程技术中,有时两个变量之间的关系可以不是直线(或线性)的相关关系,而是某种曲线(或非线性)的相关关系。

例 1 出钢时所用的盛钢水的钢包,由于钢水对耐火材料的浸蚀,容积不断增大。我们希望找到使用次数 x 与增大的容积 y 之间的关系。

对一钢包作试验,测得的数据列于下表:

表 5-2

使用次数 x	增大容积 y	使用次数 x	增大容积 y
2	6.42	10	10.49
3	8.20	11	10.59
4	9.58	12	10.60
5	9.50	13	10.80
6	9.70	14	10.60
7	10.00	15	10.90
8	9.93	16	10.76
9	9.99		

把(x_i, y_i), $i=1,2,\cdots,15$ 画出点图,这些点分布在一条曲线附近(图 5-6)。从图上我们看到,开始浸蚀速度快,然后逐渐减慢,而点的分布越来越接近于一条平行于 x 轴的直线,因此钢包容积不会无限增加。显然,将此例看成一元线性回归是不合适的。

这种需要配曲线的情况就是**非线性回归**或**曲线回归**。此例中应该怎样配曲线呢？

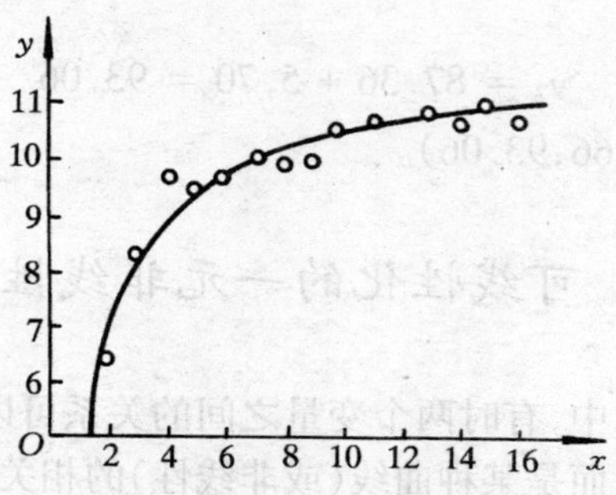

图 5-6

配曲线的一般方法如下：先对两个变量 x 和 y 作 n 次试验观察得(x_i, y_i)，$i=1,2,\cdots,n$，画出点图，根据点图确定需配曲线的类型。通常选择下面六类曲线之一：

(1)双曲线(图 5-7)

$$\frac{1}{y}=a+\frac{b}{x}$$

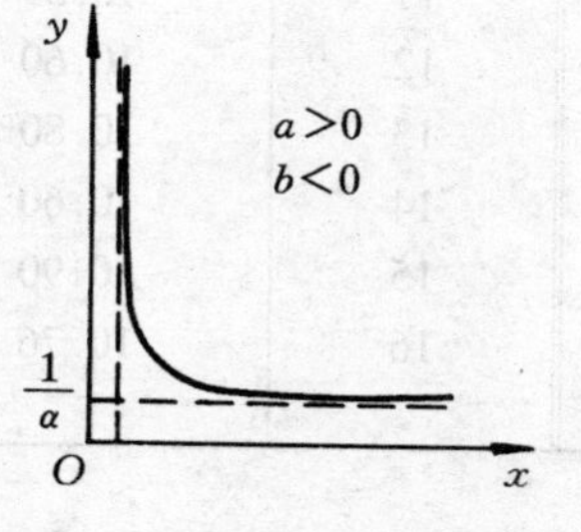

图 5-7

(2)幂函数曲线(图 5-8)

$$y=ax^b, x>0, \text{其中 } a>0$$

(3)指数曲线(图 5-9)

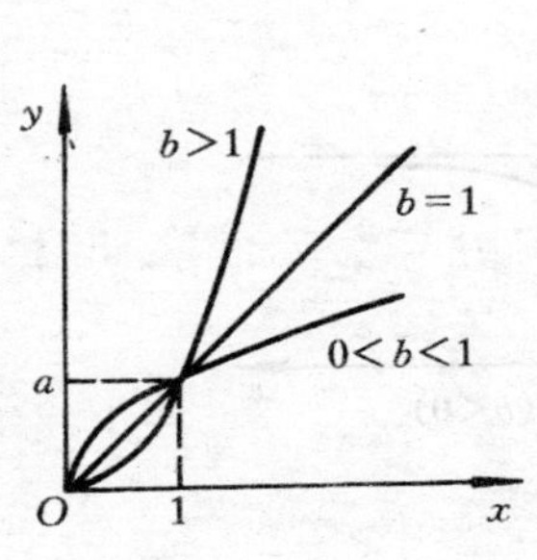

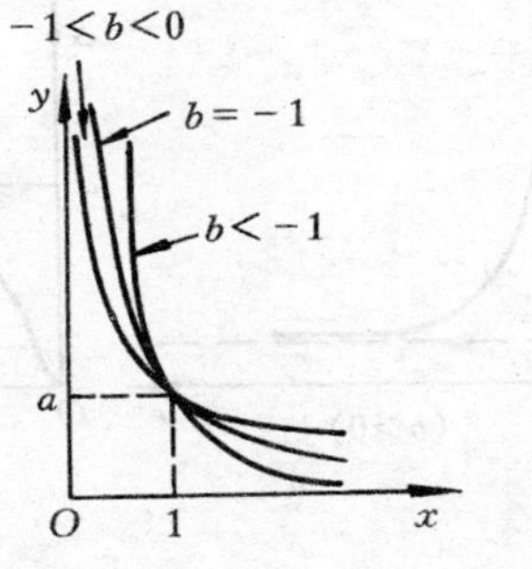

图 5-8

$y=ae^{bx}$,其中 $a>0$

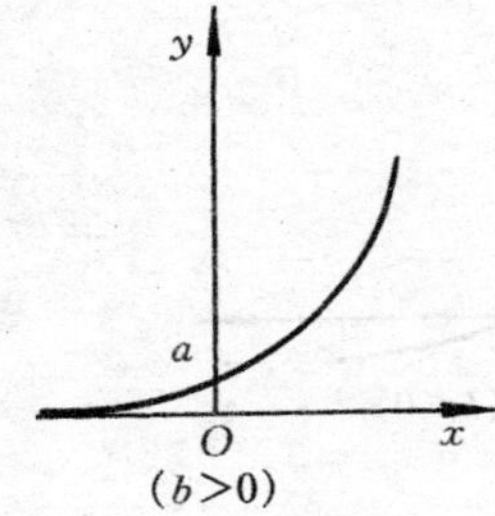

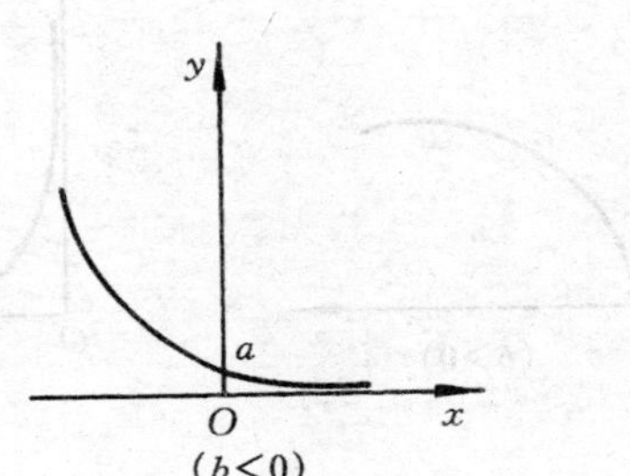

图 5-9

(4)倒指数曲线(图 5-10)

$y=ae^{b/x}$,其中 $a>0$

(5)对数曲线(图 5-11)

$y=a+b\log x, x>0$

(6)S 型曲线(图 5-12)

$$y=\frac{1}{a+be^{-x}}$$

然后,由 n 对试验数据确定每一类曲线的未知参数 a 与 b。采用的方法是通过变量代换把非线性回归化成线性回归,即采用**非线性回归线性化的方法**。下面介绍三类曲线线性化的具体方法。

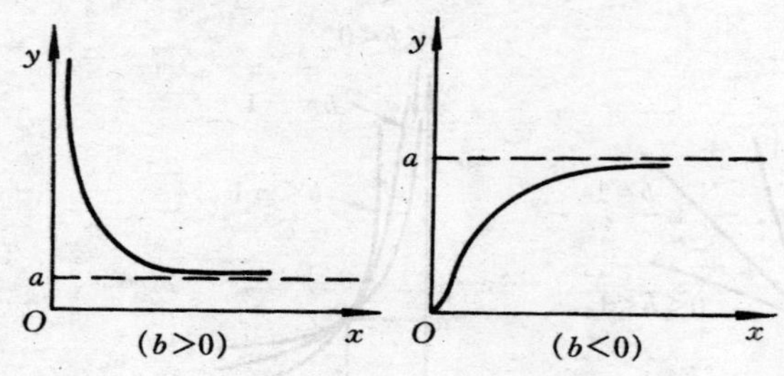

图 5-10

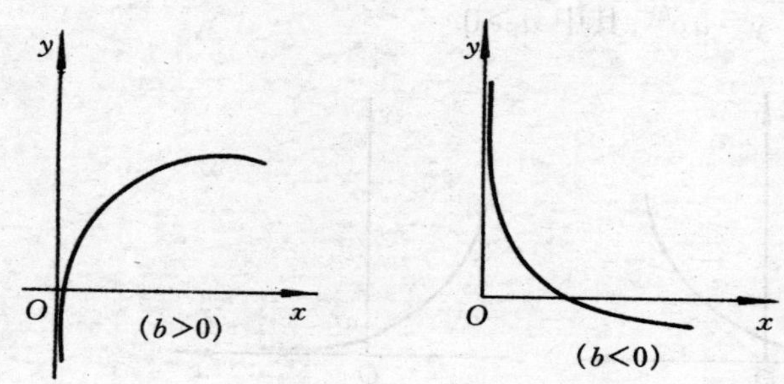

图 5-11

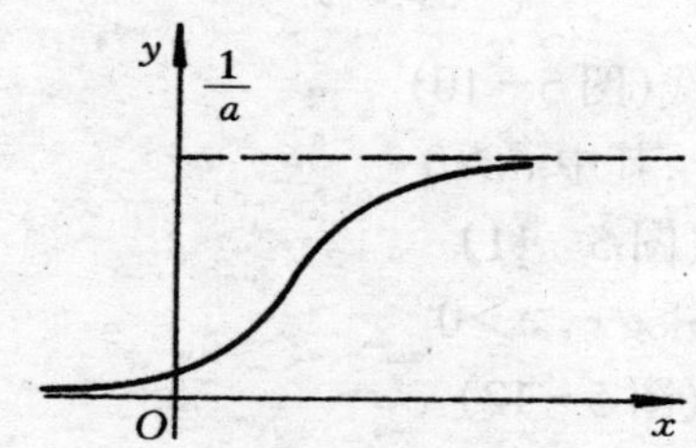

图 5-12

1. 双曲线 $\frac{1}{y}=a+\frac{b}{x}$

作变量代换 $u=\frac{1}{x}, v=\frac{1}{y}$，双曲线方程就变成直线方程

$$v = a + bu$$

由试验值(x_i, y_i)按 $u_i=\frac{1}{x_i}, v_i=\frac{1}{y_i}$算出$(u_i, v_i)$，$i=1,2,\cdots,n$，对 u 与 v 利用本章§1 中配经验回归直线公式(1.8)，(1.9)，计算参数估计值 $\hat{a}, \hat{b}$。故有

$$\frac{1}{y} = \hat{a} + \frac{\hat{b}}{x}$$

2. 幂函数曲线，$y=ax^b$，$x>0$，其中参数 $a>0$。

两边取常用对数

$$\log y = \log a + b\log x$$

再作代换 $u=\log x, v=\log y, A=\log a$，则幂函数曲线方程就变成直线方程

$$v = A + bu$$

由试验值(x_i, y_i)算出(u_i, v_i)，$i=1,2,\cdots,n$，对 u 与 v 利用本章§1 中配回归直线公式(1.8)，(1.9)，计算参数估计值 $\hat{A}, \hat{b}$，又由 $\hat{a}=10^{\hat{A}}$得$\hat{a}$ 值。故有

$$y = \hat{a}x^{\hat{b}}$$

3. 倒指数曲线，$y=ae^{b/x}$，其中参数 $a>0$。

两边取自然对数得

$$\ln y = \ln a + \frac{b}{x}$$

再作代换 $u=\frac{1}{x}, v=\ln y, A=\ln a$，则倒指数曲线方程变成

$$v = A + bu$$

由试验值(x_i, y_i)算出(u_i, v_i)，$i=1,2,\cdots,n$，对 u 与 v 利用本章§1 中公式(1.8)，(1.9)计算 $\hat{A}, \hat{b}$ 的值，由 $\hat{a}=e^{\hat{A}}$得$\hat{a}$ 值。故有

$$y = \hat{a}e^{\frac{\hat{b}}{x}}$$

关于指数曲线、对数曲线和 S 型曲线的线性化方法希望读者自己去做。

现在来求解例 1。由图 5-6 我们选配倒指数曲线

$$y = a e^{\frac{b}{x}}$$

根据线性化方法,算得

$$\hat{b} = -1.110\ 7, \hat{A} = 2.458\ 7$$

由此

$$\hat{a} = e^{\hat{A}} = 11.678\ 9$$

最后得

$$y = 11.678\ 9 e^{-\frac{1.110\ 7}{x}}$$

这就是要配的曲线方程。

应该指出,上面选取的曲线类型是根据试验值的点图确定的。在工程技术中,有时利用专业知识也可以确定曲线的类型,这当然更好。

* §4 多元线性回归中的参数估计

本节介绍有多个自变量的多元线性回归,这种回归在工程上应用更为广泛。

4.1 模型和参数估计

设 $x_1, x_2, \cdots, x_p$ 是确定性变量,Y 是随机变量,它们之间有关系

$$Y = \beta_0 + \beta_1 x_1 + \cdots + \beta_p x_p + \varepsilon \tag{4.1}$$

其中 $\beta_0, \beta_1, \cdots, \beta_p$ 是常数,ε 是服从正态分布 $N(0, \sigma^2)$ 的随机变量。这就是 **p 元线性回归模型**。我们讨论 $p>1$ 的情形。对(4.1)式两边取数学期望得

$$EY = \beta_0 + \beta_1 x_1 + \cdots + \beta_p x_p$$

记 $\mathscr{Y}=EY$,则它可改写为

$$\mathscr{Y}=\beta_0+\beta_1x_1+\cdots+\beta_px_p \tag{4.2}$$

称之为**回归平面方程**,其中 $\beta_1,\beta_2,\cdots,\beta_p$ 称为**回归系数**。

对变量 $x_1,x_2,\cdots,x_p,Y$ 作 n 次观察得 n 组观察值:

$$(x_{i1},x_{i2},\cdots,x_{ip},y_i),\quad i=1,2,\cdots,n$$

若把相应于 $x_{i1},x_{i2},\cdots,x_{ip}$ 的 Y 的观察值看作随机变量,那末 n 组观察值是

$$(x_{i1},x_{i2},\cdots,x_{ip},Y_i),\quad i=1,2,\cdots,n$$

从而有

$$\begin{cases}Y_1=\beta_0+\beta_1x_{11}+\beta_2x_{12}+\cdots+\beta_px_{1p}+\varepsilon_1\\ Y_2=\beta_0+\beta_1x_{21}+\beta_2x_{22}+\cdots+\beta_px_{2p}+\varepsilon_2\\ \quad\vdots\\ Y_n=\beta_0+\beta_1x_{n1}+\beta_2x_{n2}+\cdots+\beta_px_{np}+\varepsilon_n\end{cases} \tag{4.3}$$

其中各个 ε_i 服从正态分布 $N(0,\sigma^2)$,并假定 $\varepsilon_1,\varepsilon_2,\cdots,\varepsilon_n$ 是相互独立的。式(4.3)通常称为**线性模型**。

为了使记号简单和数学处理方便起见,可用矩阵表示。记

$$\boldsymbol{Y}=\begin{bmatrix}Y_1\\Y_2\\\vdots\\Y_n\end{bmatrix}\quad \boldsymbol{X}=\begin{bmatrix}1&x_{11}&x_{12}&\cdots&x_{1p}\\1&x_{21}&x_{22}&\cdots&x_{2p}\\\vdots&\vdots&\vdots&&\vdots\\1&x_{n1}&x_{n2}&\cdots&x_{np}\end{bmatrix}$$

$$\boldsymbol{\beta}=\begin{bmatrix}\beta_0\\\beta_1\\\vdots\\\beta_p\end{bmatrix}\qquad \boldsymbol{\varepsilon}=\begin{bmatrix}\varepsilon_1\\\varepsilon_2\\\vdots\\\varepsilon_n\end{bmatrix}$$

(4.3)可写成

$$\boldsymbol{Y}=\boldsymbol{X\beta}+\boldsymbol{\varepsilon} \tag{4.4}$$

在多元线性回归中,我们主要介绍两个问题:(1)对未知参数 $\beta_0,\beta_1,\cdots,\beta_p,\sigma^2$ 作点估计和假设检验;(2)在 $x_1=x_{01},x_2=x_{02}$,

$\cdots, x_p = x_{0p}$处，对 Y 的值作预报，即对 Y 进行区间估计。

下面用最小二乘法求 $\beta_0, \beta_1, \beta_2, \cdots, \beta_p$ 的估计量。作离差平方和

$$Q = \sum_{i=1}^{n} (y_i - \hat{y}_i)^2 = \sum_{i=1}^{n} (y_i - \beta_0 - \beta_1 x_{i1} - \cdots - \beta_p x_{ip})^2$$

选择 $\beta_0, \beta_1, \cdots, \beta_p$ 使 Q 达到最小，即 $Q = \min$。根据高等数学中求最小值方法，只要求解方程组：

$$\begin{cases} \dfrac{\partial Q}{\partial \beta_0} = -2\sum_{i=1}^{n} (y_i - \beta_0 - \beta_1 x_{i1} - \beta_2 x_{i2} - \cdots - \beta_p x_{ip}) = 0 \\ \dfrac{\partial Q}{\partial \beta_1} = -2\sum_{i=1}^{n} (y_i - \beta_0 - \beta_1 x_{i1} - \beta_2 x_{i2} - \cdots - \beta_p x_{ip}) x_{i1} = 0 \\ \quad \vdots \\ \dfrac{\partial Q}{\partial \beta_p} = -2\sum_{i=1}^{n} (y_i - \beta_0 - \beta_1 x_{i1} - \beta_2 x_{i2} - \cdots - \beta_p x_{ip}) x_{ip} = 0 \end{cases}$$

解此方程组得到的不是 $\beta_0, \beta_1, \cdots, \beta_p$ 的真值，而是估计值 $\hat{\beta}_0, \hat{\beta}_1, \cdots, \hat{\beta}_p$，故将此方程组化简改写为

$$\begin{cases} n\hat{\beta}_0 + (\sum_i x_{i1})\hat{\beta}_1 + (\sum_i x_{i2})\hat{\beta}_2 + \cdots + (\sum_i x_{ip})\hat{\beta}_p = \sum_i y_i \\ (\sum_i x_{i1})\hat{\beta}_0 + (\sum_i x_{i1}^2)\hat{\beta}_1 + (\sum_i x_{i1} x_{i2})\hat{\beta}_2 + \cdots + (\sum_i x_{i1} x_{ip})\hat{\beta}_p = \sum_i x_{i1} y_i \\ \quad \vdots \\ (\sum_i x_{ip})\hat{\beta}_0 + (\sum_i x_{1p} x_{i1})\hat{\beta}_1 + (\sum_i x_{ip} x_{i2})\hat{\beta}_2 + \cdots + (\sum_i x_{ip}^2)\hat{\beta}_p = \sum_i x_{ip} y_i \end{cases} \tag{4.5}$$

这个方程组称为**正规方程**(组)。为了把它表示成矩阵形式，记系数矩阵为 $\boldsymbol{A}$，常数项矢量为 $\boldsymbol{B}$，$\boldsymbol{\beta}$ 的估计值矢量为 $\hat{\boldsymbol{\beta}}$，而

$$\boldsymbol{A} = \begin{bmatrix} a_{00} & a_{01} & a_{02} & \cdots & a_{0p} \\ a_{10} & a_{11} & a_{12} & \cdots & a_{1p} \\ \vdots & \vdots & \vdots & & \vdots \\ a_{p0} & a_{p1} & a_{p2} & \cdots & a_{pp} \end{bmatrix}, \quad \boldsymbol{B} = \begin{bmatrix} B_0 \\ B_1 \\ \vdots \\ B_p \end{bmatrix}, \quad \hat{\boldsymbol{\beta}} = \begin{bmatrix} \hat{\beta}_0 \\ \hat{\beta}_1 \\ \vdots \\ \hat{\beta}_p \end{bmatrix}$$

此时

$$\boldsymbol{A} = \begin{bmatrix} \underset{i}{n} & \sum_i x_{i1} & \sum_i x_{i2} & \cdots & \sum_i x_{ip} \\ \sum_i x_{i1} & \sum_i x_{i1}^2 & \sum_i x_{i1}x_{i2} & \cdots & \sum_i x_{i1}x_{ip} \\ \vdots & \vdots & \vdots & & \vdots \\ \sum_i x_{ip} & \sum_i x_{ip}x_{i1} & \sum_i x_{ip}x_{i2} & \cdots & \sum_i x_{ip}^2 \end{bmatrix} \tag{4.6}$$

$$= \begin{bmatrix} 1 & 1 & \cdots & 1 \\ x_{11} & x_{21} & \cdots & x_{n1} \\ \vdots & \vdots & & \vdots \\ x_{1p} & x_{2p} & \cdots & x_{np} \end{bmatrix} \begin{bmatrix} 1 & x_{11} & x_{12} & \cdots & x_{1p} \\ 1 & x_{21} & x_{22} & \cdots & x_{2p} \\ \vdots & \vdots & \vdots & & \vdots \\ 1 & x_{n1} & x_{n2} & \cdots & x_{np} \end{bmatrix} = \boldsymbol{X}^{\tau}\boldsymbol{X} \tag{4.7}$$

和

$$\boldsymbol{B} = \begin{bmatrix} \sum_i y_i \\ \sum_i x_{i1} y_i \\ \vdots \\ \sum_i x_{ip} y_i \end{bmatrix} = \begin{bmatrix} 1 & 1 & \cdots & 1 \\ x_{11} & x_{21} & \cdots & x_{n1} \\ \vdots & \vdots & & \vdots \\ x_{1p} & x_{2p} & \cdots & x_{np} \end{bmatrix} \begin{bmatrix} y_1 \\ y_2 \\ \vdots \\ y_n \end{bmatrix} = \boldsymbol{X}^{\tau}\boldsymbol{Y} \tag{4.8}$$

其中 τ 是表示矩阵转置的记号。于是,正规方程(4.5)可表示为下面的矩阵形式

$$\boldsymbol{A}\hat{\boldsymbol{\beta}} = \boldsymbol{B}$$

或

$$(\boldsymbol{X}^{\tau}\boldsymbol{X})\hat{\boldsymbol{\beta}} = \boldsymbol{X}^{\tau}\boldsymbol{Y} \tag{4.9}$$

当系数阵 $\boldsymbol{X}^{\tau}\boldsymbol{X}$ 可逆时,可解出

$$\hat{\boldsymbol{\beta}} = \mathbf{A}^{-1}\boldsymbol{B} = (\boldsymbol{X}^{\tau}\boldsymbol{X})^{-1}(\boldsymbol{X}^{\tau}\boldsymbol{Y}) \tag{4.10}$$

这样算得的 $\hat{\boldsymbol{\beta}}$ 代入(4.2),得到的

$$\hat{\mathscr{Y}} = \hat{\beta}_0 + \beta_1 x_1 + \cdots + \hat{\beta}_p x_p \tag{4.11}$$

称为**经验回归平面方程**。这里的 $\hat{\beta}_1, \hat{\beta}_2, \cdots, \hat{\beta}_p$ 称为**经验回归系数**。

在正规方程(4.5),(4.9)和 $\hat{\beta}$ 表示式(4.10)中所包含的 $y_1, y_2, \cdots, y_n$ 也可用 $Y_1, Y_2, \cdots, Y_n$ 代替。

特别指出,$\hat{\beta}_0$ 与 $\hat{\beta}_1, \hat{\beta}_2, \cdots, \hat{\beta}_p$ 是有关系的。记 $\bar{x}_i = \frac{1}{n}\sum_i x_{ij}$, $j = 1, 2, \cdots, p$, $\overline{Y} = \frac{1}{n}\sum_i Y_i$。在(4.5)式中第一个方程的两边除以 n,并移项可得

$$\hat{\beta}_0 = \overline{Y} - \hat{\beta}_1\bar{x}_1 - \hat{\beta}_2\bar{x}_2 - \cdots - \hat{\beta}_p\bar{x}_p$$

为了计算方便起见,将最小离差平方和

$$Q_{\min} = \sum_{i=1}^{n}(Y_i - \mathscr{Y}_i)^2 = \sum_{i=1}^{n}(Y_i - \hat{\beta}_0 - \hat{\beta}_1 x_{i1} - \cdots - \hat{\beta}_p x_{ip})^2$$

改写成另一种形式

$$Q_{\min} = \| \boldsymbol{Y} - \boldsymbol{X}\hat{\beta} \|^2 = (\boldsymbol{Y} - \boldsymbol{X}\hat{\boldsymbol{\beta}})^{\tau}(\boldsymbol{Y} - \boldsymbol{X}\hat{\boldsymbol{\beta}}) = \boldsymbol{Y}^{\tau}\boldsymbol{Y} - \boldsymbol{Y}^{\tau}\boldsymbol{X}\hat{\boldsymbol{\beta}}^{\tau}$$
$$- \hat{\boldsymbol{\beta}}^{\tau}\boldsymbol{X}^{\tau}\boldsymbol{Y} + \hat{\boldsymbol{\beta}}^{\tau}\boldsymbol{X}^{\tau}\boldsymbol{X}\hat{\boldsymbol{\beta}} = \boldsymbol{Y}^{\tau}\boldsymbol{Y} - \hat{\boldsymbol{\beta}}^{\tau}\boldsymbol{X}^{\tau}\boldsymbol{Y}$$

其中记号 $\| \quad \|$ 表示相应矢量的模,最后一个等号用到了正规方程(4.9)。由于 $\boldsymbol{X}^{\tau}\boldsymbol{Y}$ 是正规方程的常数项矢量,上式为

$$Q_{\min} = \boldsymbol{X}^{\tau}\boldsymbol{Y} - \hat{\beta}^{\tau}\boldsymbol{B} \tag{4.12}$$

用标量可表示为

$$Q_{\min} = \sum_i Y_i^2 - (\sum_i Y_i)\hat{\beta}_0 - (\sum_i x_{i1} Y_i)\hat{\beta}_1 - \cdots - (\sum_i x_{ip} Y_i)\hat{\beta}_p$$

$$= \sum_i Y_i^2 - B_0\hat{\beta}_0 - B_1\hat{\beta}_1 - \cdots - B_p\hat{\beta}_p \tag{4.13}$$

如果用 $\hat{\sigma}^2 = \frac{1}{n}Q_{\min}$对 σ^2 作估计,以后将看到它不是 $\hat{\sigma}^2$ 的无偏估计。

4.2 线性回归的另一种形式

前面讨论的线性回归模型为

$$Y = \beta_0 + \beta_1 x_1 + \cdots + \beta_p x_p + \varepsilon$$

其中 ε 服从正态分布$N(0,\hat{\sigma}^2)$。记 $\bar{x}_i = \frac{1}{n}\sum_i x_{ij}, j = 1,2,\cdots,p$,则可改写成另一种形式

$$Y = \mu + \beta_1(x_1 - \bar{x}_1) + \cdots + \beta_p(x_p - \bar{x}_p) + \varepsilon \tag{4.14}$$

其中 ε 同上,而 $\mu = \beta_0 + \beta_1\bar{x}_1 + \cdots + \beta_p\bar{x}_p$。

对于变量的 n 组观察值$(x_{i1}, x_{i2}, \cdots, x_{ip}, Y_i), i=1,2,\cdots,n$,便有

$$Y_i = \mu + \beta_1(x_{i1} - \bar{x}_1) + \cdots + \beta_p(x_{ip} - \bar{x}_p) + \varepsilon_i$$

其中各个 ε_i 都服从正态分布$N(0,\sigma^2)$,且 $\varepsilon_1, \varepsilon_2, \cdots, \varepsilon_n$ 相互独立。

为了对新形式的线性回归模型(4.14)用最小二乘法求 $\mu, \beta_1, \beta_2, \cdots, \beta_p$ 的估计值,只要把(4.1)的公式中 x_{ij}换成$x_{ij} - \bar{x}_j$ 就可以了。事实上,令

$$l_{jk} = \sum_i (x_{ik} - \bar{x}_j)(x_{ik} - \bar{x}_k),\ l_{jy} = \sum_i (x_{ij} - \bar{x}_j)(y_i - \bar{y}),$$

$$j, k = 1,2,\cdots,p$$

其中 $\bar{y} = \frac{1}{n}\sum_{i=1}^{n} y_i$。记

$$\widetilde{\boldsymbol{X}} = \begin{bmatrix} 1 & x_{11} - \bar{x}_1 & x_{12} - \bar{x}_2 & \cdots & x_{1p} - \bar{x}_p \\ 1 & x_{21} - \bar{x}_1 & x_{22} - \bar{x}_2 & \cdots & x_{2p} - \bar{x}_p \\ \vdots & \vdots & \vdots & & \vdots \\ 1 & x_{n1} - \bar{x}_1 & x_{n2} - \bar{x}_2 & \cdots & x_{np} - \bar{x}_p \end{bmatrix}$$

$$\widetilde{\boldsymbol{A}} = \widetilde{\boldsymbol{X}}^{\tau}\widetilde{\boldsymbol{X}} = \begin{bmatrix} n & 0 & \cdots & 0 \\ 0 & \sum_i (x_{i1} - \bar{x}_1)^2 & \cdots & \sum_i (x_{i1} - \bar{x}_1)(x_{ip} - \bar{x}_p) \\ \vdots & \vdots & & \vdots \\ 0 & \sum_i (x_{ip} - \bar{x}_p)(x_{i1} - \bar{x}_1) & \cdots & \sum_i (x_{ip} - \bar{x}_p)^2 \end{bmatrix}$$

$$= \begin{bmatrix} n & 0 & 0 & \cdots & 0 \\ 0 & l_{11} & l_{12} & \cdots & l_{1p} \\ 0 & l_{21} & l_{22} & \cdots & l_{2p} \\ \vdots & \vdots & \vdots & & \vdots \\ 0 & l_{p1} & l_{p2} & \cdots & l_{pp} \end{bmatrix}$$

$$\widetilde{\boldsymbol{B}} = \widetilde{\boldsymbol{X}}^{\tau}\boldsymbol{Y} = \begin{bmatrix} \sum_i y_i \\ \sum_i (x_{i1} - x_i) y_i \\ \vdots \\ \sum_i (x_{ip} - \bar{x}_p) y_i \end{bmatrix} = \begin{bmatrix} \sum_i y_i \\ l_{1y} \\ \vdots \\ l_{py} \end{bmatrix}$$

$$\boldsymbol{L} = \begin{bmatrix} l_{11} & l_{12} & \cdots & l_{1p} \\ l_{21} & l_{22} & \cdots & l_{2p} \\ \vdots & \vdots & & \vdots \\ l_{p1} & l_{p2} & \cdots & l_{pp} \end{bmatrix}$$

于是

$$\widetilde{\boldsymbol{A}} = \begin{bmatrix} n & 0 \\ 0 & \boldsymbol{L} \end{bmatrix}$$

正规方程为

$$\begin{bmatrix} n & 0 \\ 0 & \boldsymbol{L} \end{bmatrix} \begin{bmatrix} \hat{\mu} \\ \hat{\beta}_1 \\ \hat{\beta}_2 \\ \vdots \\ \hat{\beta}_p \end{bmatrix} = \begin{bmatrix} \sum_i y_i \\ l_{1y} \\ l_{2y} \\ \vdots \\ l_{py} \end{bmatrix} \tag{4.15}$$

利用分块矩阵乘法得

$$n\hat{\mu} = \sum_i y_i$$

$$\boldsymbol{L} \begin{bmatrix} \hat{\beta}_1 \\ \hat{\beta}_2 \\ \vdots \\ \hat{\beta}_p \end{bmatrix} = \begin{bmatrix} l_{1y} \\ l_{2y} \\ \vdots \\ l_{py} \end{bmatrix} \tag{4.16}$$

所以

$$\hat{\mu} = \bar{y}, \quad \begin{bmatrix} \hat{\beta}_1 \\ \hat{\beta}_2 \\ \vdots \\ \hat{\beta}_p \end{bmatrix} = \boldsymbol{L}^{-1} \begin{bmatrix} l_{1y} \\ l_{2y} \\ \vdots \\ l_{py} \end{bmatrix} \tag{4.17}$$

这种模型中 $\hat{\mu}$ 的形式较简单,并且为了计算系数 $\hat{\beta}_1, \hat{\beta}_2, \cdots, \hat{\beta}_p$,只要求解含 p 个方程的方程组,比本节 4.1 中简便,在那里要解含 $p+1$ 个方程的方程组。

需要指出,用式(4.17)求得 $\hat{\beta}_1, \hat{\beta}_2, \cdots, \hat{\beta}_p$ 的值与用式(4.10)求得的数值是相等的。事实上,由式(4.10)得到的 $\hat{\beta}_1, \hat{\beta}_2, \cdots, \hat{\beta}_p$ 作出的经验回归平面方程为

$$\mathscr{Y} = \hat{\beta}_0 + \hat{\beta}_1 x_1 + \hat{\beta}_2 x_2 + \cdots + \hat{\beta}_p x_p$$

$$= \bar{y} - \hat{\beta}_1\bar{x}_1 - \hat{\beta}_2\bar{x}_2 - \cdots - \hat{\beta}_p\bar{x}_p + \hat{\beta}_1 x_1 + \hat{\beta}_2 x_2 + \cdots + \hat{\beta}_p x_p$$

$$= \bar{y} + \hat{\beta}_1(x_1 - \bar{x}_1) + \hat{\beta}_2(x_2 - \bar{x}_2) + \cdots + \hat{\beta}_p(x_p - \bar{x}_p)$$

这里的 $\hat{\beta}_1, \hat{\beta}_2, \cdots, \hat{\beta}_p$ 就是式(4.17)求出的回归系数。

例 1 平炉炼钢过程中，由于矿石和炉气的氧化作用，铁水的总含碳量在不断降低。一炉钢在冶炼初期（熔化期）中总的去碳量 Y，与所加天然矿石量 x_1、烧结矿石量 x_2 及熔化时间 x_3 有关。经实测某号平炉 49 炉钢的数据见表 5－3。试求 Y 对 x_1, x_2, x_3 的经验回归平面方程。

表 5－3

试验序号	y（吨）	x_1（槽）	x_2（槽）	x_3（5 分钟）	试验序号	y（吨）	x_1（槽）	x_2（槽）	x_3（5 分钟）
1	4.330 2	2	18	50	26	2.706 6	9	6	39
2	3.648 5	7	9	40	27	5.631 4	12	5	51
3	4.483 0	5	14	46	28	5.815 2	6	13	41
4	5.546 8	12	3	43	29	5.130 2	12	7	47
5	5.497 0	1	20	64	30	5.391 0	0	24	61
6	3.112 5	3	12	40	31	4.453 3	5	12	37
7	5.118 2	3	17	64	32	4.656 9	4	15	49
8	3.875 9	6	5	39	33	4.521 2	0	20	45
9	4.670 0	7	8	37	34	4.865 0	6	16	42
10	4.953 6	0	23	55	35	5.356 6	4	17	48
11	5.006 0	3	16	60	36	4.609 8	10	4	48
12	5.270 1	0	18	40	37	2.381 5	4	14	36
13	5.377 2	8	4	50	38	3.874 6	5	13	36
14	5.484 9	6	14	51	39	4.591 9	9	8	51
15	4.596 0	0	21	51	40	5.158 8	6	13	54
16	5.664 5	3	14	51	41	5.437 3	5	8	100
17	6.079 5	7	12	56	42	3.996 0	5	11	44
18	3.219 4	16	0	48	43	4.397 0	8	6	63
19	5.807 6	6	16	45	44	4.062 2	2	13	50
20	4.730 6	0	15	52	45	2.290 5	7	8	50
21	4.680 5	9	0	40	46	4.711 5	4	10	45
22	3.127 2	4	6	32	47	4.531 0	10	5	40
23	2.610 4	0	17	47	48	5.363 7	3	17	64
24	3.717 4	9	0	44	49	6.077 1	4	15	72
25	3.894 6	2	16	39					

解　按题意，取 $p=3, n=49$。采用线性回归模型

$$Y = \mu + \beta_1(x_1 - \bar{x}_1) + \beta_2(x_2 - \bar{x}_2) + \beta_3(x_3 - \bar{x}_3) + \varepsilon$$

为了求出估计量 $\hat{\mu}, \hat{\beta}_1, \hat{\beta}_2, \hat{\beta}_3$ 的值，先计算下面的一些和式与平均数：

$$\sum_{i=1}^{49} y_i = 224.516\,9, \bar{y} = 4.582$$

$$\sum_{i=1}^{49} x_{i1} = 259, \bar{x}_1 = 5.286$$

$$\sum_{i=1}^{49} x_{i2} = 578, \bar{x}_2 = 11.796$$

$$\sum_{i=1}^{49} x_{i3} = 241\,1, \bar{x}_3 = 49.204$$

$$\sum_{i=1}^{49} x_{i1}^2 = 203\,1, l_{11} = \sum_{i=1}^{49} x_{i1}^2 - \frac{1}{49}\left(\sum_{i=1}^{49} x_{i1}\right)^2 = 662$$

$$\sum_{i=1}^{49} x_{i2}^2 = 857\,2, l_{22} = \sum_{i=1}^{49} x_{i2} - \frac{1}{49}\left(\sum_{i=1}^{49} x_{i2}\right)^2 = 1\,753.959$$

$$\sum_{i=1}^{49} x_{i3}^2 = 124\,879, l_{33} = \sum_{i=1}^{49} x_{i3}^2 - \frac{1}{49}\left(\sum_{i=1}^{49} x_{i3}\right)^2 = 6\,247.959$$

$$\sum_{i=1}^{49} x_{i1}x_{i2} = 2\,137,$$

$$l_{21} = l_{12} = \sum_{i=1}^{49} x_{i1}x_{i2} - \frac{1}{49}\left(\sum_{i=1}^{49} x_{i1}\right)\left(\sum_{i=1}^{49} x_{i2}\right) = -918.143$$

$$\sum_{i=1}^{49} x_{i1}x_{i3} = 12\,355,$$

$$l_{31} = l_{13} = \sum_{i=1}^{49} x_{i1}x_{i3} - \frac{1}{49}\left(\sum_{i=1}^{49} x_{i1}\right)\left(\sum_{i=1}^{49} x_{i2}\right) = -388.857$$

$$\sum_{i=1}^{49} x_{i2}x_{i3} = 29\,216,$$

$$l_{32} = l_{23} = \sum_{i=1}^{49} x_{i2}x_{i3} - \frac{1}{49}\left(\sum_{i=1}^{49} x_{i2}\right)\left(\sum_{i=1}^{49} x_{i3}\right) = 776.041$$

$$\sum_{i=1}^{49} x_{i1} y_i = 1\ 180.30,$$

$$l_{1y} = \sum_{i=1}^{49} x_{i1} y_i - \frac{1}{49}\left(\sum_{i=1}^{49} x_{i1}\right)\left(\sum_{i=1}^{49} y_i\right) = -6.433$$

$$\sum_{i=1}^{49} x_{i2} y_i = 2\ 717.51,$$

$$l_{2y} = \sum_{i=1}^{49} x_{i2} y_i - \frac{1}{49}\left(\sum_{i=1}^{49} x_{i2}\right)\left(\sum_{i=1}^{49} y_i\right) = 69.130$$

$$\sum_{i=1}^{49} x_{i3} y_i = 11\ 292.72,$$

$$l_{3y} = \sum_{i=1}^{49} x_{i3} y_i - \frac{1}{49}\left(\sum_{i=1}^{49} x_{i3}\right)\left(\sum_{i=1}^{49} y_i\right) = 245.571$$

于是

$$\hat{\mu} = \bar{y} = 4.582$$

由

$$\boldsymbol{L} = \begin{bmatrix} 662 & -918.143 & -388.857 \\ -918.143 & 1\ 753.959 & 776.041 \\ -388.857 & 776.041 & 6\ 247.959 \end{bmatrix},$$

$$\begin{bmatrix} l_{1y} \\ l_{2y} \\ l_{3y} \end{bmatrix} = \begin{bmatrix} -6.433 \\ 69.130 \\ 245.571 \end{bmatrix}$$

可得

$$\begin{bmatrix} \hat{\beta}_1 \\ \hat{\beta}_2 \\ \hat{\beta}_3 \end{bmatrix} = \boldsymbol{L}^{-1} \begin{bmatrix} l_{1y} \\ l_{2y} \\ l_{3y} \end{bmatrix}$$

$$= \begin{bmatrix} 0.005\ 515 & 0.002\ 894 & -0.000\ 016\ 23 \\ 0.002\ 894 & 0.002\ 122 & -0.000\ 083\ 45 \\ -0.000\ 016\ 23 & -0.000\ 083\ 45 & 0.000\ 169\ 4 \end{bmatrix}$$

$$\cdot \begin{bmatrix} -6.433 \\ 69.130 \\ 245.571 \end{bmatrix} = \begin{bmatrix} 0.1606 \\ 0.1076 \\ 0.0359 \end{bmatrix}$$

所以

$$\mathscr{Y} = 4.582 + 0.1606(x_1 - 5.286) + 0.1076(x_2 - 11.796) + 0.0359(x_3 - 49.204)$$

去括号得

$$\mathscr{Y} = 0.6974 + 0.1606x_1 + 0.1076x_2 + 0.0359x_3$$

这就是要求的经验回归平面方程。

4.3 多项式回归

设变量 x、Y 的回归模型为

$$Y = \beta_0 + \beta_1 x + \beta_2 x^2 + \cdots + \beta_p x^p + \varepsilon$$

其中 p 是已知的，$\beta_0, \beta_1, \cdots, \beta_p$ 是未知参数，ε 服从正态分布 $N(0,\sigma^2)$。记 $EY = \mathscr{Y}$，因而

$$\mathscr{Y} = \beta_0 + \beta_1 x + \beta_2 x^2 + \cdots + \beta_p x^p$$

称之为**回归多项式**。上面的回归模型称为**多项式回归**。多项式回归是一元非线性回归的一种特殊情况。它可以通过变量代换线性化。令 $x_1 = x, x_2 = x^2, \cdots, x_p = x^p$，多项式回归模型就变成多元线性回归模型

$$Y = \beta_0 + \beta_1 x_1 + \beta_2 x_2 + \cdots + \beta_p x_p + \varepsilon$$

所以对多项式回归的未知参数估计可利用多元线性回归的参数估计算法。

对变量 x、Y 进行 n 次试验观察，得到 n 对观察值 (x_i, y_i)，$i = 1,2,\cdots,n$。利用(4.5)式，只要注意到 $x_{ij} = x_i^j, i = 1,2,\cdots,n; j = 1,2,\cdots,p$，就可以写出正规方程

$$\begin{cases} n\hat{\beta}_0 + \sum_{i=1}^{n} x_i\hat{\beta}_1 + \sum_{i=1}^{n} x_i^2\hat{\beta}_2 + \cdots + \sum_{i=1}^{n} x_i^p\hat{\beta}_p = \sum_{i=1}^{n} y_i \\ \sum_{i=1}^{n} x_i\hat{\beta}_0 + \sum_{i=1}^{n} x_i^2\hat{\beta}_1 + \sum_{i=1}^{n} x_i^3\hat{\beta}_2 + \cdots + \sum_{i=1}^{n} x_i^{p+1}\hat{\beta}_p = \sum_{i=1}^{n} x_iy_i \\ \vdots \\ \sum_{i=1}^{n} x_i^p\hat{\beta}_0 + \sum_{i=1}^{n} x_i^{p+1}\hat{\beta}_1 + \sum_{i=1}^{n} x_i^{p+2}\hat{\beta}_2 + \cdots + \sum_{i=1}^{n} x_i^{2p}\hat{\beta}_p = \sum_{i=1}^{n} x_i^py_i \end{cases}$$

解此正规方程组可以得到估计值 $\hat{\beta}_0,\hat{\beta}_1,\cdots,\hat{\beta}_p$。

需要指出，当 $p=2$ 时，回归多项式是抛物线方程，多项式回归也称为**抛物线回归**。

例 2 已知某种半成品在生产过程中的废品率 Y 与它的某种化学成分 x 有关，现将试验观察得到的一批数据列于下表：

表 5-4

化学成分 x	34	36	37	38	39	39	39	40
废品率 y	1.30	1.00	0.73	0.90	0.81	0.70	0.60	0.50
化学成分 x	40	41	42	43	43	45	47	48
废品率 y	0.44	0.56	0.30	0.42	0.35	0.40	0.41	0.60

把 16 对数据 $(x_i, y_i), i=1,2,\cdots,16$ 画出点图（图 5-13）。由图可见，废品率 Y 最初随化学成分 x 的增加而降低，而当 x 超过一定值后，Y 有所回升。根据点图的形状，可以认为是抛物线回归

$$Y = \beta_0 + \beta_1 x + \beta_2 x^2 + \varepsilon$$

现在用(4.16)式计算未知参数的估计值。先算

$$\bar{x}_1 = \frac{1}{n}\sum_{i=1}^{n} x_i = 40.687\,5,\quad \bar{x}_2 = \frac{1}{n}\sum_{i=1}^{n} x_i^2 = 1\,669.312\,5$$

$$\bar{y} = \frac{1}{n}\sum_{i=1}^{n} y_i = 0.926\,3$$

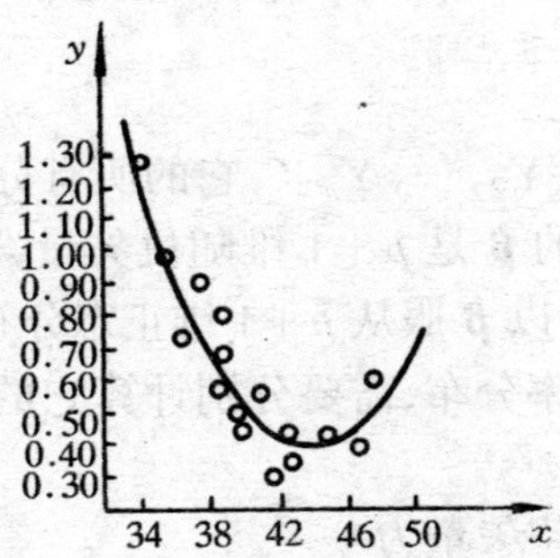

图 5－13

$$l_{11} = \sum_{i=1}^{n} x_i^2 - n\bar{x}_1^2 = 221.44$$

$$l_{22} = \sum_{i=1}^{n} x_i^4 - n\bar{x}_2^2 = 1\,513\,685$$

$$l_{12} = l_{21} = \sum_{i=1}^{n} x_i^3 - n\bar{x}_1\bar{x}_2 = 18\,283$$

$$l_{1y} = \sum_{i=1}^{n} x_i y_i - n\bar{x}_1\bar{y} = -11.649$$

$$l_{2y} = \sum_{i=1}^{n} x_i^2 y_i - n\bar{x}_2\bar{y} = -923.05$$

代入(4.16)式得

$$\begin{cases} 221.44\hat{\beta}_1 + 18\,283\hat{\beta}_2 = -11.649 \\ 18\,283\hat{\beta}_1 + 1\,513\,685\hat{\beta}_2 = -923.05 \end{cases}$$

可解得

$$\hat{\beta}_1 = -0.820\,5, \quad \hat{\beta}_2 = 0.009\,301$$

而

$$\hat{\beta}_0 = \bar{y} - \hat{\beta}_1\bar{x}_1 - \hat{\beta}_2\bar{x}_2 = 18.484$$

因此,经验抛物线回归方程是

$$\mathscr{Y} = 18.484 - 0.820\,5x + 0.009\,301x^2$$

4.4 $\hat{\boldsymbol{\beta}}$ 的分布

如果取 $\boldsymbol{Y}=[Y_1,Y_2,\cdots,Y_n]^{\tau}$，它的所有分量是独立正态变量。由(4.10)式得到的 $\hat{\boldsymbol{\beta}}$ 是 $p+1$ 维随机矢量，因为它是由 $\boldsymbol{Y}$ 通过线性变换得到的，所以 $\hat{\boldsymbol{\beta}}$ 服从 $p+1$ 维正态分布①。

为了得到 $\hat{\boldsymbol{\beta}}$ 的概率分布，需要分别计算它的数学期望矢量和协方差阵。

定义 $\hat{\boldsymbol{\beta}}$ 的数学期望矢量为

$$E\hat{\boldsymbol{\beta}}=[E\hat{\beta}_0,E\hat{\beta}_1,\cdots,E\hat{\beta}_p]^{\tau}$$

由(4.10)式，

$$\begin{aligned}E\hat{\beta}&=E[(\boldsymbol{X}^{\tau}\boldsymbol{X})^{-1}\boldsymbol{X}^{\tau}\boldsymbol{Y}]=(\boldsymbol{X}^{\tau}\boldsymbol{X})^{-1}\boldsymbol{X}E\boldsymbol{Y}\\&=(\boldsymbol{X}^{\tau}\boldsymbol{X})^{-1}\boldsymbol{X}^{\tau}E(\boldsymbol{X}\boldsymbol{\beta}+\boldsymbol{\varepsilon})=(\boldsymbol{X}^{\tau}\boldsymbol{X})^{-1}\boldsymbol{X}^{\tau}\boldsymbol{X}\boldsymbol{\beta}=\beta\end{aligned}\tag{4.18}$$

因此，$\hat{\boldsymbol{\beta}}$ 是 $\boldsymbol{\beta}$ 的无偏估计，即 $\hat{\beta}_0,\hat{\beta}_1,\cdots,\hat{\beta}_p$ 分别是 $\beta_0,\beta_1,\cdots,\beta_p$ 的无偏估计量。

为了计算 $\hat{\boldsymbol{\beta}}$ 的协方差阵，先把协方差阵写成矢量乘积的形式。$\hat{\boldsymbol{\beta}}$ 的协方差阵

$$\begin{bmatrix}D\hat{\beta}_0 & \mathrm{cov}(\hat{\beta}_0,\hat{\beta}_1) & \cdots & \mathrm{cov}(\hat{\beta}_0,\hat{\beta}_p)\\ \mathrm{cov}(\hat{\beta}_1,\hat{\beta}_0) & D\hat{\beta}_1 & \cdots & \mathrm{cov}(\hat{\beta}_1,\hat{\beta}_p)\\ \vdots & \vdots & & \vdots\\ \mathrm{cov}(\hat{\beta}_p,\hat{\beta}_0) & \mathrm{cov}(\hat{\beta}_p,\hat{\beta}_1) & \cdots & D\hat{\beta}_p\end{bmatrix}=$$

$$\begin{bmatrix}E(\hat{\beta}_0-E\hat{\beta}_0)^2 & E(\hat{\beta}_0-E\hat{\beta}_0)(\hat{\beta}_1-E\hat{\beta}_1) & \cdots & E(\hat{\beta}_0-E\hat{\beta}_0)(\hat{\beta}_p-E\hat{\beta}_p)\\ E(\hat{\beta}_1-E\hat{\beta}_1)(\hat{\beta}_0-E\hat{\beta}_0) & E(\hat{\beta}_1-E\hat{\beta}_1)^2 & \cdots & E(\hat{\beta}_1-E\hat{\beta}_1)(\hat{\beta}_p-E\hat{\beta}_p)\\ \vdots & \vdots & & \vdots\\ E(\hat{\beta}_p-E\hat{\beta}_p)(\hat{\beta}_0-E\hat{\beta}_0) & E(\hat{\beta}_p-E\hat{\beta}_p)(\hat{\beta}_1-E\hat{\beta}_1) & \cdots & E(\hat{\beta}_p-E\hat{\beta}_p)^2\end{bmatrix}$$

$$=E\{[\hat{\beta}_0-E\hat{\beta}_0,\hat{\beta}_1-E\hat{\beta}_1,\cdots,\hat{\beta}_p-E\hat{\beta}_p]^{\tau}[\hat{\beta}_0-E\hat{\beta}_0,\hat{\beta}_1-E\hat{\beta}_1,$$

① 见参考书[2]第223页。

$\cdots,\hat{\beta}_p - E\hat{\beta}_p]\}$①

$$= E\{(\hat{\boldsymbol{\beta}} - E\hat{\boldsymbol{\beta}})(\hat{\boldsymbol{\beta}} - E\hat{\boldsymbol{\beta}})^\tau\}$$

又

$$\begin{aligned}
&E\{(\hat{\boldsymbol{\beta}} - E\hat{\boldsymbol{\beta}})(\hat{\boldsymbol{\beta}} - E\hat{\boldsymbol{\beta}})^\tau\} \\
&= E\{[(\boldsymbol{X}^\tau\boldsymbol{X})^{-1}\boldsymbol{X}^\tau(\boldsymbol{Y} - E\boldsymbol{Y})][(\boldsymbol{X}^\tau\boldsymbol{X})^{-1}\boldsymbol{X}^\tau(\boldsymbol{Y} - E\boldsymbol{Y})]^\tau\} \\
&= E\{(\boldsymbol{X}^\tau\boldsymbol{X})^{-1}\boldsymbol{X}^\tau(\boldsymbol{Y} - E\boldsymbol{Y})(\boldsymbol{Y} - E\boldsymbol{Y})]^\tau\boldsymbol{X}(\boldsymbol{X}^\tau\boldsymbol{X})^{-1}\} \\
&= (\boldsymbol{X}^\tau\boldsymbol{X})^{-1}\boldsymbol{X}^\tau E\{(\boldsymbol{Y} - E\boldsymbol{Y})(\boldsymbol{Y} - E\boldsymbol{Y})^\tau\}\boldsymbol{X}(\boldsymbol{X}^\tau\boldsymbol{X})^{-1} \\
&= (\boldsymbol{X}^\tau\boldsymbol{X})^{-1}\boldsymbol{X}^\tau E\{[\boldsymbol{X\beta} + \boldsymbol{\varepsilon} - E(\boldsymbol{X\beta} + \boldsymbol{\varepsilon})][\boldsymbol{X\beta} + \boldsymbol{\varepsilon} - E(\boldsymbol{X\beta} + \\
&\quad \boldsymbol{\varepsilon})]^\tau\}\boldsymbol{X}(\boldsymbol{X}^\tau\boldsymbol{X})^{-1} \\
&= (\boldsymbol{X}^\tau\boldsymbol{X})^{-1}\boldsymbol{X}^\tau E(\boldsymbol{\varepsilon\varepsilon}^\tau)\boldsymbol{X}(\boldsymbol{X}^\tau\boldsymbol{X})^{-1} \\
&= (\boldsymbol{X}^\tau\boldsymbol{X})^{-1}\boldsymbol{X}^\tau\sigma^2\boldsymbol{I}_n\boldsymbol{X}(\boldsymbol{X}^\tau\boldsymbol{X})^{-1} \\
&= \sigma^2(\boldsymbol{X}^\tau\boldsymbol{X})^{-1}\boldsymbol{X}^\tau\boldsymbol{X}(\boldsymbol{X}^\tau\boldsymbol{X})^{-1} = \sigma^2(\boldsymbol{X}^\tau\boldsymbol{X})^{-1} \qquad (4.19)
\end{aligned}$$

这里第二个等号用到了矩阵$(\boldsymbol{X}^\tau\boldsymbol{X})^{-1}$的对称性，而 $\boldsymbol{I}_n$ 表示 n 阶单位阵。若记

$$\boldsymbol{C} = \boldsymbol{A}^{-1} = (\boldsymbol{X}^\tau\boldsymbol{X})^{-1}$$

那末 $\hat{\beta}$ 的协方差阵等于$\sigma^2\boldsymbol{C}$。

§5 多元线性回归中的假设检验和预测

5.1 线性回归的显著性检验

设变量 Y 对 $x_1,x_2,\cdots,x_p$ 的线性回归模型为

$$Y = \beta_0 + \beta_1x_1 + \cdots + \beta_px_p + \varepsilon$$

其中 ε 服从正态分布$N(0,\sigma^2)$。与一元线性回归类似，要检验变量间有没有这种线性联系，只要检验 p 个系数$\beta_0,\beta_1,\cdots,\beta_p$ 是不是全为零。若全为零，则认为线性回归不显著；否则认为线性回归显著。在上述模型中作

① 这里用到以随机变量为元素的矩阵的数学期望，定义为 $E[X_{ij}]_{m\times n} = [EX_{ij}]_{m\times n}$，其中$[\quad]_{m\times n}$表示 m 行 n 列矩阵。

假设 $H_0:\beta_1=0,\beta_2=0,\cdots,\beta_p=0$

由 n 组观察值检验它是否成立。若接受 H_0,则认为线性回归不显著,否则认为线性回归显著。下面采用方差分析法作检验。为此,先进行离差分解。

设有 n 组观察值$(x_{i1},x_{i2},\cdots,x_{ip},Y_i)\ i=1,2,\cdots,n$ 而经验回归平面方程为

$$\hat{y}=\hat{\beta}_0+\hat{\beta}_1x_1+\hat{\beta}_2x_2+\cdots+\hat{\beta}_px_p$$

自变量用观察值代入得

$$\hat{y}_i=\hat{\beta}_0+\hat{\beta}_1x_{i1}+\hat{\beta}_2x_{i2}+\cdots+\hat{\beta}_px_{ip},i=1,2,\cdots,n$$

记 Y 的试验平均数为 $\overline{Y}=\frac{1}{n}\sum_{i=1}^{n}Y_i$。**总离差平方和**

$$Q_T=\sum_{i=1}^{n}(Y_i-\overline{Y})^2=\sum_{i=1}^{n}[(Y_i-\hat{y}_i)+(\hat{y}_i-\overline{Y})]^2$$

$$=\sum_{i=1}^{n}(Y_i-\hat{y}_i)^2+\sum_{i=1}^{n}(\hat{y}_i-\overline{Y})^2+2\sum_{i=1}^{n}(\overline{Y}_i-\hat{y}_i)(\hat{y}_i-\overline{Y})$$

利用正规方程,此式中的

$$\sum_{i=1}^{n}(Y_i-\hat{y}_i)(\hat{y}_i-\overline{Y})=\sum_{i=1}^{n}(Y_i-\hat{\beta}_0-\hat{\beta}_1x_{i1}-\cdots-\hat{\beta}_px_{ip})[(\hat{\beta}_0-\overline{Y})+\hat{\beta}_1x_{i1}+\cdots+\hat{\beta}_px_{ip}]$$

$$=(\hat{\beta}_0-\overline{Y})\sum_{i=1}^{n}(Y_1-\hat{\beta}_0-\hat{\beta}_1x_{i1}-\cdots-\hat{\beta}_px_{ip})+\hat{\beta}_1\sum_{i=1}^{n}(Y_1-\hat{\beta}_0-\hat{\beta}_1x_{i1}-\cdots-\hat{\beta}_px_{ip})x_{i1}+\cdots+\hat{\beta}_p\sum_{i=1}^{n}(Y_1-\hat{\beta}_0-\hat{\beta}_1x_{i1}-\cdots-\hat{\beta}_px_{ip})x_{ip}=0$$

所以

$$Q_T=\sum_{i=1}^{n}(Y_i-\hat{y}_i)^2+\sum_{i=1}^{n}(\hat{y}_i-\overline{Y})^2 \qquad (5.1)$$

记
$$Q_{剩}=\sum_{i=1}^{n}(Y_i-\hat{y}_i)^2$$

称之为**剩余离差(平方和)**,它是由试验引起的误差,或者说是由

σ^2 引起的。显然,$Q_{剩}$ 等于 4.1 中的 $Q_{\min}$。又记

$$Q_{回} = \sum_{i=1}^{n} (\hat{\mathscr{Y}}_i - \overline{Y})^2$$

称之为**回归离差(平方和)**,它是由线性回归引起的。从而上式可写成

$$Q_T = Q_{剩} + Q_{回}$$

此式表明,Y 的总离差可分解成 Y 对经验回归平面方程的剩余离差 $Q_{剩}$ 和经验回归平面方程对 $\overline{Y}$ 的回归离差两部分。直观上看,如果 $Q_{回}$ 比 $Q_{剩}$ 大得多,不能认为所有 $\beta_1,\beta_2,\cdots,\beta_p$ 全为零,即拒绝 H_0;否则接受 H_0。

现在在 H_0 成立的前提下(即 $Y_i=\beta_0+\varepsilon_i, i=1,2,\cdots,n$),由 $Q_{回}$ 和 $Q_{剩}$ 作统计量,并求出它的分布。上式两边除以 σ^2 得

$$\frac{1}{\sigma^2}Q_T = \frac{1}{\sigma^2}Q_{剩} + \frac{1}{\sigma^2}Q_{回} \tag{5.2}$$

此式左边

$$\frac{1}{\sigma^2}Q_T = \frac{1}{\sigma^2}\sum_{i=1}^{n}(\beta_0+\varepsilon_i-\beta_0-\bar{\varepsilon})^2 = \frac{1}{\sigma^2}\sum_{i=1}^{n}(\varepsilon_i-\bar{\varepsilon})^2$$

服从自由度为 $n-1$ 的 χ^2 分布。考察$\frac{1}{\sigma^2}Q_{剩}$,由正规方程得约束条件

$$\sum_{i=1}^{n}(Y_i-\mathscr{Y}_i) = 0$$

$$\sum_{i=1}^{n}(Y_i-\mathscr{Y}_i)x_{ij} = 0, \quad j=1,2,\cdots,p$$

所以它的自由度是 $n-p-1$。另外,可以证明$\frac{1}{\sigma^2}Q_{回}$ 的自由度是 p。因此,(5.2)式右边各项自由度之和$(n-p-1)+p=n-1$,等于左边 χ^2 变量的自由度。利用分解定理得到:

$\frac{1}{\sigma^2}Q_{剩}$ 服从自由度为 $n-p-1$ 的 χ^2 分布,

$$\frac{1}{\sigma^2}Q_{回}\ \text{服从自由度为}\ p\ \text{的}\ \chi^2\ \text{分布},$$

且两者相互独立。由 F 分布的定义,

$$F = \frac{Q_{回}/p}{Q_{剩}/(n-p-1)} \tag{5.3}$$

服从自由度为$(p,n-p-1)$的 F 分布。

给定显著水平 α,由附表 4 可得 $F_\alpha(p,n-p-1)$使

$$P\{F \geqslant F_\alpha(p,n-p-1)\} = \alpha$$

一次抽样后计算得 F 的数值,若

$$F \geqslant F_\alpha(p,n-p-1)$$

则拒绝 H_0,即认为线性回归显著;若

$$F < F_\alpha(p,n-p-1)$$

则接受 H_0,即认为线性回归不显著。

为了计算 F 的数值,需要用到 $Q_{回}$ 和 $Q_{剩}$ 的数值。可以先算 Q_T 的值,再用(4.13)式

$$Q_{剩} = \sum_{i=1}^{n} Y_i^2 - \sum_{j=1}^{p} B_j\hat{\beta}_j$$

算 $Q_{剩}$ 的值,最后用

$$Q_{回} = Q_T - Q_{剩}$$

得到 $Q_{回}$ 的值。这样,F 值的计算可按下列方差分析表来进行。

表 5-5

来源	离　差	自由度	均方离差	F 值
回归	$Q_{回} = Q_T - Q_{剩}$	p	$S_{回}^2 = \frac{Q_{回}}{p}$	$F = \frac{S_{回}^2}{S_{剩}^2}$
剩余	$Q_{剩} = \sum_{i=1}^{n} Y_i^2 - \sum_{j=1}^{p} B_j\hat{\beta}_j$	$n-p-1$	$S_{剩}^2 = \frac{Q_{剩}}{n-p-1}$	
总和	$Q_T = \sum_{i=1}^{n}(Y_i - \bar{Y})^2$	$n-1$		

例 1 检验上节例 1 中线性回归的显著性,取 $\alpha=5\%$。

解 先算

$$\sum_{i=1}^{49} y_i^2 = 1\,073.592,$$

$$Q_T = \sum_{i=1}^{49} y_i^2 - \frac{1}{49}\Big(\sum_{i=1}^{49} y_i\Big)^2 = 1\,073.592 - \frac{1}{49}\times(224.516\,9)^2 = 44.861$$

$$Q_{剩} = \sum_{i=1}^{49} y_i^2 - B_0\hat{\beta}_0 - B_1\hat{\beta}_1 - B_2\hat{\beta}_2 - B_3\hat{\beta}_3$$

$$= \sum_{i=1}^{49} y_i^2 - \Big(\sum_{i=1}^{49} y_i\Big)\hat{\beta}_0 - \Big(\sum_{i=1}^{49} x_{i1}y_i\Big)\hat{\beta}_1 - \Big(\sum_{i=1}^{49} x_{i2}y_i\Big)\hat{\beta}_2 - \Big(\sum_{i=1}^{49} x_{i3}y_i\Big)\hat{\beta}_3$$

$$=1\,073.592-224.516\,9\times0.697\,4-1\,180.30\times0.160\,6 -2\,717.51\times0.107\,6-11\,292.72\times0.035\,9=29.645$$

$$Q_{回} = Q_T - Q_{剩} = 15.216$$

下面用方差分析表算得 F 值,这里 $n=49, p=3$。

表 5-6

来源	离　差	自由度	均方离差	F 值
回归	15.216	3	5.072	7.700
剩余	29.645	45	0.659	
总和	44.861	48		

查附表 4 得 $F_{0.05}(3,40)=2.84$,而 $F_{0.05}(3,45)<2.84$。显见 $F>F_{0.05}(3,45)$,所以线性回归显著。

5.2 回归系数的显著性检验

若线性回归显著,回归系数 $\beta_1,\beta_2,\cdots,\beta_p$ 不全为零。但是,并不能说每一个自变量对 Y 都是重要的,例如系数为零的自变量对 Y 的值就不起作用了。因此,检验某一个回归系数 $\beta_j(1\leqslant j\leqslant p)$

是否为零，相当于检验相应的 x_j 对 Y 的值是否起作用。

在线性回归模型上作

$$\text{假设 } H_0: \beta_j = 0, \text{其中 } j \text{ 固定}, 1 \leqslant j \leqslant p$$

自然地可用 $\hat{\beta}_j$ 作检验。如果我们把 $p+1$ 维矢量 $\hat{\boldsymbol{\beta}}$ 的分量 $\hat{\beta}_0, \hat{\beta}_1, \cdots, \hat{\beta}_p$ 分别叫作第 0，第 1，…，第 p 个分量，那末 $\hat{\beta}_j$ 是矢量 $\hat{\boldsymbol{\beta}} = (\boldsymbol{X}^{\tau}\boldsymbol{X})^{-1}\boldsymbol{X}^{\tau}\boldsymbol{Y}$ 的第 j 个分量。显然它是 $Y_1, Y_2, \cdots, Y_n$ 的线性组合，所以 $\hat{\beta}_j$ 服从正态分布。由(4.18)和(4.19)式，

$$E\hat{\beta}_j = \beta_j, \quad D\hat{\beta}_j = c_{jj}\sigma^2$$

其中 c_{jj} 是矩阵 $\boldsymbol{C} = \boldsymbol{A}^{-1}$ 的主对角线上第 j 个元素。需要指出，这里是从第零个开始起算的。综上所述，$\hat{\beta}_j$ 服从正态分布 $N(\beta_j, c_{jj}\sigma^2)$。因而

$$U = \frac{\hat{\beta}_j - \beta_j}{\sqrt{c_{jj}}\sigma}$$

服从标准正态分布 $N(0,1)$。由 5.1 可知，$\frac{1}{\sigma^2}Q_{剩}$ 服从自由度为 $n-p-1$ 的 χ^2 分布①。另外，可以证明 $\hat{\beta}_j$ 与 $Q_{剩}$ 是相互独立的。因而，在 H_0 成立前提下，由 t 分布定义可知

$$T = \frac{\hat{\beta}_j}{\sqrt{c_{jj}}\sqrt{\dfrac{Q_{剩}}{n-p-1}}} \tag{5.4}$$

服从自由度为 $n-p-1$ 的 t 分布。

给定显著水平 α，查附表 2 得 $t_{\alpha/2}(n-p-1)$。一次抽样后计算得 T 的数值。若

$$|T| \geqslant t_{\alpha/2}(n-p-1)$$

则拒绝 H_0，即认为 β_i 显著地不等于零；若

$$|T| < t_{\alpha/2}(n-p-1)$$

---

① 5.1 中，在 $\beta_1, \beta_2, \cdots, \beta_p$ 全为零的前提下得此结论。实际上，即使这个条件不成立，也有此结论。

则接受 H_0,即认为 β_i 显著地等于零。

顺便指出,由于 χ^2 变量的数学期望等于它的自由度,因而 $E\left[\frac{1}{\sigma^2}Q_{剩}\right]=n-p-1$,所以 $\hat{\sigma}^{*2}=\frac{1}{n-p-1}Q_{剩}$ 是 σ^2 的无偏估计。(5.4)式中变量 T 可表示为

$$T=\frac{\hat{\beta}_i}{\sqrt{c_{jj}}\hat{\sigma}^*} \tag{5.5}$$

其中 $\hat{\sigma}^*=\sqrt{\hat{\sigma}^{*2}}$。

例 2 检验上节例 1 中回归系数是否分别为零,取 $\alpha=5\%$。

解 如果回归平面方程采用

$$\mathscr{Y}=\mu+\beta_1(x_1-\bar{x}_1)+\beta_2(x_2-\bar{x}_2)+\beta_3(x_3-\bar{x}_3)$$

的形式,其中 $\hat{\beta}_1,\hat{\beta}_2,\hat{\beta}_3$ 在上节例 1 中已算出。此时,

$$\boldsymbol{C}=\boldsymbol{A}^{-1}=\begin{bmatrix} n & 0\\ 0 & \boldsymbol{L}\end{bmatrix}=\begin{bmatrix} \frac{1}{n} & 0\\ 0 & \boldsymbol{L}^{-1}\end{bmatrix}$$

$$=\begin{bmatrix} 1/n & 0 & 0 & 0\\ 0 & 0.005\,515 & 0.002\,894 & -0.000\,016\,23\\ 0 & 0.002\,894 & 0.002\,122 & -0.000\,083\,45\\ 0 & -0.000\,016\,23 & -0.000\,083\,45 & 0.000\,169\,4\end{bmatrix}$$

$$\hat{\sigma}^{*2}=\frac{Q_{剩}}{n-p-1}=0.659(\text{见表 5-6}),\hat{\sigma}^*=\sqrt{0.659}=0.812$$

$$T_1=\frac{\hat{\beta}_1}{\sqrt{c_{11}}\hat{\sigma}^*}=\frac{0.160\,4}{\sqrt{0.005\,515}\times0.812}=2.660$$

$$T_2=\frac{\hat{\beta}_2}{\sqrt{c_{22}}\hat{\sigma}^*}=\frac{0.107\,6}{\sqrt{0.002\,122}\times0.812}=2.877$$

$$T_3=\frac{\hat{\beta}_3}{\sqrt{c_{33}}\hat{\sigma}^*}=\frac{0.035\,9}{\sqrt{0.000\,169\,4}\times0.812}=3.397$$

查附表 2 得 $t_{0.025}(45)=2.014\,1$,由于 $|T_1|,|T_2|,|T_3|$ 都大于

$t_{0.025}(45)$,所以三个回归系数都不显著地等于零。前面配的自变量 x_1, x_2, x_3 的经验回归平面方程是合适的。

在有回归系数显著为零的情形可以剔除自变量,剔除自变量的方法可以参看参考书[7]。

5.3 预测

在 $x_1 = x_{01}, x_2 = x_{02}, \cdots, x_p = x_{0p}$(这里 $x_{01}, x_{02}, \cdots, x_{0p}$都是已知数)处,对 Y 预测是指对 Y 的值作区间估计。记相应的 Y 值为 Y_0,有

$$Y_0 = \beta_0 + \beta_1 x_{01} + \beta_2 x_{02} + \cdots + \beta_p x_{0p} + \varepsilon_0$$

其中 ε_0 服从正态分布 $N(0, \sigma^2)$。假定 Y_0 与 $Y_1, Y_2, \cdots, Y_n$ 相互独立。显然,可以用

$$\hat{\mathscr{Y}}_0 = \hat{\beta}_0 + \hat{\beta}_1 x_{01} + \cdots + \hat{\beta}_p x_{0p}$$

对 Y_0 作点估计。

现在要导出 $Y_0 - \hat{\mathscr{Y}}_0$ 的概率分布。因为 Y_0 与 $\hat{\mathscr{Y}}_0$ 都服从正态分布,且二者独立,所以 $Y_0 - \hat{\mathscr{Y}}_0$ 服从正态分布。分别计算数学期望和方差

$$\begin{aligned} E(Y_0 - \hat{\mathscr{Y}}_0) &= EY_0 - E\hat{\mathscr{Y}}_0 = \hat{\beta}_0 + \hat{\beta}_1 x_{01} + \cdots + \hat{\beta}_p x_{0p} - \hat{\beta}_0 \\ &\quad - \hat{\beta}_1 x_{01} - \cdots - \hat{\beta}_p x_{0p} = 0 \\ D(Y_0 - \hat{\mathscr{Y}}_0) &= DY_0 + D\hat{\mathscr{Y}}_0 = DY_0 + D[\overline{Y} + \hat{\beta}_1(x_{01} - \bar{x}_1) \\ &\quad + \cdots + \hat{\beta}_p(x_{0p} - \bar{x}_p)] \end{aligned}$$

$$\begin{aligned} &= \sigma^2 + \frac{\sigma^2}{n} + E[(\hat{\beta}_1 - \beta_1)(x_{01} - \bar{x}_1) + \cdots \\ &\quad + (\hat{\beta}_p - \beta_p)(x_{0p} - \bar{x}_p)]^{2} \text{①} \\ &= \sigma^2 + \frac{\sigma^2}{n} + \sum_{i=1}^{p}\sum_{j=1}^{p} E\{(\hat{\beta}_i - \beta_i)(\hat{\beta}_j - \beta_j)\}(x_{0i} - \bar{x}_i)(x_{0j} - \bar{x}_j) \\ &= \sigma^2 + \frac{\sigma^2}{n} + \sum_{i=1}^{p}\sum_{j=1}^{p} c_{ij}(x_{0i} - \bar{x}_i)(x_{0j} - \bar{x}_j)\sigma^2 \end{aligned}$$

---

① 这一步要用 $\overline{Y}$ 与 $\hat{\beta}_1, \hat{\beta}_2, \cdots, \hat{\beta}_p$ 的独立性,它是可以证明的。

其中 c_{ij}是矩阵$\boldsymbol{C}=\boldsymbol{A}^{-1}$的第 i 行第 j 列元素。需要指出，这里的行与列分别从第零行和第零列开始起算。最后一个等式用到本章(4.19)式。因此，

$$Y_0-\hat{y}_0$$

服从正态分布 $N\left(0,\sigma^2\left(1+\frac{1}{n}+\sum_{i=1}^{p}\sum_{j=1}^{p}c_{ij}(x_{0i}-\bar{x}_i)(x_{0j}-\bar{x}_j)\right)\right)$。记

$$d_0=\sqrt{1+\frac{1}{n}+\sum_{i=1}^{p}\sum_{j=1}^{p}c_{ij}(x_{0i}-\bar{x}_i)(x_{0j}-\bar{x}_j)} \tag{5.6}$$

因而

$$U=\frac{Y_0-\hat{y}_0}{\sigma d_0}$$

服从标准正态分布 $N(0,1)$。$\frac{1}{\sigma^2}Q_{剩}$ 服从自由度为 $n-p-1$ 的 χ^2 分布。可以证明 $Y_0-\hat{y}$与 $Q_{剩}$ 相互独立。因此，由 t 分布定义知

$$T=\frac{Y_0-\hat{y}_0}{\sqrt{\frac{Q_{剩}}{n-p-1}}d_0}$$

服从自由度为 $n-p-1$ 的 t 分布。

给定置信概率 $1-\alpha$，查附表 2 可得 $t_{\alpha/2}(n-p-1)$的值，使

$$P\{|T|<t_{\alpha/2}(n-p-1)\}=1-\alpha$$

即

$$P\left\{\frac{|Y_0-\hat{y}_0|}{\sqrt{\frac{Q_{剩}}{n-p-1}}d_0}<t_{\alpha/2}(n-p-1)\right\}=1-\alpha$$

改写为

$$P\{\hat{y}_0-t_{\alpha/2}(n-p-1)\sqrt{\frac{Q_{剩}}{n-p-1}}d_0$$

$$< Y_0 < \hat{\mathscr{Y}}_0 + t_{\alpha/2}(n-p-1)\sqrt{\frac{Q_{剩}}{n-p-1}d_0}\} = 1-\alpha$$

因而 Y 的置信概率为 $1-\alpha$ 的预测范围是

$$(\hat{\mathscr{Y}}_0 - t_{\alpha/2}(n-p-1)\sqrt{\frac{Q_{剩}}{n-p-1}d_0},$$

$$\hat{\mathscr{Y}}_0 + t_{\alpha/2}(n-p-1)\sqrt{\frac{Q_{剩}}{n-p-1}d_0})$$

或

$$(\hat{\mathscr{Y}}_0 - t_{\alpha/2}(n-p-1)\hat{\sigma}^* d_0,$$

$$\hat{\mathscr{Y}}_0 + t_{\alpha/2}(n-p-1)\hat{\sigma}^* d_0)$$

其中 d_0 由(5.6)式给出。

第五章 习 题

1. 通过原点的一元回归的线性模型为

$$Y_i = \beta x_i + \varepsilon_i, i = 1,2,\cdots,n$$

其中各 ε_i 相互独立,并且都服从正态分布 $N(0,\sigma^2)$。试由 n 组观察值(x_i,y_i), $i=1,2,\cdots,n$,用最小二乘法估计 β,并用矩法估计 σ^2。

2. 在考察硝酸钠的可溶性程度时,对一系列不同温度观察它在 100mL 的水中溶解的硝酸钠的重量,获得观察结果如下:

温度 x_i	0	4	10	15	21	29	36	51	68
重量 y_i	66.7	71.0	76.3	80.6	85.7	92.9	99.4	113.6	125.1

从经验和理论知 Y_i 与 x_i 之间有下述关系式

$$Y_i = \alpha + \beta x_i + \varepsilon_i, i = 1,2,\cdots,9$$

其中各 ε_i 相互独立,并且都服从正态分布 $N(0,\sigma^2)$。试用最小二乘法估计参数 α,β,并用矩法估计 σ^2。

3. 为了得到一元线性回归分析的简化计算法，作变换 $u_i = \frac{x_i - c_1}{d_1}, v_i = \frac{y_i - c_0}{d_0}, i = 1, 2, \cdots, n$，且 $d_0 \neq 0, d_1 \neq 0$。若原经验回归直线方程为

$$\hat{y} = \hat{\alpha} + \hat{\beta}x$$

变换后经验回归直线方程为

$$\hat{v} = \hat{\alpha}' + \hat{\beta}'u$$

试证 $\hat{\beta} = \frac{d_0}{d_1}\hat{\beta}', \hat{\alpha} = d_0\hat{\alpha}' + c_0 - \frac{d_0}{d_1}\hat{\beta}'c_1$，并且

$$\sum_{i=1}^{n}(y_i - \hat{\alpha} - \hat{\beta}x_i)^2 = d_0^2\sum_{i=1}^{n}(v_i - \hat{\alpha}' - \hat{\beta}'u_i)^2$$

4. 为了研究纱的品质指标与支数之间的数量关系，进行有关试验，得 20 对数据如下：

支数 x_i	19.83	20.24	21.10	23.85	24.47	25.08	28.47
品质指标 y_i	2466	2501	2390	2450	2350	2396	2331
支数 x_i	35.20	35.74	39.77	41.30	42.20	45.87	47.83
品质指标 y_i	2203	2159	2137	2092	2082	2060	2025
支数 x_i	29.28	29.76	33.93	49.13	56.46	57.55	
品质指标 y_i	2297	2285	2238	2040	1865	1857	

画出点图，从经验知 Y_i 与 x_i 之间有关系式

$$Y_i = \alpha + \beta x_i + \varepsilon_i, i = 1, 2, \cdots, 20$$

其中各 ε_i 相互独立，而且都服从分布 $N(0, \sigma^2)$。试用最小二乘法估计 α、β，并求 σ^2 的无偏估计量的值。

5. 某医院用光电比色计检验尿汞时，得尿汞含量(mg/L)与消光系数读数的结果如下：

尿汞含量 x_i	2	4	6	8	10
消光系数 y_i	64	138	205	285	360

已知它们之间有关系式

$$Y_i = \alpha + \beta x_i + \varepsilon_i, i = 1,2,\cdots,n$$

其中 $\varepsilon_i \sim N(0,\sigma^2)$，且各 ε_i 相互独立，试求 α,β 的最小二乘估计，并在显著水平 0.05 下检验 β 是否为 38。

6. 下表列出在不同质量下 6 根弹簧的长度：

质量 x(克)	5	10	15	20	25	30
长度 y(厘米)	7.25	8.12	8.95	9.90	10.9	11.8

(1)试将这六对观察值用点画在坐标纸上，直观上能否认为长度对于质量的回归是线性的；

(2)写出经验回归直线方程；

(3)试在 $x=16$ 时作出 Y 的 95% 预测区间。

7. 具有重复试验的一元线性回归表述如下：对变量 x, Y 作 n 次试验，自变量 x 取不同值 $x_1,x_2,\cdots,x_r$；在每一个 $x=x_i$ 上对 Y 作 m_i 次试验观察，它的观察值为 $y_{i1},y_{i2},\cdots,y_{im_i}$，而 $\sum_{i=1}^{r} m_i = n$。一元回归的线性模型为

$$Y_{ij} = \alpha + \beta x_i + \varepsilon_{ij}, j = 1,2,\cdots,m_i; i = 1,2,\cdots,r$$

试求 α,β 的最小二乘估计。

8. 对于自变量和因变量都分组的情形，经验回归直线的配置方法如下：对 x 和 Y 作 n 次试验得 n 对试验值，把自变量的试验值分成 r 组，组中值记为 $x_1,x_2,\cdots,x_r$，各组以组中值为代表；把因变量的试验值分为 s 组，组中值记为 $y_1,y_2,\cdots,y_s$，同样地各组以组中值为代表。如果(x,Y)取(x_i,y_i)有 m_{ij}对，$i=1,2,\cdots,r$，$j=1,2,\cdots,s$；而$\sum_{i=1}^{r}\sum_{j=1}^{s} m_{ij} = n$。用最小二乘法配直线 $\mathscr{Y} = \alpha + \beta x$，试求 α,β 的估计量。

9. 对变量 x、Y 作试验得到 50 对观察值，列表如下：

m_{ij} \ x_i / y_i	2.5 ~ 7.5	7.5 ~ 12.5	12.5 ~ 17.5	17.5 ~ 22.5	22.5 ~ 27.5	27.5 ~ 32.5	32.5 ~ 37.5	37.5 ~ 42.5
90~110	2	1	–	–	–	–	–	–
110~130	3	4	3	–	–	–	–	–
130~150	–	–	5	10	8	–	–	–
150~170	–	–	–	1	–	6	1	1
170~190	–	–	–	–	–	–	4	1

在 x 与 Y 的每一分组中,以组中值作为代表,试用第 8 题得到的公式,求回归直线 $\mathscr{Y}=\alpha+\beta x$ 中 α 与 β 的估计量。

10. 通过原点的二元线性回归模型为

$$Y_i = \beta_1 x_{i1} + \beta_2 x_{i2} + \varepsilon_i, i = 1,2,\cdots,n$$

其中 $\varepsilon_i \sim N(0,\sigma^2)$,且各 ε_i 相互独立。试写出正规方程,并求出 β_1 与 β_2 的最小二乘估计。

11. 在某项钢材的新型规范试验中,研究含碳量(x_1)和回火温度(x_2)对它的伸长率(Y)的关系。15 批生产试样结果如下:

含碳量 x_1	57	64	69	58	58	58	58	58
回火温度 x_2	535	535	535	460	460	460	490	490
伸长率 y	19.25	17.5	18.25	16.25	17.00	16.75	17.00	16.75
含碳量 x_1	58	57	64	69	59	64	69	
回火温度 x_2	490	460	435	460	490	467	490	
伸长率 y	17.25	16.75	14.75	12.00	17.75	15.50	15.50	

根据经验,Y 关于 x_1、x_2 有二元线性回归关系

$$Y = \beta_0 + \beta_1 x_1 + \beta_2 x_2 + \varepsilon$$

其中 $\varepsilon \sim N(0,\sigma^2)$。

(1)求 β_0,β_1,β_2 的最小二乘估计,写出经验回归平面方程;

(2)检验线性回归是否显著($\alpha = 5\%$);

(3)检验 β_2 是否显著地为零($\alpha = 5\%$);

(4)当 $x_1 = 70, x_2 = 540$ 时对 Y 作区间估计($1-\alpha = 95\%$)。

12.研究同一地区土壤所含植物可给态磷的情况得 18 组数据如下表所示

土壤子样	x_1	x_2	x_3	y
1	0.4	53	158	64
2	0.4	23	163	60
3	3.1	19	37	71
4	0.6	34	157	61
5	4.7	24	59	54
6	1.7	65	123	77
7	9.4	44	46	81
8	10.1	31	117	93
9	11.6	29	173	93
10	12.6	58	112	51
11	10.9	37	111	76
12	23.1	46	114	96
13	23.1	50	134	77
14	21.6	44	73	93
15	23.1	56	168	95
16	1.9	36	143	54
17	26.8	58	202	168
18	29.9	51	124	99

其中

x_1——土壤内所含无机磷浓度;

x_2——土壤内溶于 K_2CO_3 溶液并受溴化物水解的有机磷浓度;

x_3——土壤内溶于 K_2CO_3 溶液但不受溴化物水解的有机磷浓度;

Y——种在 20℃ 土壤内的玉米中的可给态磷。

已知 Y 对 x_1,x_2,x_3 存在线性回归关系,试求出经验回归平面方程,并检验线性回归是否显著($\alpha=5\%$)。

参考书

[1] M. 费史著,《概率论及数理统计》,上海科技出版社,1962。

[2] 复旦大学编,《概率论》,第一册,概率论基础,人民教育出版社,1979。

[3] 复旦大学编,《概率论》,第二册,数理统计,人民教育出版社,1979。

[4] 中山大学编,《概率论及数理统计》,下册,人民教育出版社,1980。

[5] 周华章编,《工业技术应用数理统计学》,人民教育出版社,1963。

[6] 中国科学院数学研究所统计组,《方差分析》,科学出版社,1977。

[7] 茆诗松等编著,《回归分析及其试验设计》,华东师范大学出版社,1981。

[8] 浙江大学数学系编,《概率论与数理统计》,人民教育出版社,1979。

[9] A.M. 穆德,F.A. 格雷比尔著,《统计学导论》,科学出版社,1978。

[10] 刘璋温等编,《概率纸浅说》,科学出版社,1980。

[11] V.K. Rohatgi, "An Introduction to Probability Theory and Mathematical Statistics", John Wiley & Sons, 1976.

附录　概率论基本知识

概率论是数理统计的重要数学基础。为了帮助大家学好数理统计，特在附录中介绍概率论的一些基本概念、定义、定理、公式，以供复习或查阅。

一、事件

事件是概率论研究的对象。事件可分为必然事件、不可能事件、随机事件三类。必然事件与不可能事件分别用 U、V 表示。

事件有下列关系及运算

1. 事件的包含与相等　若事件 A 发生必有事件 B 发生，则称事件 B 包含事件 A，记作 $A \subset B$。

若 $A \subset B$，且 $B \subset A$，则称事件 A 与 B 相等，记作 $A = B$。

2. 和事件　事件 A 与 B 至少发生一个所构成的事件，称为事件 A 与 B 的和事件，记作 $A \cup B$。和事件运算可推广到 $\bigcup\limits_{k=1}^{n} A_k$ 与 $\bigcup\limits_{k=1}^{\infty} A_k$。

3. 积事件　事件 A 与 B 都发生所构成的事件，称为事件 A 与 B 的积事件，记作 $A \cap B$ 与 AB。积事件运算也可推广到 $\bigcap\limits_{k=1}^{n} A_k$ 及 $\bigcap\limits_{k=1}^{\infty} A_k$。

4. 差事件　事件 A 发生而事件 B 不发生所构成的事件，称为 A 与 B 的差事件，记作 $A - B$。

5. 互不相容　若事件 A 与 B 不可能同时发生，即 $AB = V$，

则称事件 A 与 B 互不相容。

6. 对立事件 "A 不发生"的事件，称为事件 A 的对立事件，记作 $\overline{A}$。

7. 两两不相容事件完备级 若事件 $A_1, A_2, \cdots, A_n$ 两两不相容，并且在一次试验中必定发生其中之一，则称 $A_1, A_2, \cdots, A_n$ 是两两不相容事件完备组。

二、概率的定义和性质

概率是概率论中最基本的概念。事件 A 的概率是 A 发生可能性大小的度量，记为 $P(A)$。在概率论中，概率的定义有很多种(概率的统计定义，古典定义，几何定义，数学定义等)，下面介绍概率的统计定义及古典概率定义。

概率的统计定义 进行大量重复试验时，事件 A 发生的频率具有稳定性。频率的稳定值 p 称为事件 A 的概率，记作 $p = P(A)$。

古典概率定义 设随机试验有两个特点：

(1) 随机试验只可能出现 N 种(N 有限)基本结果，而全体基本结果构成两两不相容事件完备组：

(2) 在一次随机试验中各个基本结果发生可能性相等。

如果事件 A 包含 M 种基本结果，则称

$$P(A) = \frac{M}{N}$$

为事件 A 的概率。

概率的性质

(1) $0 \leqslant P(A) \leqslant 1$;

(2) $P(U) = 1,\ P(V) = 0$;

(3) 若事件 A, B 互不相容，则 $P(A \cup B) = P(A) + P(B)$。推广之，若事件 $A_1, A_2, \cdots, A_n$ 两两不相容，则

$P(A_1 \cup A_2 \cup \cdots \cup A_n) = P(A_1) + P(A_2) + \cdots + P(A_n)$；又

若事件 $A_1,A_2,\cdots$两两不相容,则

$$P(A_1 \cup A_2 \cup \cdots) = P(A_1) + P(A_2) + \cdots$$

上面是概率的三个基本性质,由它们可推出:

(4) $P(\overline{A})=1-P(A)$;

(5) 若 $A\subset B$,则 $P(B-A)=P(B)-P(A),P(A)\leqslant P(B)$;

(6) $P(A\cup B)=P(A)+P(B)-P(AB)$。

三、条件概率,事件的独立性

1. 条件概率

定义 若 $P(B)>0$,则称在事件 B 发生的条件下事件 A 发生的概率为事件 A 对事件 B 的条件概率,记作 $P(A|B)$。

条件概率公式是

$$P(A \mid B) = \frac{P(AB)}{P(B)}$$

在条件概率中有三个重要公式:

(1) 概率乘法公式 若 $P(B)>0$,则 $P(AB)=P(B)P(A|B)$;

(2) 全概率公式 若事件 $B_1,B_2,\cdots,B_n$ 组成两两不相容事件完备组,且 $P(B_i)>0\ (i=1,2,\cdots,n)$,则

$$P(A) = \sum_{i=1}^{n} P(B_i)P(A \mid B_i)$$

(3) 贝叶斯公式 在全概率公式所加条件下,再另加条件 $P(A)>0$,则

$$P(B_i \mid A) = \frac{P(B_i)P(A \mid B_i)}{\sum_{j=1}^{n} P(B_i)P(A \mid B_j)} \qquad i = 1,2,\cdots,n$$

2. 独立事件的概念与定义

定义 若 $P(AB)=P(A)P(B)$,则称事件 A 与 B 相互独立

或独立。

定理 若 $P(A)>0, P(B)>0$，则事件 A 与 B 相互独立的充分必要条件是

$$P(A \mid B) = P(A) \text{ 或 } P(B \mid A) = P(B)$$

此定理说明：事件 A, B 独立表示 A 发生的可能性不依赖 B 的发生；反过来，B 发生的可能性也不依赖 A 的发生。亦即 A, B 独立表示事件 A 与 B 的发生互不影响。

定义 若事件 $A_1, A_2, \cdots, A_n$ 满足

$$P(A_1, A_{i_n}, \cdots, A_{i_k}) = P(A_{i_1})P(A_{i_2})\cdots P(A_{i_k}),\ 2 \leqslant k \leqslant n$$

其中 $i_1, i_2, \cdots, i_k$ 是 $1, 2, \cdots, n$ 中任意 k 个数，则称事件 $A_1, A_2, \cdots, A_n$ 相互独立或独立。

事件 $A_1, A_2, \cdots, A_n$ 独立表示它们的发生互不影响。

3. 贝努里概型

在一定条件下进行 n 次独立重复试验，每次试验只有两种可能结果：A 与 $\overline{A}$，记

$$P(A) = p, \quad P(\overline{A}) = 1 - p = q \qquad (0 < p < 1)$$

那么 n 次试验事件 A 发件 m 次$(0 \leqslant m \leqslant n)$的概率是

$$P_n(m) = C_n^m p^m q^{n-m}, \qquad m = 0, 1, 2, \cdots, n$$

四、随机变量及其概率分布

随机变量是概率论中重要的基本概念，主要讨论它的概率分布。

1. 随机变量及其分布函数

在随机试验中，若存在一个变量，它依试验结果的改变而取不同的数值，则称此变量为随机变量。由于试验结果的出现是随机的，故表示随机试验结果的量——随机变量的取值也是随机的。随机变量用 $X, Y, Z, \cdots$ 或 $X_1, X_2, \cdots$ 表示，它的概率分布一般可用分布函数表示。

定义 设有随机变量 X，对任一实数 x，令

$$F(x) = P\{X \leqslant x\}$$

则称 $F(x)$的 X 的分布函数。

显然,

$$P\{a < X \leqslant b\} = F(b) - F(a)$$

分布函数具有如下性质:(1) $F(-\infty)=0, F(+\infty)=1$; (2) $F(x)$是自变量 x 的非降函数,即当 $x_1 < x_2$ 时有 $F(x_1) \leqslant F(x_2)$; (3) $F(x)$是右连续函数。

2. 离散随机变量及其分布列

若随机变量 X 所有可能取的值是有限多个或可列无限多个,即它可能取的值为 $x^{(1)}, x^{(2)}, \cdots$,则称 X 为离散随机变量。

离散随机变量的概率分布可用分布列表示。若离散随机变量 X 所有可能取的值为$x^{(1)}, x^{(2)}, \cdots$,则概率

$$p_i = P\{X = x^{(i)}\}, \qquad i = 1,2,\cdots$$

或列成表

X	$x^{(1)}$, $x^{(2)}$, $\cdots$
P	p_1, p_2, $\cdots$

其中 $\sum_i p_i = 1$,称为 X 的分布列。

离散随机变量的分布函数是非降阶梯函数,它在 x_i 处的跳跃度为 $p_i, i=1,2,\cdots$。

3. 连续随机变量及其分布密度

连续随机变量的所有可能值充满一个有限或无穷区间。它的定义如下:

定义 若随机变量 X 的分布函数$F(x)$可表示为

$$F(x) = \int_{-\infty}^{x} f(t)\mathrm{d}t$$

其中 $f(t) \geqslant 0$,则称 X 为连续随机变量,并称 $f(x)$的 X 的分布密

度。

显然,在 $f(x)$ 的连续点有

$$F'(x) = f(x)$$

另外,连续随机变量的分布函数是连续的。

分布密度 $f(x)$ 具有如下性质:(1) $f(x) \geqslant 0, \int_{-\infty}^{+\infty} f(x)\mathrm{d}x = 1$;(2) $P\{a \leqslant X \leqslant b\} = \int_a^b f(x)\mathrm{d}x$,这个等式对开区间、左闭右开或左开右闭区间都成立。

4. 一些常见的概率分布

离散型:

(1) 二项分布 分布列为 $p_i = P\{X = i\} = C_n^i p^i q^{n-i}(i = 0,1,\cdots,n)$,记作 $B(n,p)$。

(2) 泊松分布 分布列为 $p_i = P\{X = i\} = \frac{\lambda^i}{i!}\mathrm{e}^{-\lambda}(i = 0,1,2,\cdots)$,其中 $\lambda > 0$,记作 $P(\lambda)$。

连续型:

(3) 均匀分布 分布密度为

$$f(x) = \begin{cases} \frac{1}{b-a}, & a < x < b \\ 0, & \text{其他} \end{cases}$$

其中 $a < b$。

(4) 负指数分布 分布密度为

$$f(x) = \begin{cases} \lambda \mathrm{e}^{-\lambda x}, & x \geqslant 0 \\ 0, & x < 0 \end{cases}$$

其中 $\lambda > 0$。

(5) 正态分布(高斯分布) 分布密度为

$$f(x) = \frac{1}{\sqrt{2\pi}\sigma}\mathrm{e}^{-\frac{(x-\mu)^2}{2\sigma^2}}$$

其中 $\sigma > 0$。正态分布记作 $N(\mu,\sigma^2)$。$N(0,1)$ 称为标准正态分

布。标准正态分布的分布函数记为 $\Phi(x)$,它的数值可以从附表 1 中查到。

正态分布概率计算公式 若 X 服从正态分布 $N(\mu,\sigma^2)$,则 (1) $F(x)=\Phi(\frac{x-\mu}{\sigma})$; (2) $P\{a\leqslant X\leqslant b\}=\Phi(\frac{b-\mu}{\sigma})-\Phi(\frac{a-\mu}{\sigma})$。

五、随机矢量及其概率分布,随机变量的独立性

n 个随机变量 $X_1,X_2,\cdots,X_n$ 的全体 $(X_1,X_2,\cdots,X_n)$,称为 n 维随机矢量。需要指出,随机变量的各分量是有次序的。这里着重讨论二维随机矢量 (X,Y) 及其概率分布。

1. 二维分布函数与边缘分布函数

定义 设 (X,Y) 是二维随机矢量。对任意实数 x,y,

$$F(x,y)=P\{X\leqslant x,Y\leqslant y\}$$

称为 (X,Y) 的二维分布函数。

显然有

$$\begin{aligned}&P\{x_1<X\leqslant x_2,y_1<Y\leqslant y_2\}\\&=F(x_2,y_2)-F(x_2,y_1)-F(x_1,y_2)+F(x_1,y_1)\end{aligned}$$

其中 $x_1<x_2,y_1<y_2$。

二维分布函数具有如下性质:

(1) $F(x,y)$ 对每一自变量非降;

(2) $F(x,y)$ 对每一自变量右连续;

(3) $F(-\infty,-\infty)=0$, $F(-\infty,y)=0$, $F(x,-\infty)=0$, $F(+\infty,+\infty)=1$;

(4) 对 $x_1<x_2,y_1<y_2$,有

$F(x_2,y_2)-F(x_2,y_1)-F(x_1,y_2)+F(x_1,y_1)\geqslant 0$

一维分布函数 $F_X(x)=P\{X\leqslant x\}$, $F_Y(y)=P\{Y\leqslant y\}$ 分别称为 (X,Y) 关于 X,Y 的边缘分布函数。

二维分布函数 $F(x,y)$ 与边缘分布函数间的关系为

$$F_X(x) = F(x, +\infty),\ F_Y(y) = F(+\infty, y)$$

关于二维离散随机矢量及其分布列的内容从略。

2. 二维连续随机矢量及其分布密度

定义 若(X, Y)的二维分布函数$F(x,y)$可表示为

$$F(x,y) = \int_{-\infty}^{x}\int_{-\infty}^{y} f(u,v)\mathrm{d}u\mathrm{d}v$$

其中$f(x,Y) \geqslant 0$,则称(X, Y)为二维连续随机矢量,$f(x,y)$称为(X, Y)的二维分布密度。

二维分布密度具有如下性质:

(1) $f(x,y) \geqslant 0, \int_{-\infty}^{+\infty}\int_{-\infty}^{+\infty} f(x,y)\mathrm{d}x\mathrm{d}y = 1$;

(2) 若$f(x,y)$在(x,y)点连续,则$\dfrac{\partial^2 F(x,y)}{\partial x \partial y} = f(x,y)$;

(3) $P\{(X,Y)$ 落在区域 G 中$\} = \iint_G f(x,y)\mathrm{d}x\mathrm{d}y$

若(X, Y)是二维连续随机矢量,则X, Y都是连续随机变量。分布密度$f_X(x), f_Y(y)$分别称为(X, Y)关于X, Y的边缘分布密度。

二维分布密度和连续分布密度关系是

$$f_X(x) = \int_{-\infty}^{+\infty} f(x,y)\mathrm{d}y, \quad f_Y(y) = \int_{-\infty}^{+\infty} f(x,y)\mathrm{d}x$$

3. 随机变量的独立性

定义 设(X, Y)为二维随机矢量,若对任意实数x, y有

$$F(x,y) = F_X(x)F_Y(y)$$

则称随机变量X, Y相互独立。

随机变量X, Y相互独立反映X, Y各自取值互不影响。

在(X, Y)是二维连续随机矢量情形,X与Y相互独立的充分必要条件是$f(x,y) = f_X(x)f_Y(y)$。

定义 设$(X_1, X_2, \cdots, X_n)$是n维随机矢量,则称

$$F(x_1, x_2, \cdots, x_n) = P\{X_1 \leqslant x_1, X_2 \leqslant x_2, \cdots, X_n \leqslant x_n\}$$

为$(X_1,X_2,\cdots,X_n)$的 n 维分布函数。

定义 若对任意实数 $x_1,x_2,\cdots,x_n$ 有

$$F(x_1,x_2,\cdots,x_n)=F_{X_1}(x_1)F_{X_2}(x_2)\cdots F_{X_n}(x_n)$$

则称随机变量 $X_1,X_2,\cdots,X_n$ 相互独立。

n 个随机变量相互独立反映它们各自取值互不影响。

定义 若$(X_1,X_2,\cdots,X_n)$的 n 维分布函数可表示为

$$F(x_1,x_2,\cdots,x_n)=\int_{-\infty}^{x_1}\int_{-\infty}^{x_2}\cdots\int_{-\infty}^{x_n}f(x_1,x_2,\cdots,x_n)\mathrm{d}x_1\mathrm{d}x_2\cdots\mathrm{d}x_n$$

其中 $f(x_1,x_2,\cdots,x_n)\geqslant 0$,则称$(X_1,X_2,\cdots,X_n)$为 n 维连续随机矢量,$f(x_1,x_2,\cdots,x_n)$称为$(X_1,X_2,\cdots,X_n)$的 n 维分布密度。

在$(X_1,X_2,\cdots,X_n)$是 n 维连续随机矢量情形,随机变量 X_1,$X_2,\cdots,X_n$ 相互独立的充分必要条件是

$$f(x_1,x_2,\cdots,x_n)=f_{X_1}(x_1)\,f_{X_2}(x_2)\cdots f_{X_n}(x_n)$$

六、随机变量和随机矢量函数的概率分布

1. 随机变量函数的概率分布

设 X 是随机变量,$g(x)$是连续函数,那么 $Y=g(X)$是随机变量 X 的函数,它也是一个随机变量。一个重要问题是:已知 X 的概率分布,求 Y 的概率分布。

离散型 设离散随机变量 X 的分布列为

X	$x^{(1)}$,	$x^{(2)}$,	$\cdots$
p	p_1,	p_2,	$\cdots$

则 $Y=g(X)$的分布列为

$g(X)$	$g(x^{(1)})$,	$g(x^{(2)})$,	$\cdots$
p	p_1,	p_2,	$\cdots$

其中 $g(x^{(i)})$值相同的概率应合并相加。

连续型　设连续随机变量 X 的分布密度为 $f(x)$。

(1) 若 $y=g(x)$ 是单调函数，且有一阶连续导数，记 $x=h(y)$ 是 $y=g(x)$ 的反函数，则 $Y=g(X)$ 的分布密度为

$$f_Y(y)=f[h(y)]\,|h'(y)|$$

(2) 若 $y=g(x)$ 在 n 个不相重叠的区间 $I_1,I_2,\cdots,I_n$ 上都是单调的，它在各区间上的反函数分别为 $h_1(y),h_2(y),\cdots,h_n(y)$，则 $Y=g(X)$ 的分布密度为

$$f_Y(y)=\sum_{i=1}^{n}f[h_i(y)]\,|h'_i(y)|$$

求 $Y=g(X)$ 的分布密度也可用另一种方法，即是：先用定义求 Y 的分布函数，再求导得 Y 的分布密度。

2．随机矢量函数的概率分布

(1) 两个独立随机变量之和的分布

设随机变量 X,Y 相互独立，且 X,Y 的分布密度分别为 $f_X(x)$ 和 $f_Y(y)$，则 $Z=X+Y$ 的分布密度为

$$\begin{aligned}f_Z(z)&=\int_{-\infty}^{\infty}f_X(x)f_Y(z-x)\mathrm{d}x\\&=\int_{-\infty}^{\infty}f_X(z-y)f_Y(y)\mathrm{d}y\end{aligned}$$

定理 1　设随机变量 X,Y 相互独立，且 $X\sim N(\mu_1,\sigma_1^2)$，$X\sim N(\mu_2,\sigma_2^2)$，则 $Z=X+Y\sim N(\mu_1+\mu_2,\sigma_1^2+\sigma_2^2)$。

这里记号“～”表示“服从”。

定理 2　n 个独立正态随机变量的线性组合仍是正态随机变量。

(2) 两个独立随机变量之商的分布

设随机变量 X,Y 相互独立，则 $Z=\dfrac{X}{Y}$ 的分布密度为

$$f_Z(z)=\int_{-\infty}^{\infty}|y|\,f_X(yz)f_Y(y)\mathrm{d}y$$

七、随机变量的数学期望和方差、矩

1. 随机变量的数学期望

离散型　设离散随机变量 X 有分布列

X	$x^{(1)},\ x^{(2)},\ \cdots$
p	$p_1,\quad p_2,\quad \cdots$

若级数 $\sum\limits_i |x^{(i)}| p_i$ 收敛,则称 $\sum\limits_i x^{(i)} p_i$ 是 X 的数学期望,记作 $E(X)$ 或 EX。

连续型　设连续随机变量 X 的分布密度是 $f(x)$,若 $\int_{-\infty}^{+\infty} |x| f(x)\mathrm{d}x$ 收敛,则称 $\int_{-\infty}^{+\infty} xf(x)\mathrm{d}x$ 是 X 的数学期望,记作 $E(X)$ 或 EX。

随机变量的数学期望表示多次试验的理论平均值,也是概率分布的中心。

2. 随机变量的方差

离散型　设离散随机变量 X 的分布列是

X	$x^{(1)},\ x^{(2)},\ \cdots$
p	$p_1,\quad p_2,\quad \cdots$

则称 $\sum\limits_i [x^{(i)} - E(X)]^2 p_i$ 是 X 的方差,记作 $D(X)$ 或 DX。

连续型　设连续随机变量 X 的分布密度是 $f(x)$,则称 $\int_{-\infty}^{+\infty} [x - E(X)]^2 f(x)\mathrm{d}x$ 是 X 的方差,记作 $D(X)$ 或 DX。

称 $\sqrt{D(X)}$ 为 X 的标准差,记作 $\sigma(X)$。$\sigma(X)$ 的量纲与 X 相同。

随机变量的方差和标准差表示概率分布对数学期望的分散程

度，方差也表示多次试验试验值对数学期望的平均平方偏差。

计算公式：(1) 当 X 为离散随机变量时，有

$$D(X)=\sum_i {x^{(i)}}^2 p_i-(\sum_i x^{(i)}p_i)^2$$

(2) 当 X 为连续随机变量时，有

$$D(X)=\int_{-\infty}^{+\infty}x^2f(x)\mathrm{d}x-\left(\int_{-\infty}^{+\infty}xf(x)\mathrm{d}x\right)^2$$

方差可用数学期望表示为

$$D(X)=E[X-E(X)]^2=E(X^2)-[E(X)]^2$$

3．一些常见概率分布的数学期望和方差

离散型 (1) 二项分布 $E(X)=np,\ D(X)=npq$

(2) 泊松分布 $E(X)=\lambda,\ D(X)=\lambda$

连续型 (3) 均匀分布 $E(X)=\dfrac{a+b}{2}$，

$D(X)=\dfrac{1}{12}(b-a)^2$

(4) 负指数分布 $E(X)=\dfrac{1}{\lambda}$，

$D(X)=\dfrac{1}{\lambda^2}$

(5) 正态分布 $E(X)=\mu,\quad D(X)=\sigma^2$

4．随机变量的矩

设 n 是自然数，$a_n=E(X^n)$ 称为 X 的 n 阶原点矩；$\mu_n=E[(X-EX)^n]$ 称为 X 的 n 阶中心矩。

八、随机变量函数的数学期望，数学期望和方差的性质

1．一个随机变量函数的数学期望

已知 X 的概率分布，求 $Y=g(X)$ 的数学期望。

离散型 设离散随机变量的分布列为 $p_i=P\{X=x^{(i)}\},i=1,2,\cdots$，则

$$E(Y)=E(g(X))=\sum_i g(x^{(i)})p_i$$

连续型　设连续随机变量的分布密度为 $f(x)$,则

$$E(Y)=E(g(X))=\int_{-\infty}^{\infty}g(x)f(x)\mathrm{d}x$$

2. 两个随机变量函数的数学期望

离散型情形从略。

连续型　设(X,Y)是二维连续随机矢量,具有二维分布密度 $f(x,y)$,则 $Z=g(X,Y)$的数学期望为

$$E(Z)=E[g(X,Y)]=\int_{-\infty}^{+\infty}\int_{-\infty}^{+\infty}g(x,y)f(x,y)\mathrm{d}x\mathrm{d}y$$

3. 数学期望和方差的性质

数学期望具有如下性质:(1) $E(c)=c$,其中 c 为常数;(2) $E(cX)=cE(X)$,其中 c 为常数;(3) $E(X+Y)=E(X)+E(Y)$,推广可得 $E(\sum_{i=1}^{n}c_iX_i)=\sum_{i=1}^{n}c_iE(X_i)$,其中 c_i 都为常数;(4) 若 X,Y 相互独立,则 $E(XY)=E(X)E(Y)$。

方差具有如下性质:(1) $D(c)=0$,其中 c 为常数;(2) $D(cX)=c^2D(X)$,其中 c 为常数;(3) 若 X,Y 相互独立,则 $D(X+Y)=D(X)+D(Y)$;推广到 n 个随机变量可得:若 $X_1,X_2,\cdots,X_n$ 相互独立,则 $D(\sum_{i=1}^{n}c_iX_i)=\sum_{i=1}^{n}c_i^2D(X_i)$,其中 c_i 都为常数。

4. 随机变量的标准化

设随机变量 X 的数学期望$E(X)=\mu$,方差 $D(X)=\sigma^2(0<\sigma<+\infty)$,则 $Y=\frac{X-\mu}{\sigma}$有$E(Y)=0,D(Y)=1$。由随机变量 X 作出Y 的过程,称为随机变量 X 的标准化。满足 $E(Y)=0$, $D(Y)=1$ 的 Y 也称标准随机变量。

九、随机矢量的数字特征,多维正态分布

二维随机矢量(X,Y)的数字特征有 $E(X),E(Y),D(X)$,

$D(Y)$,以及协方差和相关系数,另外还有矩。

1. 协方差和相关系数

定义 $E\{[X-E(X)][Y-E(Y)]\}$称为随机变量 X 与 Y 的协方差,记作 $\mathrm{cov}(X,Y)$。

显然有

$$\mathrm{cov}(X,Y)=E(XY)-E(X)E(Y)$$

$$D(X+Y)=D(X)+D(Y)+2\mathrm{cov}(X,Y)$$

定义
$$\rho_{X,Y}=\frac{\mathrm{cov}(X,Y)}{\sqrt{D(X)}\sqrt{D(Y)}}$$
称为随机变量 X 与 Y 的相关系数。

相关系数的性质:(1) $|\rho_{X,Y}|\leqslant 1$; (2) $|\rho_{X,Y}|=1$ 的充要条件是 X 与 Y 有线性关系的概率为 1。

相关系数 $\rho_{X,Y}$表示随机变量X 与 Y 的线性联系密切程度。

若 $\mathrm{cov}(X,Y)=0$ 或 $\rho_{X,Y}=0$,则称随机变量 X,Y 不相关。它表示 X,Y 线性联系最弱。

定理 1 若随机变量 X,Y 相互独立,则 X,Y 不相关。

定理 2 若随机变量 X,Y 不相关,则 $D(X+Y)=D(X)+D(Y)$。

2. 二维正态分布

设(X,Y)具有二维密度

$$f(x,y)=\frac{1}{2\pi\sigma_1\sigma_2\sqrt{1-\rho^2}}\exp\left\{-\frac{1}{2(1-\rho^2)}\left[\left(\frac{x-\mu_1}{\sigma_1}\right)^2-2\rho\frac{x-\mu_1}{\sigma_1}\cdot\frac{y-\mu_2}{\sigma_2}+\left(\frac{y-\mu_2}{\sigma_2}\right)^2\right]\right\}$$

其中 $\sigma_1>0,\sigma_2>0,|\rho|<1$,则称$(X,Y)$服从二维正态分布,$f(x,y)$称为二维正态密度。二维正态分布记作 $N(\mu_1,\sigma_1;\mu_2,\sigma_2;\rho)$。经计算知,$E(X)=\mu_1,E(Y)=\mu_2,D(X)=\sigma_1^2,D(Y)=\sigma_2^2,\rho_{X,Y}=\rho$。

定理 1 若(X,Y)服从二维正态分布,则 $X\sim N(\mu_1,\sigma_1^2)$, Y

$\sim N(\mu_2,\sigma_2^2)$。

定理 2 设(X,Y)服从二维正态分布。若 X,Y 不相关,则 X,Y 相互独立。此时不相关与相互独立等价。

3. 二维随机矢量的矩

设 n,k 都是非负整数,$a_{nk}=E[X^nY^k]$称为(X,Y)的 $n+k$ 阶混合原点矩;$\mu_{nk}=E[(X-E(X))^n(Y-E(Y))^k]$称为$(X,Y)$的 $n+k$ 阶混合中心矩。

4. *n* 维正态分布[①]

若 n 维随机矢量$(X_1,X_2,\cdots,X_n)^\tau$ 具有分布密度

$$f(x_1,x_2,\cdots,x_n)=\frac{1}{(2\pi)^{n/2}\,|\boldsymbol{B}|^{1/2}}\exp\left\{-\frac{1}{2}(\boldsymbol{x}-\boldsymbol{a})^\tau\boldsymbol{B}^{-1}(\boldsymbol{x}-\boldsymbol{a})\right\}$$

其中

$$\boldsymbol{x}=(x_1,x_2,\cdots,x_n)^\tau$$

$$\boldsymbol{a}=(E(X_1),E(X_2),\cdots,E(X_n))^\tau,$$

$$\boldsymbol{B}=\begin{bmatrix}\mathrm{cov}(X_1,X_1), & \mathrm{cov}(X_1,X_2) & \cdots & \mathrm{cov}(X_1,X_n)\\ \mathrm{cov}(X_2,X_1), & \mathrm{cov}(X_2,X_2) & \cdots & \mathrm{cov}(X_2,X_n)\\ \vdots & \vdots & & \vdots\\ \mathrm{cov}(X_n,X_1), & \mathrm{cov}(X_n,X_2) & \cdots & \mathrm{cov}(X_n,X_n)\end{bmatrix}$$

且 $\boldsymbol{B}$ 正定,此时$|\boldsymbol{B}|>0$,则称$(X_1,X_2,\cdots,X_n)^\tau$ 为 n 维正态随机矢量,它的概率分布称为 n 维正态分布。

这里矢量和矩阵都用黑体字母表示。矢量 $\boldsymbol{a}$ 称为 n 维随机矢量$(X_1,X_2,\cdots,X_n)^\tau$ 的数学期望矢量。矩阵 $\boldsymbol{B}$ 称为 n 维随机矢量$(X_1,X_2,\cdots,X_n)^\tau$ 的协方差(矩)阵。它的主对角线元素实际上是方差 $D(X_1),D(X_2),\cdots,D(X_n)$,这是因为 $D(X_i)=\mathrm{cov}(X_i,X_i)$,$i=1,2,\cdots,n$。

---

① n 维正态分布在本书中主要用于第五章§4,§5 多元线性回归中,为与那里一致起见,这里的矢量都采用列矢量的形式。

定理 若 n 维随机矢量 $(X_1, X_2, \cdots, X_n)^\tau$ 服从 n 维正态分布，则每一随机变量 X_i 服从一维正态分布 $N(E(X_i), D(X_i))$，$i=1,2,\cdots,n$。

十、大数定律，中心极限定理

1. 切比雪夫不等式

设随机变量 X 的数学期望为 $E(X)$，且方差 $D(X)$ 有限，则对任意 $\varepsilon>0$，有

$$P\{|X-E(X)|\geqslant\varepsilon\}\leqslant\frac{D(X)}{\varepsilon^2}$$

此式称为切比雪夫不等式。

切比雪夫不等式给出左端概率的上界，也可用以证明大数定律。

2. 大数定律

(1) 贝努里大数定律 设 n 次独立重复试验事件 A 发生 m 次，且每次试验 A 发生的概率是 p，则对任意 $\varepsilon>0$，有

$$\lim_{n\to\infty}P\left\{\left|\frac{m}{n}-p\right|<\varepsilon\right\}=1$$

贝努里大数定律说明可用大量试验事件 A 发生的频率来近似每次试验 A 发生的概率。这可以用实际推断原理作解释。所谓实际推断原理是指进行一次试验认为大概率事件必定发生，或小概率事件必定不发生。

(2) 切比雪夫大数定律 设独立随机变量序列 $X_1, X_2, \cdots$ 中 X_i 的数学期望为 $E(X_i)$，且方差 $D(X_i)$ 有界，即存在常数 C 使得 $D(X_i)\leqslant C(i=1,2,\cdots)$，则对任意 $\varepsilon>0$，有

$$\lim_{n\to\infty}P\left\{\left|\frac{1}{n}\sum_{i=1}^{n}X_i-\frac{1}{n}\sum_{i=1}^{n}E(X_i)\right|<\varepsilon\right\}=1$$

特殊情形：设 $X_1, X_2, \cdots$ 是独立同分布的，每一个随机变量的数学期望为 μ，且有有限方差 σ^2，则对任意 $\varepsilon>0$ 有

$$\lim_{n \to \infty} P\left\{ \left| \frac{1}{n} \sum_{i=1}^{n} X_i - \mu \right| < \varepsilon \right\} = 1$$

由实际推断原理，切比雪夫大数定律的特殊情形说明可用大量试验随机变量的试验平均值来近似数学期望。

3．中心极限定理

中心极限定理给出相互独立随机变量之和经标准化后所得随机变量的极限分布。

（1）同分布情形　设随机变量序列 $X_1, X_2, \cdots$ 独立同分布，且 $E(X_i)=\mu, D(X_i)=\sigma^2>0\ (i=1,2,\cdots)$，则对任意 x 有

$$\lim_{n \to \infty} P\left\{ \frac{\sum_{i=1}^{n} X_i - n\mu}{\sqrt{n}\sigma} \leqslant x \right\} = \frac{1}{\sqrt{2\pi}} \int_{-\infty}^{x} e^{-\frac{t^2}{2}} dt$$

此式表明：当 $n \to \infty$ 时独立同分布随机变量之和经标准化后所得随机变量趋向于标准正态分布，亦即当 n 很大时，$\sum_{i=1}^{n} X_i$ 近似地服从正态分布 $N(n\mu, n\sigma^2)$。

特殊地，如果 X_i 具有两点分布：$P\{X_i=1\}=p, P\{X_i=0\}=q=1-p, 0<p<1$，那么当 n 很大时，作 n 次贝努里试验事件 A 发生次数近似服从正态分布 $N(np, npq)$。

（2）不同分布情形

林德贝格定理　设随机变量 $X_1, X_2, \cdots$ 相互独立，X_i 的分布密度为 $f_{X_i}(x)$，且 $E(X_i)=\mu_i, D(X_i)=\sigma_i^2 (i=1,2,\cdots)$。令 $B_n = \sum_{i=1}^{n} \sigma_i^2$，若对任意 $\tau>0$ 有

$$\lim_{n \to \infty} \frac{1}{B_n^2} \sum_{i=1}^{n} \int_{|x-\mu_i|>\tau B_n} (x-\mu_i)^2 f_{X_i}(x) dx = 0$$

则对任意 x 有

$$\lim_{n \to \infty} P\left\{ \frac{\sum_{i=1}^{n} X_i - \sum_{i=1}^{n} \mu_i}{B_n} \leqslant x \right\} = \frac{1}{\sqrt{2\pi}} \int_{-\infty}^{x} e^{-\frac{t^2}{2}} dt$$

习题答案

第一章

1. $\overline{x}=100$，　$s^2=34$。

2. $\overline{x}=4$，　$s^2=18.67$，　$s=4.32$。

4. $\overline{x}=2\,240.444$，　$s_x^2=197\,032.247$。

5. $\overline{x}=80.02$，　$s_x^2=5.3\times10^{-4}$。

6. $\overline{x}=26.85$，　$s_x^2=4.402\,5$。

7. $\overline{x}=166$，　$s^2=33.44$。

8. $me=0$，　$R=7.21$，添加 2.7 后 $me=1.2$。

9. $\overline{x}=\dfrac{1}{n_1+n_2}(n_1\overline{x}_1+n_2\overline{x}_2)$，

$$s^2=\frac{n_1n_2}{(n_1+n_2)^2}(\overline{x}_1-\overline{x}_2)^2+\frac{1}{n_1+n_2}(n_1s_1^2+n_2s_2^2)。$$

10. 频率分布：

环数	10，	9，	8，	7，	6，	5，	4
频率	0.1，	0.15，	0，	0.45，	0.2，	0，	0.1

$$F_{20}^*(x)=\begin{cases}0, & x<4\\0.1, & 4\leqslant x<6\\0.3, & 6\leqslant x<7\\0.75, & 7\leqslant x<9\\0.9, & 9\leqslant x<10\\1 & x\geqslant 10\end{cases}$$

12. $E\overline{X}=\lambda$， $D\overline{X}=\dfrac{\lambda}{n}$。

13. $E\overline{X}=0$， $D\overline{X}=\dfrac{1}{3n}$。

14. $x^2(n)$。

15. $c=\dfrac{1}{3}$。

16. $$f_{Y_1}(x)=\begin{cases}\dfrac{x^{\frac{n}{2}-1}}{\sigma^n 2^{\frac{n}{2}}\Gamma(\frac{n}{2})}\mathrm{e}^{-\frac{x}{2\sigma^2}}, & x\geqslant 0\\ 0, & x<0\end{cases}$$

$$f_{Y_2}(x)=\begin{cases}\dfrac{n^{\frac{n}{2}}x^{\frac{n}{2}-1}}{\sigma^n 2^{\frac{n}{2}}\Gamma(\frac{n}{2})}\mathrm{e}^{-\frac{nx}{2\sigma^2}}, & x\geqslant 0\\ 0, & x<0\end{cases}$$

$$f_{Y_3}(x)=\begin{cases}\dfrac{1}{\sqrt{2n\pi x}\sigma}\mathrm{e}^{-\frac{x}{2n\sigma^2}}, & x\geqslant 0\\ 0, & x<0\end{cases}$$

$$f_{Y_4}(x)=\begin{cases}\dfrac{1}{\sqrt{2\pi x}\sigma}\mathrm{e}^{-\frac{x}{2\sigma^2}}, & x\geqslant 0\\ 0, & x<0\end{cases}$$

18. $Y_1\sim t(m)$， $Y_2\sim F(n,m)$。

19. 121.26。

第二章

1. $\hat{\lambda}=1/\overline{X}$。
2. 两种方法都是 $\hat{P}=1/\overline{X}$。
3. $\hat{a}=\overline{X}+\sqrt{3}S$， $\hat{b}=\overline{X}-\sqrt{3}S$。
4. 矩法 $\hat{\theta}=\dfrac{\overline{X}}{1-\overline{X}}$，最大似然估计法

$$\hat{\theta}=-n\Big/\sum_{i=1}^{n}\ln X_i$$

5. $\hat{\sigma}=\frac{1}{n}\sum_{i=1}^{n}|X_i|$，它是无偏估计。

6. $\hat{\beta}=k/\overline{X}$。

7. $\hat{\mu}=1.1$，　$\hat{\sigma}^2=0.403\ 3$。

8. $\hat{\theta}=\min\limits_{1<i<n}X_i$。

9. $\hat{\lambda}=0.05$。

10. 2.283，　0.045 5。

11. $\hat{\mu}=4$。

12. $D\hat{\mu}_1=\frac{5}{9}$，　$D\hat{\mu}_2=\frac{5}{8}$，　$D\hat{\mu}_3=\frac{1}{2}$，　$D\hat{\mu}_3$ 最小。

14. $c=\frac{1}{2(n-1)}$。

16. $I_R=D\hat{p}=\frac{p(1-p)}{Nn}$。

17. $\hat{\sigma}^2=\frac{1}{n}\sum_{i=1}^{n}(X_i-\mu)^2$，　$I_R=D\hat{\sigma}^2=\frac{2\sigma^4}{n}$。

18. (992.16，1007.84)。

19. (2.120 9，2.129 1)，(2.117 5，2.132 5)。

20. (6 562.618，6 877.382)。

21. (0.140 4，0.359 6)。

22. $n\geqslant4\sigma^2u_{\frac{\alpha}{2}}^2\Big/L^2$。

23. (3.150，11.616)，(10.979，19.047)。

24. μ 的置信区间是(5.106 9，5.313 1)。
σ 的置信区间是(0.167 5，0.321 7)。

25. $t(n-1)$。

26. $t(m+n-2)$。

28. (−6.423 7，17.423 7)。

29. (−0.002 016，0.006 116)。

30. (−0.029 9，0.050 1)。

31. (0.142，4.639)。

32. 6 592.471。

33. 0.099 1。

34. 78.039 9。

第三章

1. 接受 H_0。
2. 拒绝 $H_0, \beta=0.199\ 2$。
3. 接受 H_0。
4. 有显著影响。
5. 无显著差异。
6. 不显著地影响产品质量。
7. 该机工作正常。
8. 不能认为。
9. 已达到新的疗效。
10. 平均速度有显著差异。
11. 产量无显著差异。
12. 直径无显著差异。
13. 施肥效果显著。
14. 无显著差异。两正态母体,且方差相等。
15. 不正常。
16. 与通常无显著差异。
18. 拒绝 $\mu=0.5\%$,接受 $\sigma=0.04\%$ 。
19. 方差无显著差异。
20. 加工精度无显著差异。
21. 方差无显著差异。
22. 接受 $\sigma_1^2=\sigma_2^2$,接受 $\mu_1=\mu_2$。
23. (1) 无显著降低; (2) 显著地提高了产品质量;

    (3) 甲枪弹速度比乙枪弹速度显著地高;

    (4) 符合要求。

24. 不认为乙机床零件长度方差超过甲机床。

25. 与泊松分布有显著差异。

26. 不能认为四面体均匀。

27. 可以认为服从正态分布。

28. 直观可认为母体是正态分布的，x^2 检验结果亦是正态母体。

第四章

1. 记 $\widetilde{Q}^A = \sum_{i=1}^{r} n_i(\overline{y}_i - \overline{y})^2$，$\widetilde{Q}^E = \sum_{i=1}^{r}\sum_{j=1}^{n_i}(y_{ij} - \overline{y}_i)^2$

$$\widetilde{S}_A^2 = \frac{1}{T-1}\widetilde{Q}_A, \quad \widetilde{S}_E^2 = \frac{1}{n-r}\widetilde{Q}_E, \quad \widetilde{F} = \widetilde{S}_A^2/\widetilde{S}_E^2,$$

有 $S_A^2 = \frac{1}{b^2}\widetilde{S}_A^2$，$S_E^2 = \frac{1}{b^2}\widetilde{S}_E^2$，$F = \widetilde{F}$。

2. 无显著差异。

3. 有显著差异。

4. 无显著差异。

5. 有显著影响，置信区间是(1.932, 10.068)和(5.932, 14.068)。

6. $\hat{\alpha}_i = \overline{X}_i - \overline{X}$，$D\hat{\alpha}_i = \left(\frac{1}{n_i} - \frac{1}{n}\right)\sigma^2$。

7. $\widetilde{Q}_A$，$\widetilde{Q}_B$，$\widetilde{Q}_E$，$\widetilde{S}_A^2$，$\widetilde{S}_B^2$，$\widetilde{S}_E^2$，$\widetilde{F}_A$，$\widetilde{F}_B$分别表示以 y_{ij} 为子样的各离差、均方离差，F 值等。有

$$S_A^2 = \frac{1}{b^2}\widetilde{S}_A^2, \quad S_B^2 = \frac{1}{b^2}\widetilde{S}_B^2, \quad S_E^2 = \frac{1}{b^2}\widetilde{S}_E^2,$$

$$F_A = \widetilde{F}_A, \quad F_B = \widetilde{F}_B。$$

8. 有显著差异。

9. 操作工人之间的差异不显著，而机器之间的差异和交互作用的影响是显著的。

10. 浓度效应显著，而温度效应和交互作用不显著。

11. 若把加碱量引起的离差合并到误差项中，则反应温度有显著作用，催化剂无显著作用。

12．每一种因素对铁损都没有显著影响。

13．若把亩数、秧龄和亩数交互作用，秧龄和氮肥交互作用引起的三项离差，合并到误差项中，则秧龄对亩产有显著影响，而氮肥，亩数和氮肥交互作用无显著影响。

第五章

1．$\hat{\beta}=\overline{xy}/\overline{x^2}$，　$\hat{\sigma}^2=\overline{y^2}-\dfrac{(\overline{xy})^2}{\overline{x^2}}$，

其中　$\overline{xy}=\dfrac{1}{n}\sum\limits_{i=1}^{n}x_iy_i$，　$\overline{x^2}=\dfrac{1}{n}\sum\limits_{i=1}^{n}x_i^2$，

$$\overline{y^2}=\frac{1}{n}\sum_{i=1}^{n}y_i^2。$$

2．$\hat{\alpha}=67.508\,8$，　$\hat{\beta}=0.870\,6$，　$\hat{\sigma}^2=0.747\,6$。

4．$\hat{\alpha}=2\,776.44$，　$\hat{\beta}=-15.99$，　$\hat{\sigma}^{*2}=885.30$。

5．$\hat{\alpha}=-11.3$，　$\hat{\beta}=36.95$，　接受 $\beta=38$。

6．(1) 可以；　(2) $\hat{y}=450.26-20.31x$；

(3) $(-591.33, 841.99)$。

7．$\hat{\beta}=(\overline{xy}-\bar{x}\bar{y})/(\overline{x^2}-\bar{x}^2)$，　$\hat{\alpha}=\bar{y}-\hat{\beta}\bar{x}$，

其中　$\bar{x}=\dfrac{1}{n}\sum\limits_{i=1}^{r}m_ix_i$，　$\bar{y}=\dfrac{1}{n}\sum\limits_{i=1}^{r}\sum\limits_{j=1}^{m_i}y_{ij}$，

$$\overline{x^2}=\frac{1}{n}\sum_{i=1}^{r}m_ix_i^2，\quad \overline{xy}=\frac{1}{n}\sum_{i=1}^{r}\sum_{j=1}^{m_i}x_iy_{ij}。$$

8．$\hat{\beta}=(\overline{xy}-\bar{x}\bar{y})/(\overline{x^2}-\bar{x}^2)$，　$\hat{\alpha}=\bar{y}-\hat{\beta}\bar{x}$，

其中　$\bar{x}=\dfrac{1}{n}\sum\limits_{i=1}^{r}\sum\limits_{j=1}^{s}m_{ij}x_i$，

$$\bar{y}=\frac{1}{n}\sum_{i=1}^{r}\sum_{j=1}^{s}m_{ij}y_{ij}，$$

$$\overline{x^2}=\frac{1}{n}\sum_{i=1}^{r}\sum_{j=1}^{s}m_{ij}x_i^2，$$

$$\overline{xy} = \frac{1}{n}\sum_{i=1}^{r}\sum_{j=1}^{s} m_{ij}x_i y_{ij}。$$

9. $\hat{\beta}=1.92$， $\hat{\alpha}=100.88$。

10. 记 $\overline{x_1 y} = \frac{1}{n}\sum_{i=1}^{n} x_{i1}y_i$， $\overline{x_2 y} = \frac{1}{n}\sum_{i=1}^{n} x_{i2}y_i$，

$$\overline{x_1 x_2} = \frac{1}{n}\sum_{i=1}^{n} x_{i1}x_{i2}, \quad \overline{x_j^2} = \frac{1}{n}\sum_{i=1}^{n} x_{ij}^2,\ j = 1,2$$

正规方程为

$$\begin{cases} \overline{x_1^2}\hat{\beta}_1 + \overline{x_1 x_2}\hat{\beta}_2 = \overline{x_1 y} \\ \overline{x_1 x_2}\hat{\beta}_1 + \overline{x_2^2}\hat{\beta}_2 = \overline{x_2 y} \end{cases};$$

最小二乘估计为

$$\hat{\beta}_1 = \frac{\overline{x_2 y}\cdot\overline{x_1 x_2} - \overline{x_1 y}\cdot\overline{x_2^2}}{\overline{x_1 x_2}^2 - \overline{x_1^2}\cdot\overline{x_2^2}},$$

$$\hat{\beta}_2 = \frac{\overline{x_1 y}\cdot\overline{x_1 x_2} - \overline{x_2 y}\cdot\overline{x_1^2}}{\overline{x_1 x_2}^2 - \overline{x_1^2}\cdot\overline{x_2^2}}。$$

11. (1) $\hat{y}=10.514-0.216x_1+0.040x_2$；

(2) 线性回归显著；

(3) β_2 显著地不为 0；

(4) (14.697, 19.138)。

12. $\hat{y}=43.65+1.78x_1-0.08x_2+0.16x_3$，线性回归显著。

附表 1　标准正态分布函数表

$$\Phi(z)=\int_{-\infty}^{z}\frac{1}{\sqrt{2\pi}}e^{-u^2/2}du=P(Z\leqslant z)$$

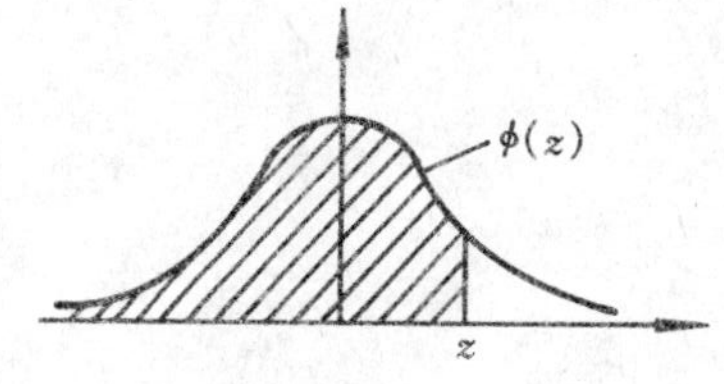

z	0	1	2	3	4	5	6	7	8	9
−3.0	0.0013	0.0010	0.0007	0.0005	0.0003	0.0002	0.0002	0.0001	0.0001	0.0000
−2.9	0.0019	0.0018	0.0017	0.0017	0.0016	0.0016	0.0015	0.0015	0.0014	0.0014
−2.8	0.0026	0.0025	0.0024	0.0023	0.0023	0.0022	0.0021	0.0021	0.0020	0.0019
−2.7	0.0035	0.0034	0.0033	0.0032	0.0031	0.0030	0.0029	0.0028	0.0027	0.0026
−2.6	0.0047	0.0045	0.0044	0.0043	0.0041	0.0040	0.0039	0.0038	0.0037	0.0036
−2.5	0.0062	0.0060	0.0059	0.0057	0.0055	0.0054	0.0052	0.0051	0.0049	0.0048
−2.4	0.0082	0.0080	0.0078	0.0075	0.0073	0.0071	0.0069	0.0068	0.0066	0.0064
−2.3	0.0107	0.0104	0.0102	0.0099	0.0096	0.0094	0.0091	0.0089	0.0087	0.0084
−2.2	0.0139	0.0136	0.0132	0.0129	0.0126	0.0122	0.0119	0.0116	0.0113	0.0110
−2.1	0.0179	0.0174	0.0170	0.0166	0.0162	0.0158	0.0154	0.0150	0.0146	0.0143
−2.0	0.0228	0.0222	0.0217	0.0212	0.0207	0.0202	0.0197	0.0192	0.0188	0.0183

续附表 1

z	0	1	2	3	4	5	6	7	8	9
−1.9	0.0287	0.0281	0.0274	0.0268	0.0262	0.0256	0.0250	0.0244	0.0238	0.0233
−1.8	0.0359	0.0352	0.0344	0.0336	0.0329	0.0322	0.0314	0.0307	0.0300	0.0294
−1.7	0.0446	0.0436	0.0427	0.0418	0.0409	0.0401	0.0392	0.0384	0.0375	0.0367
−1.6	0.0548	0.0537	0.0526	0.0516	0.0505	0.0495	0.0485	0.0475	0.0465	0.0455
−1.5	0.0668	0.0655	0.0643	0.0630	0.0618	0.0606	0.0594	0.0582	0.0570	0.0559
−1.4	0.0808	0.0793	0.0778	0.0764	0.0749	0.0735	0.0722	0.0708	0.0694	0.0681
−1.3	0.0968	0.0951	0.0934	0.0918	0.0901	0.0885	0.0869	0.0853	0.0838	0.0823
−1.2	0.1151	0.1131	0.1112	0.1093	0.1075	0.1056	0.1038	0.1020	0.1003	0.0985
−1.1	0.1357	0.1335	0.1314	0.1292	0.1271	0.1251	0.1230	0.1210	0.1190	0.1170
−1.0	0.1587	0.1562	0.1539	0.1515	0.1492	0.1469	0.1446	0.1423	0.1401	0.1379

续附表 1

z	0	1	2	3	4	5	6	7	8	9
−0.9	0.1841	0.1814	0.1788	0.1762	0.1736	0.1711	0.1685	0.1660	0.1635	0.1611
−0.8	0.2119	0.2090	0.2061	0.2033	0.2005	0.1977	0.1949	0.1922	0.1894	0.1867
−0.7	0.2420	0.2389	0.2358	0.2327	0.2297	0.2266	0.2236	0.2206	0.2177	0.2148
−0.6	0.2743	0.2709	0.2676	0.2643	0.2611	0.2578	0.2546	0.2514	0.2483	0.2451
−0.5	0.3085	0.3050	0.3015	0.2981	0.2946	0.2912	0.2877	0.2843	0.2810	0.2776
−0.4	0.3446	0.3409	0.3372	0.3336	0.3300	0.3264	0.3228	0.3192	0.3156	0.3121
−0.3	0.3821	0.3783	0.3745	0.3707	0.3669	0.3632	0.3594	0.3557	0.3520	0.3483
−0.2	0.4207	0.4168	0.4129	0.4090	0.4052	0.4013	0.3974	0.3936	0.3897	0.3859
−0.1	0.4602	0.4562	0.4522	0.4483	0.4443	0.4404	0.4364	0.4325	0.4286	0.4247
−0.0	0.5000	0.4960	0.4920	0.4880	0.4840	0.4801	0.4761	0.4721	0.4681	0.4641

附表 1 （续）

$$\Phi(z)=\int_{-\infty}^{z}\frac{1}{\sqrt{2\pi}}e^{-u^2/2}du=P(Z\leqslant z)$$

z	0	1	2	3	4	5	6	7	8	9
0.0	0.5000	0.5040	0.5080	0.5120	0.5160	0.5199	0.5239	0.5279	0.5319	0.5359
0.1	0.5398	0.5438	0.5478	0.5517	0.5557	0.5596	0.5636	0.5675	0.5714	0.5753
0.2	0.5793	0.5832	0.5871	0.5910	0.5948	0.5987	0.6026	0.6064	0.6103	0.6141
0.3	0.6179	0.6217	0.6255	0.6293	0.6331	0.6368	0.6406	0.6443	0.6480	0.6517
0.4	0.6554	0.6591	0.6628	0.6664	0.6700	0.6736	0.6772	0.6808	0.6844	0.6879
0.5	0.6915	0.6950	0.6985	0.7019	0.7054	0.7088	0.7123	0.7157	0.7190	0.7224
0.6	0.7257	0.7291	0.7324	0.7357	0.7389	0.7422	0.7454	0.7486	0.7517	0.7549
0.7	0.7580	0.7611	0.7642	0.7673	0.7703	0.7734	0.7764	0.7794	0.7823	0.7852
0.8	0.7881	0.7910	0.7939	0.7967	0.7995	0.8023	0.8051	0.8078	0.8106	0.8133
0.9	0.8159	0.8186	0.8212	0.8238	0.8264	0.8289	0.8315	0.8340	0.8365	0.8389

续附表 1(续)

z	0	1	2	3	4	5	6	7	8	9
1.0	0.8413	0.8438	0.8461	0.8485	0.8508	0.8531	0.8554	0.8577	0.8599	0.8620
1.1	0.8643	0.8665	0.8686	0.8708	0.8729	0.8749	0.8770	0.8790	0.8810	0.8831
1.2	0.8849	0.8869	0.8888	0.8907	0.8925	0.8944	0.8962	0.8980	0.8997	0.9015
1.3	0.9032	0.9049	0.9066	0.9082	0.9099	0.9115	0.9131	0.9147	0.9162	0.9177
1.4	0.9192	0.9207	0.9222	0.9236	0.9251	0.9265	0.9278	0.9292	0.9306	0.9319
1.5	0.9332	0.9345	0.9357	0.9370	0.9382	0.9394	0.9406	0.9418	0.9430	0.9441
1.6	0.9452	0.9463	0.9474	0.9484	0.9495	0.9505	0.9515	0.9525	0.9535	0.9545
1.7	0.9554	0.9564	0.9573	0.9582	0.9591	0.9599	0.9608	0.9616	0.9625	0.9633
1.8	0.9641	0.9648	0.9656	0.9664	0.9671	0.9678	0.9686	0.9693	0.9700	0.9706
1.9	0.9713	0.9719	0.9726	0.9732	0.9738	0.9744	0.9750	0.9756	0.9762	0.9767

续附表 1

z	0	1	2	3	4	5	6	7	8	9
2.0	0.9772	0.9778	0.9783	0.9788	0.9793	0.9798	0.9803	0.9808	0.9812	0.9817
2.1	0.9821	0.9826	0.9830	0.9834	0.9838	0.9842	0.9846	0.9850	0.9854	0.9857
2.2	0.9861	0.9864	0.9868	0.9871	0.9874	0.9878	0.9881	0.9884	0.9887	0.9890
2.3	0.9893	0.9896	0.9898	0.9901	0.9904	0.9906	0.9909	0.9911	0.9913	0.9916
2.4	0.9918	0.9920	0.9922	0.9925	0.9927	0.9929	0.9931	0.9932	0.9934	0.9936
2.5	0.9938	0.9940	0.9941	0.9943	0.9945	0.9946	0.9948	0.9949	0.9951	0.9952
2.6	0.9953	0.9955	0.9956	0.9957	0.9959	0.9960	0.9961	0.9962	0.9963	0.9964
2.7	0.9965	0.9966	0.9967	0.9968	0.9969	0.9970	0.9971	0.9972	0.9973	0.9974
2.8	0.9974	0.9975	0.9976	0.9977	0.9977	0.9978	0.9979	0.9979	0.9980	0.9981
2.9	0.9981	0.9982	0.9982	0.9983	0.9984	0.9984	0.9985	0.9985	0.9986	0.9986
3.0	0.9987	0.9990	0.9993	0.9995	0.9997	0.9998	0.9998	0.9999	0.9999	1.0000

附表 2　t 分布上侧分位数表

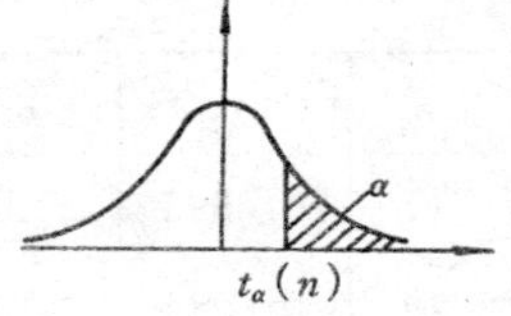

$$P\{t(n) > t_\alpha(n)\} = \alpha$$

n	$\alpha=0.25$	0.10	0.05	0.025	0.01	0.005
1	1.0000	3.0777	6.3138	12.7062	31.8207	63.6574
2	0.8165	1.8856	2.9200	4.3027	6.9646	9.9248
3	0.7649	1.6377	2.3534	3.1824	4.5407	5.8409
4	0.7407	1.5332	2.1318	2.7764	3.7469	4.6041
5	0.7267	1.4759	2.0150	2.5706	3.3647	4.0322
6	0.7176	1.4398	1.9432	2.4469	3.1429	3.7074
7	0.7111	1.4149	1.8946	2.3646	2.9980	3.4995
8	0.7064	1.3968	1.8595	2.3060	2.8965	3.3554
9	0.7027	1.3830	1.8331	2.2622	2.8214	3.2498
10	0.6998	1.3722	1.8125	2.2281	2.7638	3.1693
11	0.6974	1.3634	1.7959	2.2010	2.7181	3.1058
12	0.6955	1.3562	1.7823	2.1788	2.6810	3.0545
13	0.6938	1.3502	1.7709	2.1604	2.6503	3.0123
14	0.6924	1.3450	1.7613	2.1448	2.6245	2.9768
15	0.6912	1.3406	1.7531	2.1315	2.6025	2.9467
16	0.6901	1.3368	1.7459	2.1199	2.5835	2.9208

续附表 2

n	$\alpha=0.25$	0.10	0.05	0.025	0.01	0.005
17	0.6892	1.3334	1.7396	2.1098	2.5669	2.8982
18	0.6884	1.3304	1.7341	2.1009	2.5524	2.8784
19	0.6876	1.3277	1.7291	2.0930	2.5395	2.8609
20	0.6870	1.3253	1.7247	2.0860	2.5280	2.8453
21	0.6864	1.3232	1.7207	2.0796	2.5177	2.8314
22	0.6858	1.3212	1.7171	2.0739	2.5083	2.8188
23	0.6853	1.3195	1.7139	2.0687	2.4999	2.8073
24	0.6848	1.3178	1.7109	2.0639	2.4922	2.7969
25	0.6844	1.3163	1.7081	2.0595	2.4851	2.7874
26	0.6840	1.3150	1.7056	2.0555	2.4786	2.7787
27	0.6837	1.3137	1.7033	2.0518	2.4727	2.7707
28	0.6834	1.3125	1.7011	2.0484	2.4671	2.7633
29	0.6830	1.3114	1.6991	2.0452	2.4620	2.7564
30	0.6728	1.3104	1.6973	2.0423	2.4573	2.7500
31	0.6825	1.3095	1.6955	2.0395	2.4528	2.7440
32	0.6822	1.3086	1.6939	2.0369	2.4487	2.7385
33	0.6820	1.3077	1.6924	2.0345	2.4448	2.7333
34	0.6818	1.3070	1.6909	2.0322	2.4411	2.7284
35	0.6816	1.3062	1.6896	2.0301	2.4377	2.7238
36	0.6814	1.3055	1.6883	2.0281	2.4345	2.7195
37	0.6812	1.3049	1.6871	2.0262	2.4314	2.7154

续附表 2

n	$\alpha=0.25$	0.10	0.05	0.025	0.01	0.005
38	0.6810	1.3042	1.6860	2.0244	2.4286	2.7116
39	0.6808	1.3036	1.6849	2.0227	2.4258	2.7079
40	0.6807	1.3031	1.6839	2.0211	2.4233	2.7045
41	0.6805	1.3025	1.6829	2.0195	2.4208	2.7012
42	0.6804	1.3020	1.6820	2.0181	2.4185	2.6981
43	0.6802	1.3016	1.6811	2.0167	2.4163	2.6951
44	0.6801	1.3011	1.6802	2.0154	2.4141	2.6923
45	0.6800	1.3006	1.6794	2.0141	2.4121	2.6896
∞	0.674	1.282	1.645	1.960	2.326	2.576

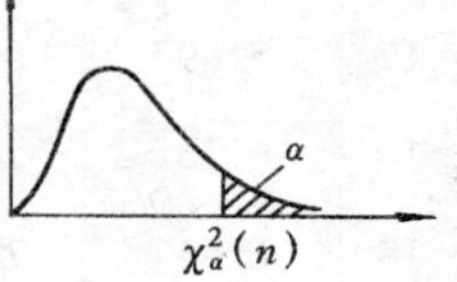

附表 3　χ^2 分布上侧分位数表

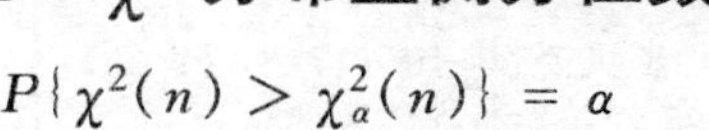

$$P\{\chi^2(n) > \chi^2_\alpha(n)\} = \alpha$$

n	$\alpha=0.995$	0.99	0.975	0.95	0.90	0.75
1	—	—	0.001	0.004	0.016	0.102
2	0.010	0.020	0.051	0.103	0.211	0.575
3	0.072	0.115	0.216	0.352	0.584	1.213
4	0.207	0.297	0.484	0.711	1.064	1.923
5	0.412	0.554	0.831	1.145	1.610	2.675

续附表 3

n	$\alpha=0.995$	0.99	0.975	0.95	0.90	0.75
6	0.676	0.872	1.237	1.635	2.204	3.455
7	0.989	1.239	1.690	2.167	2.833	4.255
8	1.344	1.646	2.180	2.733	3.490	5.071
9	1.735	2.088	2.700	3.325	4.168	5.899
10	2.156	2.558	3.247	3.940	4.865	6.737
11	2.603	3.053	3.816	4.575	5.578	7.584
12	3.074	3.571	4.404	5.226	6.304	8.438
13	3.565	4.107	5.009	5.892	7.042	9.299
14	4.075	4.660	5.629	6.571	7.790	10.165
15	4.601	5.229	6.262	7.261	8.547	11.037
16	5.142	5.812	6.908	7.962	9.312	11.912
17	5.697	6.408	7.564	8.672	10.085	12.792
18	6.265	7.015	8.231	9.390	10.865	13.675
19	6.844	7.633	8.907	10.117	11.651	14.562
20	7.434	8.260	9.591	10.851	12.443	15.452
21	8.034	8.897	10.283	11.591	13.240	16.344
22	8.643	9.542	10.982	12.338	14.042	17.240
23	9.260	10.196	11.689	13.091	14.848	18.137
24	9.886	10.856	12.401	13.848	15.659	19.037
25	10.520	11.524	13.120	14.611	16.473	19.939

续附表 3

n	$\alpha=0.995$	0.99	0.975	0.95	0.90	0.75
26	11.160	12.198	13.844	15.379	17.292	20.843
27	11.808	12.879	14.573	16.151	18.114	21.749
28	12.461	13.565	15.308	16.928	18.939	22.657
29	13.121	14.257	16.047	17.708	19.768	23.567
30	13.787	14.954	16.791	18.493	20.599	24.478
31	14.458	15.665	17.539	19.281	21.434	25.390
32	15.134	16.362	18.291	20.072	22.271	26.304
33	15.815	17.074	19.047	20.867	23.110	27.219
34	16.501	17.789	19.806	21.664	23.952	28.136
35	17.192	18.509	20.569	22.465	24.797	29.054
36	17.887	19.233	21.336	23.269	25.643	29.973
37	18.586	19.960	22.106	24.075	26.492	30.893
38	19.289	20.691	22.878	24.884	27.343	31.815
39	19.996	21.426	23.654	25.695	28.196	32.737
40	20.707	22.164	24.433	26.509	29.051	33.660
41	21.421	22.906	25.215	27.326	29.907	34.585
42	22.138	23.650	25.999	28.144	30.765	35.510
43	22.859	24.398	26.785	28.965	31.625	36.436
44	23.584	25.148	27.575	29.787	32.487	37.363
45	24.311	25.901	28.366	30.612	33.350	38.291

附表 3 （续）

$$P\{\chi^2(n) > \chi^2_\alpha(n)\} = \alpha$$

n	$\alpha=0.25$	0.10	0.05	0.025	0.01	0.005
1	1.323	2.706	3.841	5.024	6.635	7.879
2	2.773	4.605	5.991	7.378	9.210	10.597
3	4.108	6.251	7.815	9.348	11.345	12.838
4	5.385	7.779	9.488	11.143	13.277	14.860
5	6.626	9.236	11.071	12.833	15.086	16.750
6	7.841	10.645	12.592	14.449	16.812	18.548
7	9.037	12.017	14.067	16.013	18.475	20.278
8	10.219	13.362	15.507	17.535	20.090	21.955
9	11.389	14.684	16.919	19.023	21.666	23.589
10	12.549	15.987	18.307	20.483	23.209	25.188
11	13.701	17.275	19.675	21.920	24.725	26.757
12	14.845	18.549	21.026	23.337	26.217	28.299
13	15.984	19.812	22.362	24.736	27.688	29.819
14	17.117	21.004	23.685	26.119	29.141	31.319
15	18.245	22.307	24.996	27.488	30.578	32.801
16	19.369	23.542	26.296	28.845	32.000	34.267
17	20.489	24.769	27.587	30.191	33.409	35.718
18	21.605	25.989	28.869	31.526	34.805	37.156
19	22.718	27.204	30.144	32.852	36.191	38.582
20	23.828	28.412	31.410	34.170	37.566	39.997
21	24.935	29.615	32.671	35.479	38.932	41.401
22	26.039	30.813	33.924	36.781	40.289	42.796

续附表 3(续)

n	$\alpha=0.25$	0.10	0.05	0.025	0.01	0.005
23	27.141	32.007	35.172	38.076	41.638	44.181
24	28.241	33.196	36.415	39.364	42.980	45.559
25	29.339	34.382	37.652	40.646	44.314	46.928
26	30.435	35.563	38.885	41.923	45.642	48.290
27	31.528	36.741	40.113	43.194	46.963	49.645
28	32.620	37.916	41.337	44.461	48.278	50.993
29	33.711	39.087	42.557	45.722	49.588	52.336
30	34.800	40.256	43.773	46.979	50.892	53.672
31	35.887	41.422	44.985	48.232	52.191	55.003
32	36.973	42.585	46.194	49.480	53.486	56.328
33	38.058	43.745	47.400	50.725	54.776	57.648
34	39.141	44.903	48.602	51.966	56.061	58.964
35	40.223	46.059	49.802	53.203	57.342	60.275
36	41.304	47.212	50.998	54.437	58.619	61.581
37	42.383	48.363	52.192	55.668	59.892	62.883
38	43.462	49.513	53.384	56.896	61.162	64.181
39	44.539	50.660	54.572	58.120	62.428	65.476
40	45.616	51.805	55.758	59.342	63.691	66.766
41	46.692	52.949	56.942	60.561	64.950	68.053
42	47.766	54.090	58.124	61.777	66.206	69.336
43	48.840	55.230	59.304	62.990	67.459	70.616
44	49.913	56.369	60.481	64.201	68.710	71.893
45	50.985	57.505	61.656	65.410	69.957	73.166

附表 4　F 分布上侧分位数表

$$P\{F(n_1,n_2)>F_\alpha(n_1,n_2)\}=\alpha$$

$$\alpha=0.10$$

n_2 \ n_1	1	2	3	4	5	6	7	8	9
1	39.86	49.50	53.59	55.83	57.24	58.20	58.91	59.44	59.86
2	8.53	9.00	9.16	9.24	9.29	9.33	9.35	9.37	9.38
3	5.54	5.46	5.39	5.34	5.31	5.28	5.27	5.25	5.24
4	4.54	4.32	4.19	4.11	4.05	4.01	3.98	3.95	3.94
5	4.06	3.78	3.62	3.52	3.45	3.40	3.37	3.34	3.32
6	3.78	3.46	3.29	3.18	3.11	3.05	3.01	2.98	2.96
7	3.59	3.26	3.07	2.96	2.88	2.83	2.78	2.75	2.72
8	3.46	3.11	2.92	2.81	2.73	2.67	2.62	2.59	2.56
9	3.36	3.01	2.81	2.69	2.61	2.55	2.51	2.47	2.44
10	3.29	2.92	2.73	2.61	2.52	2.46	2.41	2.38	2.35
11	3.23	2.86	2.66	2.54	2.45	2.39	2.34	2.30	2.27
12	3.18	2.81	2.61	2.48	2.39	2.33	2.28	2.24	2.21
13	3.14	2.76	2.56	2.43	2.35	2.28	2.23	2.20	2.16
14	3.10	2.73	2.52	2.39	2.31	2.24	2.19	2.15	2.12
15	3.07	2.70	2.49	2.36	2.27	2.21	2.16	2.12	2.09
16	3.05	2.67	2.46	2.33	2.24	2.18	2.13	2.09	2.06
17	3.03	2.64	2.44	2.31	2.22	2.15	2.10	2.06	2.03
18	3.01	2.62	2.42	2.29	2.20	2.13	2.08	2.04	2.00
19	2.99	2.61	2.40	2.27	2.18	2.11	2.06	2.02	1.98

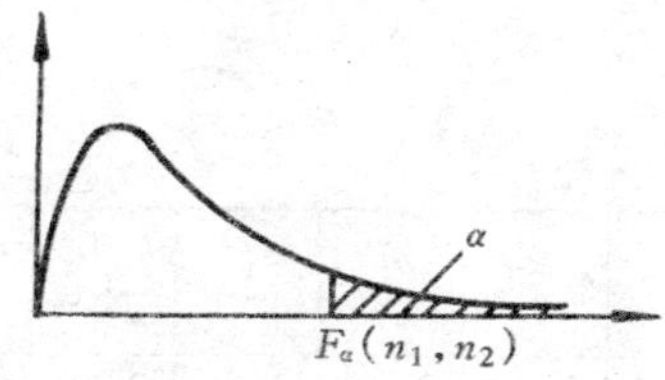

10	12	15	20	24	30	40	60	120	∞
60.19	60.71	61.22	61.74	62.00	62.26	62.53	62.79	63.06	63.33
9.39	9.41	9.42	9.44	9.45	9.46	9.47	9.47	9.48	9.49
5.23	5.22	5.20	5.18	5.18	5.17	5.16	5.15	5.14	5.13
3.92	3.90	3.87	3.84	3.83	3.82	3.80	3.79	3.78	3.76
3.30	3.27	3.24	3.21	3.19	3.17	3.16	3.14	3.12	3.10
2.94	2.90	2.87	2.84	2.82	2.80	2.78	2.76	2.74	2.72
2.70	2.67	2.63	2.59	2.58	2.56	2.54	2.51	2.49	2.47
2.54	2.50	2.46	2.42	2.40	2.38	2.36	2.34	2.32	2.29
2.42	2.38	2.34	2.30	2.28	2.25	2.23	2.21	2.18	2.16
2.32	2.28	2.24	2.20	2.18	2.16	2.13	2.11	2.08	2.06
2.25	2.21	2.17	2.12	2.10	2.08	2.05	2.03	2.00	1.97
2.19	2.15	2.10	2.06	2.04	2.01	1.99	1.96	1.93	1.90
2.14	2.10	2.05	2.01	1.98	1.96	1.93	1.90	1.88	1.85
2.10	2.05	2.01	1.96	1.94	1.91	1.89	1.86	1.83	1.80
2.06	2.02	1.97	1.92	1.90	1.87	1.85	1.82	1.79	1.76
2.03	1.99	1.94	1.89	1.87	1.84	1.81	1.78	1.75	1.72
2.00	1.96	1.91	1.86	1.84	1.81	1.78	1.75	1.72	1.69
1.98	1.93	1.89	1.84	1.81	1.78	1.75	1.72	1.69	1.66
1.96	1.91	1.86	1.81	1.79	1.76	1.73	1.70	1.67	1.63

附表 4 （续）

$\alpha=0.10$

n_2 \ n_1	1	2	3	4	5	6	7	8	9	10
20	2.97	2.59	2.38	2.25	2.16	2.09	2.04	2.00	1.96	1.94
21	2.96	2.57	2.36	2.23	2.14	2.08	2.02	1.98	1.95	1.92
22	2.95	2.56	2.35	2.22	2.13	2.06	2.01	1.97	1.93	1.90
23	2.94	2.55	2.34	2.21	2.11	2.05	1.99	1.95	1.92	1.89
24	2.93	2.54	2.33	2.19	2.10	2.04	1.98	1.94	1.91	1.88
25	2.92	2.53	2.32	2.18	2.09	2.02	1.97	1.93	1.89	1.87
26	2.91	2.52	2.31	2.17	2.08	2.01	1.96	1.92	1.88	1.86
27	2.90	2.51	2.30	2.17	2.07	2.00	1.95	1.91	1.87	1.85
28	2.89	2.50	2.29	2.16	2.06	2.00	1.94	1.90	1.87	1.84
29	2.89	2.50	2.38	2.15	2.06	1.99	1.93	1.89	1.86	1.83
30	2.88	2.49	2.28	2.14	2.05	1.98	1.93	1.88	1.85	1.82
40	2.84	2.44	2.23	2.09	2.00	1.93	1.87	1.83	1.79	1.76
60	2.79	2.39	2.18	2.04	1.95	1.87	1.82	1.77	1.74	1.71
120	2.75	2.35	2.13	1.99	1.90	1.82	1.77	1.72	1.68	1.65
∞	2.71	2.30	2.08	1.94	1.85	1.77	1.72	1.67	1.63	1.60

$\alpha=0.05$

n_2 \ n_1	1	2	3	4	5	6	7	8	9	10
1	161.4	199.5	215.7	224.6	230.2	234.0	236.8	238.9	240.5	241.9
2	18.51	19.00	19.16	19.25	19.30	19.33	19.35	19.37	19.38	19.40
3	10.13	9.55	9.28	9.13	9.01	8.94	8.89	8.85	8.81	8.79
4	7.71	6.94	6.59	6.39	6.26	6.16	6.09	6.04	6.00	5.96
5	6.61	5.79	5.41	5.19	5.05	4.95	4.88	4.82	4.77	4.74
6	5.99	5.14	4.76	4.53	4.39	4.28	4.21	4.15	4.10	4.06
7	5.59	4.74	4.35	4.12	3.97	3.87	3.79	3.73	3.68	3.64
8	5.32	4.46	4.07	3.84	3.69	3.58	3.50	3.44	3.39	3.35
9	5.12	4.26	3.86	3.63	3.48	3.37	3.29	3.23	3.18	3.14

12	15	20	24	30	40	60	120	∞
1.89	1.84	1.79	1.77	1.74	1.71	1.68	1.64	1.61
1.87	1.83	1.78	1.75	1.72	1.69	1.66	1.62	1.59
1.86	1.81	1.76	1.73	1.70	1.67	1.64	1.60	1.57
1.84	1.80	1.74	1.72	1.69	1.66	1.62	1.59	1.55
1.83	1.78	1.73	1.70	1.67	1.64	1.61	1.57	1.53
1.82	1.77	1.72	1.69	1.66	1.63	1.59	1.56	1.52
1.81	1.76	1.71	1.68	1.65	1.61	1.58	1.54	1.50
1.80	1.75	1.70	1.67	1.64	1.60	1.57	1.53	1.49
1.79	1.74	1.69	1.66	1.63	1.59	1.56	1.52	1.48
1.78	1.73	1.68	1.65	1.62	1.58	1.55	1.51	1.47
1.77	1.72	1.67	1.64	1.61	1.57	1.54	1.50	1.46
1.71	1.66	1.61	1.57	1.54	1.51	1.47	1.42	1.38
1.66	1.60	1.54	1.51	1.48	1.44	1.40	1.35	1.29
1.60	1.55	1.48	1.45	1.41	1.37	1.32	1.26	1.19
1.55	1.49	1.42	1.38	1.34	1.30	1.24	1.17	1.00

243.9	245.9	248.0	249.1	250.1	251.1	252.2	253.3	254.3
19.41	19.43	19.45	19.45	19.46	19.47	19.48	19.49	19.50
8.74	8.70	8.66	8.64	8.62	8.59	8.57	8.55	8.53
5.91	5.86	5.80	5.77	5.75	5.72	5.69	5.66	5.63
4.68	4.62	4.56	4.53	4.50	4.46	4.43	4.40	4.36
4.00	3.94	3.87	3.84	3.81	3.77	3.74	3.70	3.67
3.57	3.51	3.44	3.41	3.38	3.34	3.30	3.27	3.23
3.28	3.22	3.15	3.12	3.08	3.04	3.01	2.97	2.93
3.07	3.01	2.94	2.90	2.86	2.83	2.79	2.75	2.71

附表 4 （续）

$\alpha=0.05$

n_2 \ n_1	1	2	3	4	5	6	7	8	9
10	4.96	4.10	3.71	3.48	3.33	3.22	3.14	3.07	3.02
11	4.84	3.98	3.59	3.36	3.20	3.09	3.01	2.95	2.90
12	4.75	3.89	3.49	3.26	3.11	3.00	2.91	2.85	2.80
13	4.67	3.81	3.41	3.18	3.03	2.92	2.83	2.77	2.71
14	4.60	3.74	3.34	3.11	2.96	2.85	2.76	2.70	2.65
15	4.54	3.68	3.29	3.06	2.90	2.79	2.71	2.64	2.59
16	4.49	3.63	3.24	3.01	2.85	2.74	2.66	2.59	2.54
17	4.45	3.59	3.20	2.96	2.81	2.70	2.61	2.55	2.49
18	4.41	3.55	3.16	2.93	2.77	2.66	2.58	2.51	2.46
19	4.38	3.52	3.13	2.90	2.74	2.63	2.54	2.48	2.42
20	4.35	3.49	3.10	2.87	2.71	2.60	2.51	2.45	2.39
21	4.32	3.47	3.07	2.84	2.68	2.57	2.49	2.42	2.37
22	4.30	3.44	3.05	2.82	2.66	2.55	2.46	2.40	2.34
23	4.28	3.42	3.03	2.80	2.64	2.53	2.44	2.37	2.32
24	4.26	3.40	3.01	2.78	2.62	2.51	2.42	2.36	2.30
25	4.24	3.39	2.99	2.76	2.60	2.49	2.40	2.34	2.28
26	4.23	3.37	2.98	2.74	2.59	2.47	2.39	2.32	2.27
27	4.21	3.35	2.96	2.73	2.57	2.46	2.37	2.31	2.25
28	4.20	3.34	2.95	2.71	2.56	2.45	2.36	2.29	2.24
29	4.18	3.38	2.93	2.70	2.55	2.43	2.35	2.28	2.22
30	4.17	3.32	2.92	2.69	2.53	2.42	2.33	2.27	2.21
40	4.08	3.23	2.84	2.61	2.45	2.34	2.25	2.18	2.15
60	4.00	3.15	2.76	2.53	2.37	2.25	2.17	2.10	2.04
120	3.92	3.07	2.68	2.45	2.29	2.17	2.09	2.02	1.96
∞	3.84	3.00	2.60	2.37	2.21	2.10	2.01	1.94	1.88

10	12	15	20	24	30	40	60	120	∞
2.98	2.91	2.85	2.77	2.74	2.70	2.66	2.62	2.58	2.54
2.85	2.79	2.72	2.65	2.61	2.57	2.53	2.49	2.45	2.40
2.75	2.69	2.62	2.54	2.51	2.47	2.43	2.38	2.34	2.30
2.67	2.60	2.53	2.46	2.42	2.38	2.34	2.30	2.25	2.21
2.60	2.53	2.46	2.39	2.35	2.31	2.27	2.22	2.18	2.13
2.54	2.48	2.40	2.33	2.29	2.25	2.20	2.16	2.11	2.07
2.49	2.42	2.35	2.28	2.24	2.19	2.15	2.11	2.06	2.01
2.45	2.38	2.31	2.23	2.19	2.15	2.10	2.06	2.01	1.96
2.41	2.34	2.27	2.19	2.15	2.11	2.06	2.02	1.97	1.92
2.38	2.31	2.23	2.16	2.11	2.07	2.03	1.98	1.93	1.88
2.35	2.28	2.20	2.12	2.08	2.04	1.99	1.95	1.90	1.84
2.32	2.25	2.18	2.10	2.05	2.01	1.96	1.92	1.87	1.81
2.30	2.23	2.15	2.07	2.03	1.98	1.94	1.89	1.84	1.78
2.27	2.20	2.13	2.05	2.01	1.96	1.91	1.86	1.81	1.76
2.25	2.18	2.11	2.03	1.98	1.94	1.89	1.84	1.79	1.73
2.24	2.16	2.09	2.01	1.96	1.92	1.87	1.82	1.77	1.71
2.22	2.15	2.07	1.99	1.95	1.90	1.85	1.80	1.75	1.69
2.20	2.13	2.06	1.97	1.93	1.88	1.84	1.79	1.73	1.67
2.19	2.12	2.04	1.96	1.91	1.87	1.82	1.77	1.71	1.65
2.18	2.10	2.03	1.94	1.90	1.85	1.81	1.75	1.70	1.64
2.16	2.09	2.01	1.93	1.89	1.84	1.79	1.74	1.68	1.62
2.08	2.00	1.92	1.84	1.79	1.74	1.69	1.64	1.58	1.51
1.99	1.92	1.84	1.75	1.70	1.65	1.59	1.53	1.47	1.39
1.91	1.83	1.75	1.66	1.61	1.55	1.50	1.43	1.35	1.25
1.83	1.75	1.67	1.57	1.52	1.46	1.39	1.32	1.22	1.00

附表 4 （续）

$\alpha = 0.025$

n_2 \ n_1	1	2	3	4	5	6	7	8	9
1	647.8	799.5	864.2	899.6	921.8	937.1	948.2	956.7	963.3
2	38.51	39.00	39.17	39.25	39.30	39.33	39.36	39.37	39.39
3	17.44	16.04	15.44	15.10	14.88	14.73	14.62	14.54	14.47
4	12.22	10.65	9.98	9.60	9.36	9.20	9.07	8.98	8.90
5	10.01	8.43	7.76	7.39	7.15	6.98	6.85	6.76	6.68
6	8.81	7.26	6.60	6.23	5.99	5.82	5.70	5.60	5.52
7	8.07	6.54	5.89	5.52	5.29	5.12	4.99	4.90	4.82
8	7.57	6.06	5.42	5.05	4.82	4.65	4.53	4.43	4.36
9	7.21	5.71	5.08	4.72	4.48	4.32	4.20	4.10	4.03
10	6.94	5.46	4.83	4.47	4.24	4.07	3.95	3.85	3.78
11	6.72	5.26	4.63	4.28	4.04	3.88	3.76	3.66	3.59
12	6.55	5.10	4.47	4.12	3.89	3.73	3.61	3.51	3.44
13	6.41	4.97	4.35	4.00	3.77	3.60	3.48	3.39	3.31
14	6.30	4.86	4.24	3.89	3.66	3.50	3.38	3.29	3.21
15	6.20	4.77	4.15	3.80	3.58	3.41	3.29	3.20	3.12
16	6.12	4.69	4.08	3.73	3.50	3.34	3.22	3.12	3.05
17	6.04	4.62	4.01	3.66	3.44	3.28	3.16	3.06	2.98
18	5.98	4.56	3.95	3.61	3.38	3.22	3.10	3.01	2.93
19	5.92	4.51	3.90	3.56	3.33	3.17	3.05	3.96	2.88
20	5.87	4.46	3.86	3.51	3.29	3.13	3.01	2.91	2.84
21	5.83	4.42	3.82	3.48	3.25	3.09	2.97	2.87	2.80
22	5.79	4.38	3.78	3.44	3.22	3.05	2.93	2.84	2.76
23	5.75	4.35	3.75	3.41	3.18	3.02	2.90	2.81	2.73
24	5.72	4.32	3.72	3.38	3.15	3.99	2.87	2.78	2.70

10	12	15	20	24	30	40	60	120	∞
968.6	976.7	984.9	993.1	997.2	1001	1006	1010	1040	1080
39.40	39.41	39.43	39.45	39.46	39.46	39.47	39.48	39.49	39.50
14.42	14.34	14.25	14.17	14.12	14.08	14.04	13.99	13.95	13.90
8.84	8.75	8.66	8.56	8.51	8.46	8.41	8.36	8.31	8.26
6.62	6.52	6.43	6.33	6.28	6.23	6.18	6.12	6.07	6.02
5.46	5.37	5.27	6.17	5.12	5.07	5.01	4.96	4.90	4.85
4.76	4.67	4.57	4.47	4.42	4.36	4.31	4.25	4.20	4.14
4.30	4.20	4.10	4.00	3.95	3.89	3.84	3.78	3.73	3.67
3.96	3.87	3.77	3.67	3.61	3.56	3.51	3.45	3.39	3.33
3.72	3.62	3.52	3.42	3.37	3.31	3.26	3.20	3.14	3.08
3.53	3.43	3.33	3.23	3.17	3.12	3.06	3.00	2.94	2.88
3.37	3.28	3.18	3.07	3.02	2.96	2.91	2.85	2.79	2.72
3.25	3.15	3.05	2.95	2.89	2.84	2.78	2.72	2.66	2.60
3.15	3.05	3.95	2.84	2.79	2.73	2.67	2.61	2.55	2.49
3.06	2.96	2.86	2.76	2.70	2.64	2.59	2.52	2.46	2.40
2.99	2.89	2.79	2.68	2.63	2.57	2.51	2.45	2.38	2.32
2.92	2.82	2.72	2.62	2.56	2.50	2.44	2.38	2.32	2.25
2.87	2.77	2.67	2.56	2.50	2.44	2.38	2.32	2.26	2.19
2.82	2.72	2.62	2.51	2.45	2.39	2.33	2.27	2.20	2.13
2.77	2.68	2.57	2.46	2.41	2.35	2.29	2.22	2.16	2.09
2.73	2.64	2.53	2.42	2.37	2.31	2.25	2.18	2.11	2.04
2.70	2.60	2.50	2.39	2.33	2.27	2.21	2.14	2.08	2.00
2.67	2.57	2.47	2.36	2.30	2.24	2.18	2.11	2.04	1.97
2.64	2.54	2.44	2.33	2.27	2.21	2.15	2.08	2.01	1.94

附表 4 （续）

$\alpha=0.025$

n_2 \ n_1	1	2	3	4	5	6	7	8	9
25	5.69	4.29	3.69	3.35	3.13	2.97	2.85	2.75	2.68
26	5.66	4.27	3.67	3.33	3.10	2.94	2.82	2.73	2.65
27	5.63	4.24	3.65	3.31	3.08	2.92	2.80	2.71	2.63
28	5.61	4.22	3.63	3.29	3.06	2.90	2.78	2.69	2.61
29	5.59	4.20	3.61	3.27	3.04	2.88	2.76	2.67	2.59
30	5.57	4.18	3.59	3.25	3.03	2.87	2.75	2.65	2.57
40	5.42	4.05	3.46	3.13	2.90	2.74	2.62	2.53	2.45
60	5.29	3.93	3.34	3.01	2.79	2.63	2.51	2.41	2.33
120	5.15	3.80	3.23	2.89	2.67	2.52	2.39	2.30	2.22
∞	5.02	3.69	3.12	2.79	2.57	2.41	2.29	2.19	2.11

$\alpha=0.01$

1	4052	4999.5	5403	5625	5764	5859	5928	5982	6022
2	98.50	99.00	99.17	99.25	99.30	99.33	99.36	99.37	99.39
3	34.12	30.82	29.46	28.71	28.24	27.91	27.67	27.49	27.35
4	21.20	18.00	16.69	15.98	15.52	15.21	14.98	14.80	14.66
5	16.26	13.27	12.06	11.39	10.97	10.67	10.46	10.29	10.16
6	13.75	10.92	9.78	9.15	8.75	8.47	8.26	8.10	7.98
7	12.25	9.55	8.45	7.85	7.46	7.19	6.99	6.84	6.72
8	11.26	8.65	7.59	7.01	6.63	6.37	6.18	6.03	5.91
9	10.56	8.02	6.99	6.42	6.06	5.80	5.61	5.47	5.35

10	12	15	20	24	30	40	60	120	∞
2.61	2.51	2.41	2.30	2.24	2.18	2.12	2.05	1.98	1.91
2.59	2.49	2.39	2.28	2.22	2.16	2.09	2.03	1.95	1.88
2.57	2.47	2.36	2.25	2.19	2.13	2.07	2.00	1.93	1.85
2.55	2.45	2.34	2.23	2.17	2.11	2.05	1.98	1.91	1.83
2.53	2.43	2.32	2.21	2.15	2.09	2.03	1.96	1.89	1.81
2.51	2.41	2.31	2.20	2.14	2.07	2.01	1.94	1.87	1.79
2.39	2.29	2.18	2.07	2.01	1.94	1.88	1.80	1.72	1.64
2.27	2.17	2.06	1.94	1.88	1.82	1.74	1.67	1.58	1.48
2.16	2.05	1.94	1.82	1.76	1.69	1.61	1.53	1.43	1.31
2.05	1.94	1.83	1.71	1.64	1.57	1.48	1.39	1.27	1.00

6056	6106	6157	6209	6235	6261	6287	6313	6339	6366
99.40	99.42	99.43	99.45	99.46	99.47	99.47	99.48	99.49	99.50
27.23	27.05	26.87	26.69	26.60	26.50	26.41	26.32	26.22	26.13
14.55	14.37	14.20	14.02	13.93	13.84	13.75	13.65	13.56	13.46
10.05	9.89	9.72	9.55	9.47	9.38	9.29	9.20	9.11	9.02
7.87	7.72	7.56	7.40	7.31	7.23	7.14	7.06	6.97	6.88
6.62	6.47	6.31	6.16	6.07	5.99	5.91	5.82	5.74	5.65
5.81	5.67	5.52	5.36	5.28	5.20	5.12	5.03	4.95	4.86
5.26	5.11	4.96	4.81	4.73	4.65	4.57	4.48	4.40	4.31

附表 4 (续)

$\alpha=0.01$

n_2 \ n_1	1	2	3	4	5	6	7	8	9
10	10.04	7.56	6.55	5.99	5.64	5.39	5.20	5.06	4.94
11	9.65	7.21	6.22	5.67	5.32	5.07	4.89	4.74	4.63
12	9.33	6.93	5.95	5.41	5.06	4.82	4.64	4.50	4.39
13	9.07	6.70	5.74	5.21	4.86	4.62	4.44	4.30	4.19
14	8.86	6.51	5.56	5.04	4.69	4.46	4.28	4.14	4.03
15	8.68	6.36	5.42	4.89	4.56	4.32	4.14	4.00	3.89
16	8.53	6.23	5.29	4.77	4.44	4.20	4.03	3.89	3.78
17	8.40	6.11	5.18	4.67	4.34	4.10	3.93	3.79	3.68
18	8.29	6.01	5.09	4.58	4.25	4.01	3.84	3.71	3.60
19	8.18	5.93	5.01	4.50	4.17	3.94	3.77	3.63	3.52
20	8.10	5.85	4.94	4.43	4.10	3.87	3.70	3.56	3.46
21	8.02	5.78	4.87	4.37	4.04	3.81	3.64	3.51	3.40
22	7.95	5.72	4.82	4.31	3.99	3.76	3.59	3.45	3.35
23	7.88	5.66	4.76	4.26	3.94	3.71	3.54	3.41	3.30
24	7.82	5.61	4.72	4.22	3.90	3.67	3.50	3.36	3.26
25	7.77	5.57	4.68	4.18	3.85	3.63	3.46	3.32	3.22
26	7.72	5.53	4.64	4.14	3.82	3.59	3.42	3.29	3.18
27	7.68	5.49	4.60	4.11	3.78	3.56	3.39	3.26	3.15
28	7.64	5.45	4.57	4.07	3.75	3.53	3.36	3.23	3.12
29	7.60	5.42	4.54	4.04	3.73	3.50	3.33	3.20	3.09
30	7.56	5.39	4.51	4.02	3.70	3.47	3.30	3.17	3.07
40	7.31	5.18	4.31	3.83	3.51	3.29	3.12	2.99	2.89
60	7.08	4.98	4.13	3.65	3.34	3.12	2.95	2.82	2.72
120	6.85	4.79	3.95	3.48	3.17	2.96	2.79	2.66	2.56
∞	6.63	4.61	3.78	3.32	3.02	2.80	2.64	2.51	2.41

10	12	15	20	24	30	40	60	120	∞
4.85	4.71	4.56	4.41	4.33	4.25	4.17	4.08	4.00	3.91
4.54	4.40	4.25	4.10	4.02	3.94	3.86	4.78	3.69	3.60
4.30	4.16	4.01	3.86	3.78	3.70	3.62	3.54	3.45	3.36
3.10	3.96	3.82	3.66	3.59	3.51	3.43	3.34	3.25	3.17
3.94	3.80	3.66	3.51	3.43	3.35	3.27	3.18	3.09	3.00
3.80	3.67	3.52	3.37	3.29	3.21	3.13	3.05	2.96	2.87
3.69	3.55	3.41	3.26	3.18	3.10	3.02	2.93	2.84	2.75
3.59	3.46	3.31	3.16	3.08	3.00	2.92	2.83	2.75	2.65
3.51	3.37	3.23	3.08	3.00	2.92	2.84	2.75	2.66	2.57
3.43	3.30	3.15	3.00	2.92	2.84	2.76	2.67	2.58	2.49
3.37	3.23	3.09	2.94	2.86	2.78	2.69	2.61	2.52	2.42
3.31	3.17	3.03	2.88	2.80	2.72	2.64	2.55	2.46	2.36
3.26	3.12	2.98	2.83	2.75	2.67	2.58	2.50	2.40	2.31
3.21	3.07	2.93	2.78	2.70	2.62	2.54	2.45	2.35	2.26
3.17	3.03	2.89	2.74	2.66	2.58	2.49	2.40	2.31	2.21
3.13	2.99	2.85	2.70	2.62	2.54	2.45	2.36	2.27	2.17
3.09	2.96	2.81	2.66	2.58	2.50	2.42	2.33	2.23	2.13
3.06	2.93	2.78	2.63	2.55	2.47	2.38	2.29	2.20	2.10
3.03	2.90	2.75	2.60	2.52	2.44	2.35	2.26	2.17	2.06
3.00	2.87	2.73	2.57	2.49	2.41	2.33	2.23	2.14	2.03
2.98	2.84	2.70	2.55	2.47	2.39	2.30	2.21	2.11	2.01
2.80	2.66	2.52	2.37	2.29	2.20	2.11	2.02	1.92	1.80
2.63	2.50	2.35	2.20	2.12	2.03	1.94	1.84	1.73	1.60
2.47	2.34	2.19	2.03	1.95	1.86	1.76	1.66	1.53	1.38
2.32	2.18	2.04	1.88	1.79	1.70	1.59	1.47	1.32	1.00

附表 4 （续）

$\alpha=0.005$

n_2 \ n_1	1	2	3	4	5	6	7	8
1	16211	20000	21615	22500	23056	23437	23715	23925
2	198.5	199.0	199.2	199.2	199.3	199.3	199.4	199.4
3	55.55	49.80	47.47	46.19	45.39	44.84	44.43	44.13
4	31.33	26.28	24.26	23.15	22.46	21.97	21,62	21.35
5	22.78	18.31	16.53	15.56	14.94	14.51	14.20	13.96
6	18.63	14.54	12.92	12.03	11.46	11.07	10.79	10.57
7	16.24	12.40	10.88	10.05	9.52	9.16	8.89	8.68
8	14.69	11.04	9.60	8.81	8.30	7.95	7.69	7.50
9	13.61	10.11	8.72	7.96	7.47	7.13	6.88	6.69
10	12.83	9.43	8.08	7.34	6.87	6.54	6.30	6.12
11	12.23	8.91	7.60	6.88	6.42	6.10	5.86	5.68
12	11.75	8.51	7.23	6.52	6.07	5.76	5.52	5.35
13	11.37	8.19	6.93	6.23	5.79	5.48	5.25	5.08
14	11.06	7.92	6.68	6.00	5.56	5.26	5.03	4.86
15	10.80	7.70	6.48	5.80	5.37	5.07	4.85	4.67
16	10.58	7.51	6.30	5.64	5.21	4.91	4.69	4.52
17	10.38	7.35	6.16	5.50	5.07	4.78	4.56	4.39
18	10.22	7.21	6.03	5.37	4.96	4.66	4.44	4.28
19	10.07	7.09	5.92	5.27	4.85	4.56	4.34	4.18
20	9.94	6.99	5.82	5.17	4.76	4.47	4.26	4.09
21	9.83	6.89	5.73	5.09	4.68	4.39	4.18	4.01
22	9.73	6.81	5.65	5.02	4.61	4.32	4.11	3.94
23	9.63	6.73	5.58	4.95	4.54	4.26	4.05	3.88
24	9.55	6.66	5.52	4.89	4.49	4.20	3.99	3.83

9	10	12	15	20	24	30	40	60	120	∞
24091	24224	24426	24630	24836	24940	25044	25148	25253	25359	25465
199.4	199.4	199.4	199.4	199.4	199.5	199.5	199.5	195.5	199.5	199.5
43.88	43.69	43.39	43.08	42.78	42.62	42.47	42.31	42.15	41.99	41.83
21.14	20.97	20.70	20.44	20.17	20.03	19.89	19.75	19.61	19.47	19.32
13.77	13.62	13.38	13.15	12.90	12.78	12.66	12.53	12.40	12.27	12.14
10.39	10.25	10.03	9.81	9.59	9.47	9.36	9.24	9.12	9.00	8.88
8.51	8.38	8.18	7.97	7.75	7.65	7.53	7.42	7.31	7.19	7.08
7.34	7.21	7.01	6.81	6.61	6.50	6.40	6.29	6.18	6.06	5.95
6.54	6.42	6.23	6.03	5.83	5.73	5.62	5.52	5.41	5.30	5.19
5.97	5.85	5.66	5.47	5.27	5.17	5.07	4.97	4.86	4.75	4.64
5.54	5.42	5.24	5.05	4.86	4.76	4.65	4.55	4.44	4.34	4.23
5.20	5.09	4.91	4.72	4.53	4.43	4.33	4.23	4.12	4.01	3.90
4.94	4.82	4.64	4.46	4.27	4.17	4.07	3.97	3.87	3.76	3.65
4.72	4.60	4.43	4.25	4.06	3.96	3.86	3.76	3.66	3.55	3.44
4.54	4.42	4.25	4.07	3.88	3.79	3.69	3.58	3.48	3.37	3.26
4.38	4.27	4.10	3.92	3.73	3.64	3.54	3.44	3.33	3.22	3.11
4.25	4.14	3.97	3.79	3.61	3.51	3.41	3.31	3.21	3.10	2.98
4.14	4.03	3.86	3.68	3.50	3.40	3.30	3.20	3.10	2.99	2.87
4.04	3.93	3.76	3.59	3.40	3.31	3.21	3.11	3.00	2.89	2.78
3.96	3.85	3.68	3.50	3.32	3.22	3.12	3.02	2.92	2.81	2.69
3.88	3.77	3.60	3.43	3.24	3.15	3.05	2.95	2.84	2.73	2.61
3.81	3.70	3.54	3.36	3.18	3.08	2.98	2.88	2.77	2.66	2.55
3.75	3.64	3.47	3.30	3.12	3.02	2.92	2.82	2.71	2.60	2.48
3.69	3.59	3.42	3.25	3.06	2.97	2.87	2.77	2.66	2.55	2.43

附表 4 （续）

$\alpha = 0.005$

n_2 \ n_1	1	2	3	4	5	6	7	8	9	10	12	15	20	24	30	40	60	120	∞
25	9.48	6.60	5.46	4.84	4.43	4.15	3.94	3.78	3.64	3.54	3.37	3.20	3.01	2.92	2.82	2.72	2.61	2.50	2.38
26	9.41	6.54	5.41	4.79	4.38	4.10	3.89	3.73	3.60	3.49	3.33	3.15	2.97	2.87	2.77	2.67	2.56	2.45	2.33
27	9.34	6.49	5.36	4.74	4.34	4.06	3.85	3.69	3.56	3.45	3.28	3.11	2.93	2.83	2.73	2.63	2.52	2.41	2.29
28	9.28	6.44	5.32	4.70	4.30	4.02	3.81	3.65	3.52	3.41	3.25	3.07	2.89	2.79	2.69	2.59	2.48	2.37	2.25
29	9.23	6.40	5.28	4.66	4.26	3.98	3.77	3.61	3.48	3.38	3.21	3.04	2.86	2.76	2.66	2.56	2.45	2.33	2.21
30	9.18	6.35	5.24	4.62	4.23	3.95	3.74	3.58	3.45	3.34	3.18	3.01	2.82	2.73	2.63	2.52	2.42	2.30	2.18
40	8.83	6.07	4.98	4.37	3.99	3.71	3.51	3.35	3.22	3.12	2.95	2.78	2.60	2.50	2.40	2.30	2.18	2.06	1.93
60	8.49	5.79	4.73	4.14	3.76	3.49	3.29	3.13	3.01	2.90	2.74	2.57	2.39	2.29	2.19	2.08	1.96	1.83	1.69
120	8.18	5.54	4.50	3.92	3.55	3.28	3.09	2.93	2.81	2.71	2.54	2.37	2.19	2.09	1.98	1.87	1.75	1.61	1.43
∞	7.88	5.30	4.28	3.72	3.35	3.09	2.90	2.74	2.62	2.52	2.36	2.19	2.00	1.90	1.79	1.67	1.53	1.36	1.00

附表 5　正交法

(1) $L_4(2^3)$

试验号＼列号	1	2	3
1	1	1	1
2	1	2	2
3	2	1	2
4	2	2	1
组	1	2	

注:任意两列间的交互作用为剩下一列。

(2) $L_8(2^7)$

试验号＼列号	1	2	3	4	5	6	7
1	1	1	1	1	1	1	1
2	1	1	1	2	2	2	2
3	1	2	2	1	1	2	2
4	1	2	2	2	2	1	1
5	2	1	2	1	2	1	2
6	2	1	2	2	1	2	1
7	2	2	1	1	2	2	1
8	2	2	1	2	1	1	2
组	1	2		3			

$L_8(2^7)$二列间的交互作用表　　　　续附表5(2)

列号＼列号	1	2	3	4	5	6
7	6	5	4	3	2	1
6	7	4	5	2	3	
5	4	7	6	1		
4	5	6	7			
3	2	1				
2	3					

$L_8(2^7)$表头设计　　　　续附表5(2)

因子数＼列号	1	2	3	4	5	6	7
3	A	B	$A\times B$	C	$A\times C$	$B\times C$	
4	A	B	$A\times B$ $C\times D$	C	$A\times C$ $B\times D$	$B\times C$ $A\times D$	D
4	A	B $C\times D$	$A\times B$	C $B\times D$	$A\times C$	D $B\times C$	$A\times D$
5	A $D\times E$	B $C\times D$	$A\times B$ $C\times E$	C $B\times D$	$A\times C$ $B\times E$	D $A\times E$ $B\times C$	E $A\times D$

(3) $L_{16}(2^{15})$

试验号 \ 列号	1	2	3	4	5	6	7	8	9	10	11	12	13	14	15
1	1	1	1	1	1	1	1	1	1	1	1	1	1	1	1
2	1	1	1	1	1	1	1	2	2	2	2	2	2	2	2
3	1	1	1	2	2	2	2	1	1	1	1	2	2	2	2
4	1	1	1	2	2	2	2	2	2	2	2	1	1	1	1
5	1	2	2	1	1	2	2	1	1	2	2	1	1	2	2
6	1	2	2	1	1	2	2	2	2	1	1	2	2	1	1
7	1	2	2	2	2	1	1	1	1	2	2	2	2	1	1
8	1	2	2	2	2	1	1	2	2	1	1	1	1	2	2
9	2	1	2	1	2	1	2	1	2	1	2	1	2	1	2
10	2	1	2	1	2	1	2	2	1	2	1	2	1	2	1
11	2	1	2	2	1	2	1	1	2	1	2	2	1	2	1
12	2	1	2	2	1	2	1	2	1	2	1	1	2	1	2
13	2	2	1	1	2	2	1	1	2	2	1	1	2	2	1
14	2	2	1	1	2	2	1	2	1	1	2	2	1	1	2
15	2	2	1	2	1	1	2	1	2	2	1	2	1	1	2
16	2	2	1	2	1	1	2	2	1	1	2	1	2	2	1
组	1	2		3				4							

$L_{16}(2^{15})$二列间的交互作用表 续附表 5(3)

列号＼列号	1	2	3	4	5	6	7	8	9	10	11	12	13	14
15	14	13	12	11	10	9	8	7	6	5	4	3	2	1
14	15	12	13	10	11	8	9	6	7	4	5	2	3	
13	12	15	14	9	8	11	10	5	4	7	6	1		
12	13	14	15	8	9	10	11	4	5	6	7			
11	10	9	8	15	14	13	12	3	2	1				
10	11	8	9	14	15	12	13	2	3					
9	8	11	10	13	12	15	14	1						
8	9	10	11	12	13	14	15							
7	6	5	4	3	2	1								
6	7	4	5	2	3									
5	4	7	6	1										
4	5	6	7											
3	2	1												
2	3													

$L_{16}(2^{15})$表头设计　　　　续附表 5(3)

因子数＼列号	1	2	3	4	5	6	7	8	9	10	11	12	13	14	15
4	A	B	$A\times B$	C	$A\times C$	$B\times C$		D	$A\times D$	$B\times D$		$C\times D$			
5	A	B	$A\times B$	C	$A\times C$	$B\times C$	$D\times E$	D	$A\times D$	$B\times D$	$C\times E$	$C\times D$	$B\times E$	$A\times E$	E
6	A	B	$A\times B$ $D\times E$	C	$A\times C$ $D\times F$	$B\times C$ $E\times F$		D	$A\times D$ $B\times E$ $C\times F$	$B\times D$ $A\times E$	E	$C\times D$ $A\times F$	F		$C\times E$ $B\times F$
7	A	B	$A\times B$ $D\times E$ $F\times G$	C	$A\times C$ $D\times F$ $E\times G$	$B\times C$ $E\times F$ $D\times G$		D	$A\times D$ $B\times E$ $C\times F$	$B\times D$ $A\times E$ $C\times G$	E	$C\times D$ $A\times F$ $B\times G$	F	G	$C\times E$ $B\times F$ $A\times G$
8	A	B	$A\times B$ $D\times E$ $F\times G$ $C\times H$	C	$A\times C$ $D\times F$ $E\times G$ $B\times H$	$B\times C$ $E\times F$ $D\times G$ $A\times H$	H	D	$A\times D$ $B\times E$ $C\times F$ $G\times H$	$B\times D$ $A\times E$ $C\times G$ $F\times H$	E	$C\times D$ $A\times F$ $B\times G$ $E\times H$	F	G	$C\times E$ $B\times F$ $A\times G$ $D\times H$

(4) $L_{12}(2^{11})$

试验号＼列号	1	2	3	4	5	6	7	8	9	10	11
1	1	1	1	1	1	1	1	1	1	1	1
2	1	1	1	1	1	2	2	2	2	2	2
3	1	1	2	2	2	1	1	1	2	2	2
4	1	2	1	2	2	1	2	2	1	1	2
5	1	2	2	1	2	2	1	2	1	2	1
6	1	2	2	2	1	2	2	1	2	1	1
7	2	1	2	2	1	1	2	2	1	2	1
8	2	1	2	1	2	2	2	1	1	1	2
9	2	1	1	2	2	2	1	2	2	1	1
10	2	2	2	1	1	1	1	2	2	1	2
11	2	2	1	2	1	2	1	1	1	2	2
12	2	2	1	1	2	1	2	1	2	2	1

注:任意两列的交互列都不在表内。

(5) $L_9(3^4)$

试验号＼列号	1	2	3	4
1	1	1	1	1
2	1	2	2	2
3	1	3	3	3
4	1	1	2	3
5	2	2	3	1
6	2	3	1	2
7	3	1	3	2
8	3	2	1	3
9	3	3	2	1
组	1		2	

注:任意二列间的交互作用为另外二列。

(6) $L_{27}(3^{13})$

试验号 \ 列号	1	2	3	4	5	6	7	8	9	10	11	12	13
1	1	1	1	1	1	1	1	1	1	1	1	1	1
2	1	1	1	1	2	2	2	2	2	2	2	2	2
3	1	1	1	1	3	3	3	3	3	3	3	3	3
4	1	2	2	2	1	1	1	2	2	2	3	3	3
5	1	2	2	2	2	2	2	3	3	3	1	1	1
6	1	2	2	2	3	3	3	1	1	1	2	2	2
7	1	3	3	3	1	1	1	3	3	3	2	2	2
8	1	3	3	3	2	2	2	1	1	1	3	3	3
9	1	3	3	3	3	3	3	2	2	2	1	1	1
10	2	1	2	3	1	2	3	1	2	3	1	2	3
11	2	1	2	3	2	3	1	2	3	1	2	3	1
12	2	1	2	3	3	1	2	3	1	2	3	1	2
13	2	2	3	1	1	2	3	2	3	1	3	1	2
14	2	2	3	1	2	3	1	3	1	2	1	2	3
15	2	2	3	1	3	1	2	1	2	3	2	3	1
16	2	3	1	2	1	2	3	3	1	2	2	3	1
17	2	3	1	2	2	3	1	1	2	3	3	1	2
18	2	3	1	2	3	1	2	2	3	1	1	2	3
19	3	1	3	2	1	3	2	1	3	2	1	3	2
20	3	1	3	2	2	1	3	2	1	3	2	1	3
21	3	1	3	2	3	2	1	3	2	1	3	2	1
22	3	2	1	3	1	3	2	2	1	3	3	2	1
23	3	2	1	3	2	1	3	3	2	1	1	3	2
24	3	2	1	3	3	2	1	1	3	2	2	1	3
25	3	3	2	1	1	3	2	3	2	1	2	1	3
26	3	3	2	1	2	1	3	1	3	2	3	2	1
27	3	3	2	1	3	2	1	2	1	3	1	3	2
组	1		2						3				

$L_{27}(3^{13})$二列间的交互作用表　　续附表 5(6)

列号＼列号	1	2	3	4	5	6	7	8	9	10	11	12
13	11 12	7 10	5 9	6 8	3 9	4 8	2 10	4 6	3 5	2 7	1 12	1 11
12	11 13	6 9	7 8	5 10	4 10	2 9	3 8	3 7	2 6	4 5	1 13	
11	12 13	5 8	6 10	7 9	2 8	3 10	4 9	2 5	4 7	3 6		
10	8 9	7 13	6 11	5 12	4 12	3 11	2 13	1 9	1 8			
9	8 10	6 12	5 13	7 11	3 13	2 12	4 11	1 10				
8	9 10	5 11	7 12	6 13	2 11	4 13	3 12					
7	5 6	10 13	8 12	9 11	1 6	1 5						
6	5 7	9 12	10 11	8 13	1 7							
5	6 7	8 11	9 13	10 12								
4	2 3	1 3	1 2									
3	2 4	1 4										
2	3 4											

$L_{27}(3^{13})$表头设计 续附表 5(6)

因子数 \ 列号	1	2	3	4	5	6
3	A	B	$(A\times B)_1$	$(A\times B)_2$	C	$(A\times C)_1$
4	A	B	$(A\times B)_1$ $(C\times D)_2$	$(A\times B)_2$	C	$(A\times C)_1$ $(B\times D)_2$